水循環における
地下水・湧水の保全

東京地下水研究会編

信山社サイテック

はじめに

　著者らは、東京都内の地形・地質、地下水・湧水等に関する調査研究あるいは地下水環境行政の実務に長期間携わってきた。具体的には、多くの地下水調査や水収支解析、地盤図の作成、地盤沈下の観測、工事に伴う地下水位低下や井戸枯れ等の技術支援であったり、地下水の揚水規制や湧水の涵養・保全の調査、行政指導等であったりと、様々な関わり方をしてきた。したがって、本書は、我々実務技術担当者の観点から見た東京の地下水・湧水の調査・研究の経緯、あるいは利用・規制の変遷を年代順に整理して解説した形式をとっている。

　地下水・湧水に対する考え方は時代とともに大きく変化している。高度経済成長期には、水需要の増大に伴う被圧地下水の大量汲み上げにより地盤沈下等が社会問題化した。また、市街化による雨水浸透域の減少、湧水の枯渇、さらには埋め立てなどにより都会の貴重な自然も衰退の一途をたどってきた。そして低成長期の現在、水循環・水環境の大切さが再認識され、地下水・湧水を活かしたまちづくりが求められている。

　本書は、こうした背景をもとに、過去の地下水・湧水の調査・研究、地下水利用・規制の経緯、現在水循環解明の上で必要な調査と手法、問題点、また今後の水環境保全のなかでの地下水・湧水の役割、行政と住民の関わり方などについて、できる限り平易に述べたものである。また、地方の地下水・湧水については、まちづくりや地域生活に活かされている代表的事例を地元自治体の担当者への聞き取り調査等により紹介した。

　地下水・湧水は比較的水質が良好で年間を通して恒温であり、しかも手軽に経済的に利用できるなど多くの利点を有しており、水資源としての存在価値は高い。また、利水にとどまらず、都市域では環境保全機能としての役割にも期待が寄せられている。地下水・湧水が創り出す清流は、豊かな生態系、都市気候の緩和、緑地環境も生み出している。こうしたことから、地下水・湧水の有効活用が今後の都市再生に大きな影響を与えるといっても過言ではないと思われる。地下水・湧水の保全といえば、自然豊かな地方でのことと考えられる方も多いと思うが、自然の水循環が損なわれつつある都市部でこそ必要であると筆者らは考える。

　現在、わが国では、今後の水に関する様々な障害問題を解決するために、「健全な

はじめに

水循環系」の確保が重要な課題に挙げられている。その鍵を握るのが地下水・湧水の存在である。しかし、地下水・湧水の循環速度は他の水収支要素に比べて極めて遅いことを考慮し、自然の地下水涵養を超える地下水利用は慎まなければならない。その上で、水収支バランスを配慮した利用と効果的な地下水涵養施策を行うべきである。その際には、地下の「水みち」の存在についても考慮する必要がある。さらに、地下水位や湧水量、水質などの継続的なモニタリングを長期間行うことにより、その地域の地下水・湧水を評価することが重要となってくる。

地下水・湧水は、その地方・地域により地形・地質、気象条件、都市化の程度によって特性が様々に異なる。したがって、他地域の手法・施策をそのまま持ち込んでも役立たない。その地域に合った利用・保全策を調査により発見することが必要である。

本書が、地下水・湧水の調査・研究等に関心のある技術者、研究者、学生諸氏、または他の同様な問題を抱える都市の担当者の皆様の参考となれば幸いである。

最後に、本書は執筆者一同の協力の成果であることは勿論、他の多くの同僚、区市町村の担当者等の支援のもとに刊行することができた。また、浅学の我々に本書出版の機会を与えてくれた信山社の四戸孝治氏には、執筆の段階から出版に至るまで細部にわたり様々なアドバイスをいただいた。ここに、これら方々に一同感謝申し上げる。

東京地下水研究会
執筆者一同

目　次

第1章　序　論 ··········· 1
- 1.1　地下水・湧水の特徴 ··········· 2
- 1.2　地下水利用の歴史 ··········· 4
- 1.3　地下水利用の実態 ··········· 6
- 1.4　水循環の変化と様々な問題、障害 ··········· 7
  - 1）地下水位低下と地盤沈下 ··········· 8
  - 2）地下水涵養量の減少 ··········· 10
  - 3）雨水浸透施策 ··········· 13
  - 4）地下水の流動阻害 ··········· 15
  - 5）地下水の汚染 ··········· 15
- 1.5　本書で扱う内容と構成について ··········· 16

第2章　地下水・湧水の調査と定量評価 ··········· 19
- 2.1　地下水と湧水 ··········· 19
  - 1）地下水の概念 ··········· 20
    - (1) 不圧地下水と被圧地下水　20　　(2) 地下水の存在形態　21
  - 2）地下水の流れ ··········· 23
    - (1) ポテンシャル流　23　　(2) ダルシーの法則　24
- 2.2　地下水・湧水の調査 ··········· 24
  - 1）地形・地質調査 ··········· 25
  - 2）土地利用状況等調査 ··········· 27
  - 3）地下水位の調査 ··········· 28
  - 4）地下水利用実態調査 ··········· 30
- 2.3　水文観測調査 ··········· 31
  - 1）雨量観測 ··········· 31
  - 2）蒸発散量調査 ··········· 32
  - 3）表流水流量調査 ··········· 34
  - 4）湧水量調査 ··········· 35
  - 5）土壌水分調査 ··········· 36
  - 6）その他の調査 ··········· 37
- 2.4　地下水・湧水の水収支 ··········· 37
  - 1）長期水収支の手法 ··········· 37
    - (1) 水収支対象領域の設定　38　　(2) 土地利用面積の必要性　39
  - 2）地下水涵養量の推定 ··········· 39
    - (1) 地表面の水収支　39　　(2) 不飽和帯の水の流れ　40
    - (3) トレーサーを利用　40
  - 3）タンクモデル法を応用した地下水収支 ··········· 40

目　　次

第3章　東京の地下水・湧水 …………………………………………………… 45
3.1　東京の地形・地質 …………………………………………………… 45
1）武蔵野の地形面区分 …………………………………………… 45
2）武蔵野台地の西部と東部 ……………………………………… 48
3）東京の地層 ……………………………………………………… 48
3.2　武蔵野台地の地下水・湧水 ………………………………………… 52
1）武蔵野台地の地下水 …………………………………………… 52
　（1）不圧地下水の調査・研究－戦前　*52*
　（2）不圧地下水の調査・研究－戦後　*55*
　（3）帯水層特性について　*64*　　（4）武蔵野台地の地下水位の変動特性　*67*
　（5）武蔵野台地の水文環境　*72*
2）武蔵野台地の湧水 ……………………………………………… 76
　（1）東京の湧水の現状　*77*　　（2）湧水調査概要　*81*
　（3）東京の名湧水57選ほか　*85*　　（4）河川と湧水　*85*
3.3　水辺の生き物 ………………………………………………………… 90
3.4　地下水利用の推移と実態 …………………………………………… 92
1）東京における地盤沈下対策および地下水揚水量の推移 …… 93
　（1）過去の地盤沈下の激化とその被害　*93*
　（2）地下水揚水規制およびその効果　*93*
2）地下水はどのような用途に利用されているか ……………… 94
　（1）用途別揚水量　*95*　　（2）業種別揚水量　*95*
　（3）全国と東京の地下水の用途別割合　*99*　　（4）水道用水の地下水依存率　*99*

第4章　地下水障害と汚染 ……………………………………………………… 101
4.1　地下水揚水と地盤沈下 ……………………………………………… 101
1）全国の地盤沈下の現状 ………………………………………… 101
2）東京の地盤沈下 ………………………………………………… 103
4.2　地下水位上昇に伴う構造物への影響 ……………………………… 109
1）JR東北新幹線・上野地下駅の例 ……………………………… 109
　（1）対策の経緯　*109*　　（2）補強対策　*112*
2）東京地下駅の地下水上昇対策 ………………………………… 113
　（1）管理限界水位　*113*　　（2）恒久対策工　*114*
3）急激な地下水位上昇による災害 ……………………………… 116
　（1）災害発生状況　*116*　　（2）復旧対策工事　*120*
4.3　地下水の汚染 ………………………………………………………… 120
1）地下水汚染の現状 ……………………………………………… 120
　（1）全国の現状　*120*　　（2）東京都の現状　*121*　　（3）土壌環境の汚染　*123*
2）地下水汚染の対策 ……………………………………………… 125
　（1）行政施策　*125*　　（2）地下水汚染の除去・修復技術について　*126*

第5章　地下水の水収支および地下水・湧水の保全 ………………………… 129
5.1　地下水解析・水収支検討事例 ……………………………………… 129
1）広域地下水収支－東京都全域 ………………………………… 129
2）北多摩地区の浅井戸の地下水位解析 ………………………… 133

(1) 水位変動特性 *134* (2) タンクモデル・パラメーターの推定 *139*	
(3) タンクモデル計算結果 *140*	

  3）地下水位変動の周期性・相関性 ……………………………………………… *143*
  4）豪雨時の地下水変動記録に関する考察 ………………………………………… *145*
  5）雨水浸透ます設置地域の水収支 ………………………………………………… *150*
    (1) 調査地域 *151* (2) 降雨量と地下水位、湧水量の関係 *151*
    (3) 地下水位のシミュレーション *156*
  6）本郷台、白山地域の不圧地下水収支 …………………………………………… *159*
    (1) 地下水位変化特性 *159* (2) 水収支解析 *160*
 5.2 雨水浸透施設による湧水保全事業 ………………………………………………… *162*
  1）湧水の涵養域調査 ………………………………………………………………… *162*
  2）湧水保全の試み …………………………………………………………………… *162*
  3）都会では雨水の浸透を …………………………………………………………… *165*
  4）雨水浸透施設の設置に当たって ………………………………………………… *165*
    (1) 浸透施設 *167* (2) 施設の設置区域 *168*
    (3) 雨水浸透施設の設置と流出変化 *168*
 5.3 地下湧水の再利用 …………………………………………………………………… *172*
  1）野川・姿見の池の復活 …………………………………………………………… *172*
  2）JR東京駅および上野駅の地下湧水の利用 …………………………………… *175*

第6章 日本各地の湧水 ………………………………………………………… *181*

 6.1 名水百選 ……………………………………………………………………………… *181*
  1）名水の水質分類について ………………………………………………………… *190*
  2）地下水・湧水の水質の特徴 ……………………………………………………… *190*
 6.2 水の郷百選 …………………………………………………………………………… *192*
  1）「水の郷」の概要 ………………………………………………………………… *193*
  2）その他の啓蒙 ……………………………………………………………………… *195*
 6.3 湧水保全の事例紹介 ………………………………………………………………… *195*
  1）秋田県六郷町の湧水保全の取り組み …………………………………………… *195*
    (1) 生活に欠かせない水 *198* (2) 水源地(扇状地中央)の土地利用 *198*
    (3) 関田円筒分水工と七滝水源涵養保安林 *198*
    (4) 地下水の調査と人工涵養 *198* (5) 飲料水についてのアンケート *200*
    (6) 水の四冠王 *200* (7) 貴重な生き物：イバラトミヨ *200*
  2）福井県大野盆地の地下水保全 …………………………………………………… *201*
    (1) 大野市の地下水・湧水 *201* (2) 大野市の水文環境 *204*
    (3) 多目的な地下水利用 *204* (4) 地下水位の変化 *204*
    (5) 地下水障害について *205*
    (6) 地下水保全策 *205* (7) 地下水収支の結果 *206*
  3）南足柄市の水を活かしたまちづくり …………………………………………… *207*
    (1) 全国水の郷百選・水源の森百選に認定 *207*
    (2) 水のマスタープラン *207* (3) 地下水・湧水保全の具体例 *208*
    (4) あしがら文化広場 *208*
  4）黒部川扇状地の地下水・湧水 …………………………………………………… *209*
    (1) 名水の里 *209* (2) 名水の恩恵 *209* (3) 杉沢の沢スギ *211*

目　次

　　　　　(4) 水に関わるイベント・団体　211
　　　5) 岐阜県八幡町の水を活かしたまちづくり 212
　　　　　(1) 水循環利用システム　213　　(2) 水を活かしたまちづくり　215

第7章　地下水・湧水保全の今後の展開 219

7.1　地球の水問題について 219
　　1) 世界の水問題は日本の問題 219
　　2) 世界水フォーラムでの合意事項 219
7.2　健全な水循環系の構築 220
　　1) 今後の地下水対策について 220
　　　(1) 地下水対策の課題　220
　　　(2) 「場の視点」から「流れの視点」への発展　222
　　　(3) 水収支の把握と地下水データ整備の必要性　224
　　2) 今後の地下水利用のあり方 224
　　　(1) 社会・経済状況の変化と地下水利用の新たな意義　225
　　　(2) 持続可能な地下水利用・保全　225
　　　(3) 地下水の利用・保全に向けた体制・制度　225
　　3) 水生生物指標による水質調査 225
7.3　東京都における今後の地下水・湧水保全 226
　　1) 水環境保全計画 227
　　　(1) 地下水対策　229　　(2) 湧水対策　229
　　2) 水循環マスタープラン 229
　　　(1) 基本理念　231　　(2) 地下水・湧水に関わる施策　231
7.4　建設事業と地下水・湧水 231
　　1) 地下水流動保全 231
　　　(1) 地下水流動保全工法　232
　　　(2) 環状8号線・井荻トンネル工事の復水対策例　233
　　2) 湧水の保全 238
7.5　NPOや住民参加をバックアップする行政－東京都の例 238
7.6　東京の温泉開発 239
　　1) 温泉とは 239
　　　(1) 温泉である要件　239
　　　(2) 温泉を利用するために必要な手続き　240
　　2) 東京都内の温泉の実態 241
　　　(1) 温泉掘削許可件数および利用実態　241　　(2) 温泉利用施設の揚水量　242
　　　(3) 温泉の地質と深さ　242
　　3) 今後の課題 243
　　　(1) 地盤沈下は発生するのか　243　　(2) その他の若干の問題　243
7.7　まとめ 244

索引 246

第1章
序　論

　地球上の水は、太陽熱エネルギーにより気圏、水圏、岩石圏の三圏にわたって循環しており、その過程では、水蒸気、地表水（河川水・湖沼水）、土壌水分、地下水および雪氷など、それぞれ様々な形態をとる。この一連の循環プロセスが水循環である。海・河川・湖沼の水が蒸発したり、植物の葉面からの蒸散によって水蒸気が発生し、上昇しやがて凝結して雲となり、そして雨や雪となって再び地表へ落下する（図1.1参照）。

　この降水の一部は地表へ到達する前に樹木や植物の葉や枝で遮断（樹冠遮断）され、大気中に再び蒸散してしまうが、ほかの大部分は地表に到達して地表面を流れ、川や海へ流出するか地下へ浸透して地下水となる。

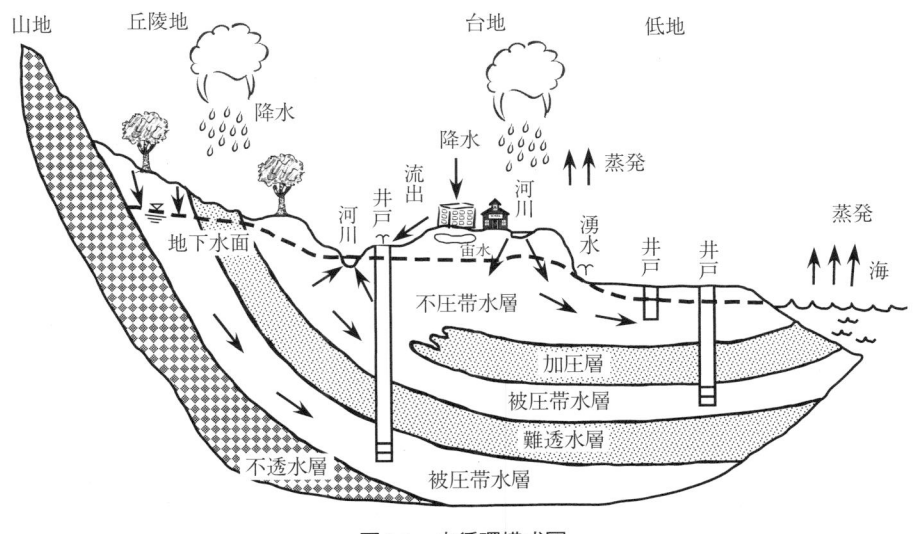

図1.1　水循環模式図

第1章 序　論

わが国は世界有数の多雨地帯であるアジアモンスーン地帯にあり、年平均降水量は約1,700mmで、世界の年平均降水量が約970mmであるから、世界のほぼ2倍の降水量である。この降水量の約1/3の約600mmが蒸発散し、残りの地表到達水が河川水や地下水となって最終的に海へ流出している。このうち約300〜400mm相当が地下に一旦浸透し地下水になるものと考えられている（国土交通省、2002）。

1.1　地下水・湧水の特徴

地下水の一般的特徴をまとめると表1.1のようになる。湧水も地下水の一部と言えるから同様である。長所・短所を比較すれば、水質がよく、恒温性があり、手軽に、しかも経済的に安く手に入れることができるという点で、圧倒的に利点の方が勝ると言える。

地下水は水循環のなかでも地下深くに存在し、その流動速度はきわめて遅い性質から、最も循環しにくい水資源である。われわれ人類は技術の発展や産業需要の増大に伴い、最初は湧水や浅層の不圧地下水の利用から、次第に安定して汲み上げ可能な深層の被圧地下水の利用へと拡大してきたが、被圧地下水の場合その滞留時間は、極端な例では数万年に達するものもあるということに留意すべきである。

すなわち、井戸からの汲み上げは簡単だが、地表からの地下水涵養は比較にならないほど時間を要する。このことは、一旦採掘したら元に戻らない石油などの鉱物資源と同等程度に考えるべきである。涵養量を考慮した適切な水資源管理が必要な理由もここにある。

表1.1　地下水の一般的特徴

利点・長所	問題点・短所
①水質が良好	①賦存量を把握しにくい
②年間を通して一定温度、低温	②過剰揚水は地盤沈下を招く
③取水費用が安価	③涵養に時間がかかる
④水利権の制限が少ない	④汚染された地下水の浄化が困難
⑤比較的手軽に利用可能	

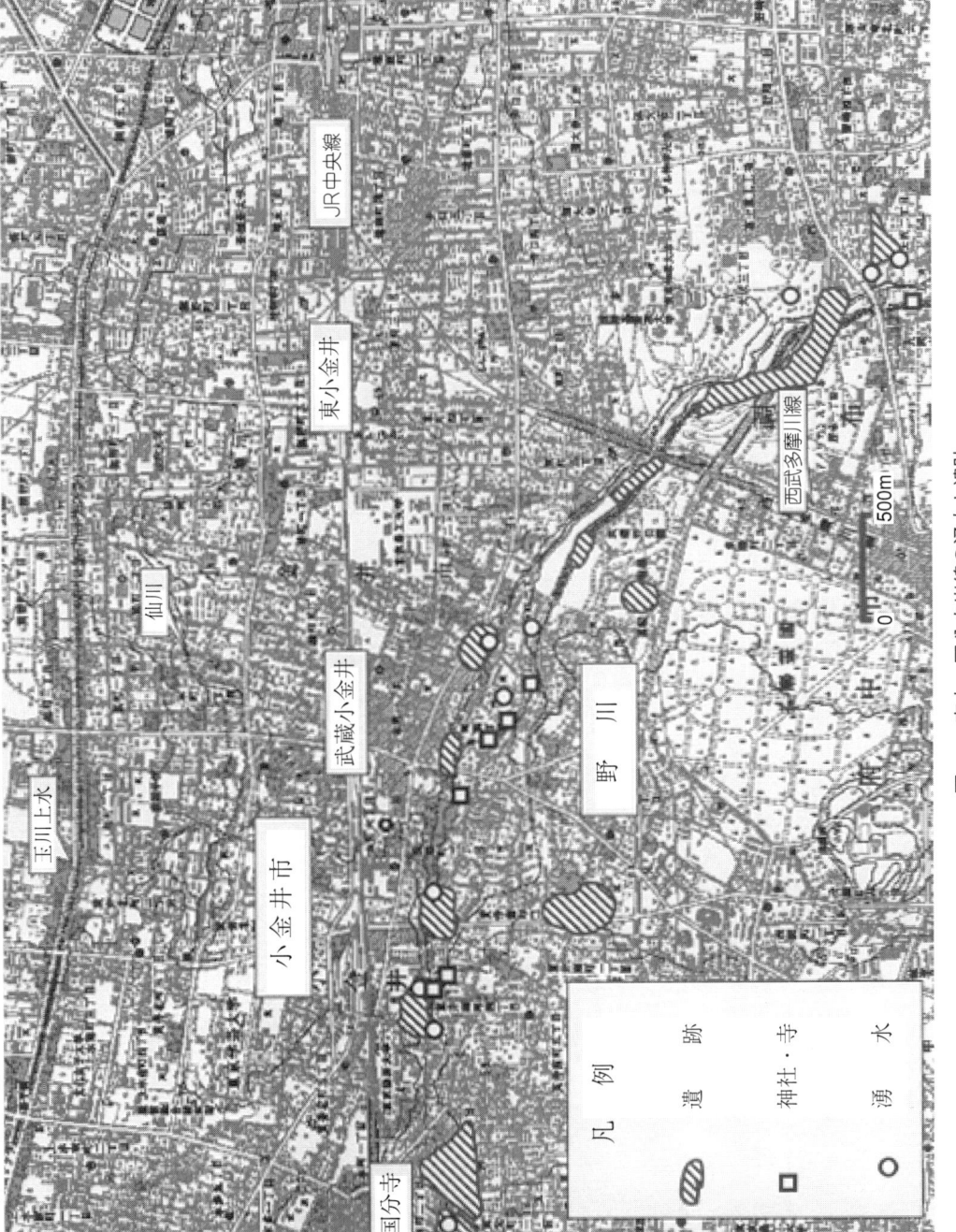

図1.2 東京・国分寺崖線の湧水と遺跡

第1章 序　論

1.2　地下水利用の歴史

　地下水の利用は、地下水が自然に地表に顔を出した湧水の利用からまず始まり、技術の発展や産業需要の増大に伴い、浅井戸による不圧地下水の利用から、安定して汲み上げ可能な深層の被圧地下水への利用に拡大してきた。現在、地下水は生活・工業・農業等各種の用途に利用されている。

　古代から地下水・湧水の利用があったことを伺い知ることができるのは、縄文・弥生時代等の遺跡の分布からである。特に、地下水の自然露頭である湧水は、古代人の身近な生活用水として切り離せなかったと考えられる。図1.2は東京の小金井市、調布市付近の野川沿いの遺跡分布と、野川の流れを創り出している国分寺崖線の湧水（通称、ハケと呼ばれている）分布を示したものである（東京都、1993；1997）。

　このように、段丘崖線や谷頭、扇状地の扇端部からの湧水を生活用水として、集落が形成されていったと考えられる。その後、人口の増大とともに地下水位の深い台地部にも人が移り住むようになるが、透水性のよい立川砂礫層が表層近くに厚く分布し帯水層が深いため、井戸掘削には苦労の跡が多い。東京都羽村市のJR羽村駅近くの「まいまいず井戸」は代表的なものとしてよく知られている。これは、砂礫層の地山の崩壊を防ぐために井戸の上部をすり鉢状に掘削し、さらにその底に井桁の井戸を掘ったもので、井戸底まで螺旋状に道をつけたものである（吉村、1942；桜沢、1981）（図1.3、写真1.1）。このような井戸は武蔵野台地西部にはほかにも現存し、埼玉県狭山市にある「七曲りの井」と「堀兼の井」もよく知られている。堀兼の井とは、井戸を深く掘り進んでも水が出ないというので名付けられたとのことである（桜沢、1981）（写真1.2）。

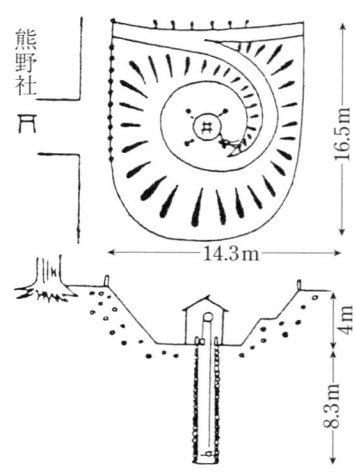

図1.3　羽村のまいまいず井戸形状
（吉村、1942）

1.2 地下水利用の歴史

写真1.1 まいまいず井戸：羽村市

写真1.2 掘兼の井：狭山市

第1章 序　論

1.3　地下水利用の実態

平成14（2002）年の国土交通省の調査「日本の水資源」によると、わが国の地下水使用量は都市用水および農業用水の合計が約111億m^3で、全水使用量約877億m^3の約12.6％となっている（国土交通省、2002）（**表1.2参照**）。

都市用水だけに限ってみると、平成11（1998）年の取水量は年間約298.2億m^3に対し、河川水が211.6億m^3（構成比約71.0％）、地下水約78.0億m^3（同26.1％）、湧水等その他の水源が約8.6億m^3（同2.9％）となっている。また、養魚用水、建築物用として、それぞれ約14.4億m^3、約5.3億m^3が使用されており、全地下水使用量としては、年間約130.7億m^3である（図1.4、図1.5）。

また、全国の地下水使用量の近年の推移では、工業用水は減少傾向にあるが、生活用水は増加しており、都市用水全体としてはほぼ横ばいである。

表1.2　わが国の地下水使用量 （国土交通省、2002）

（単位：億m^3／年）

	農業用水	工業用水	生活用水	計
河川水	546	94	126	766
地下水	33	40.5	37.5	111
計	579	134.5	163.5	877

数字は平成11年の値

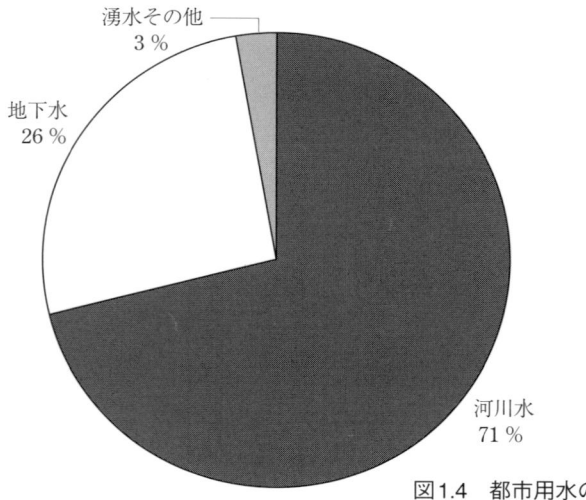

図1.4　都市用水の水源別内訳

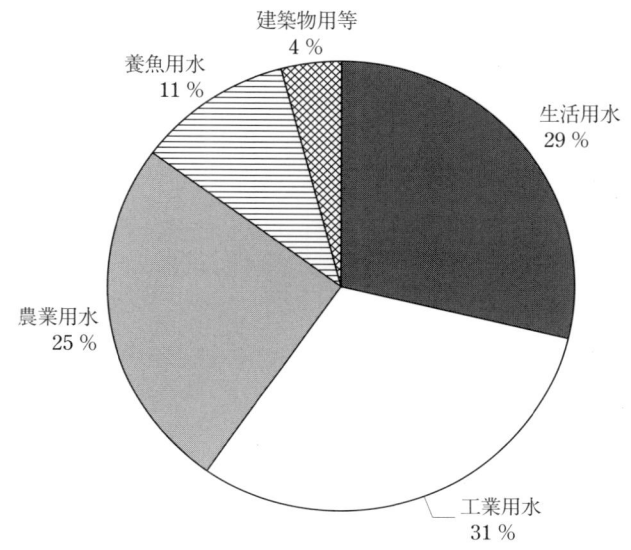

図1.5　地下水使用の用途別割合

1.4　水循環の変化と様々な問題、障害

　明治以来、一世紀余の近代化に伴う急速な国土開発は、国土の水循環に大きな変化をもたらしている。それは、開発による土地利用の変化と水利用の変化となって表面化している。わが国が20世紀に展開した大規模治水事業によって、各河川の沖積平野部の洪水氾濫は激減した。すなわち、洪水は人為的に河道に押し込められ、上流部の治水ダムによって貯留された。洪水時の自然の水循環を変化させることにより、沖積平野の治水安全度が飛躍的に向上し、都市の社会基盤が整備されたと言える。しかし、開発の高度化複雑化とともに、水循環に与える影響は多面化し様々な障害が表面化した。

　戦後の急速な都市化による水循環の変化の現れとしては、東京下町低地などに進行した地盤沈下である。地下水の過剰な汲み上げが主原因であるが、一旦沈下した地盤はもう元には戻らない。また、大都市への人口集中が招いた新型都市水害も顕著な例である。市街地化による不浸透域の拡大による水循環の変化としては、地下水涵養の減少、地下水位の低下、井戸枯渇、湧水の減少がある。

第1章 序　論

なかでも、地下開発による地下水の流れの阻害は地下水循環に大きな影響を与えている。ビルの地下部分の建設や地下鉄、下水道など大規模な土木構造物が地下水脈を切るかたちで造られたために流れが変わり、地下水位の上昇・低下、湧水の枯渇などの障害が発生した事例は多い。また、それだけに止まらず、中小河川・水路・池沼の埋め立て、緑地の減少などにより都市のヒートアイランド現象が促進されている。

1）地下水位低下と地盤沈下

日本では高度経済成長の過程で、良質で安価な水資源として地下水が過剰に揚水されたため、各地で地下水位が低下し、その結果、地盤沈下や塩水化といった地下水障害が発生し大きな問題となった。地盤沈下については、関東平野南部では明治中期から、大阪平野でも昭和初期から認められ、さらに戦後の昭和30年以降は全国各地に拡大した。図1.6は、東京の下町低地における地盤沈下の状況を累積沈下量で表したものである。過去、昭和13年から同53年までの40年間に下町低地のほぼ全域が1m以上沈下しており、特に荒川河口付近では2mを越えているのがわかる（遠藤、1982）。

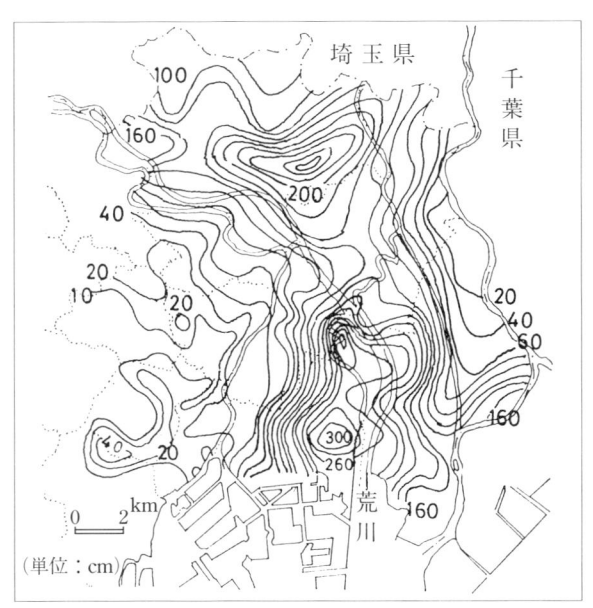

図1.6　東京下町低地の累計地盤沈下量（昭和13～53年の40年間）

1.4 水循環の変化と様々な問題、障害

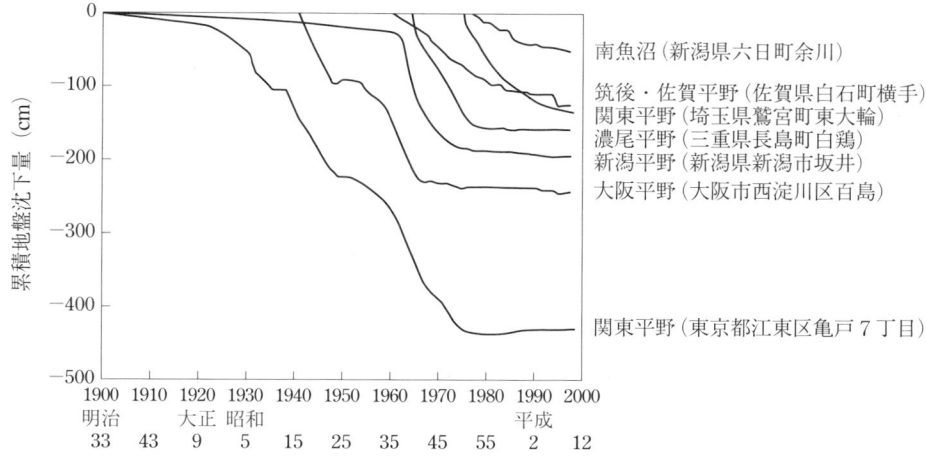

図1.7 全国の地盤沈下の状況 (環境省「平成12年度全国の地盤沈下地域の概況」による)

　こうした地盤沈下も、以後地下水の採取規制や水源の表流水への転換等の措置を講じてきていることにより、近年は沈静化してきている(環境省、2003)(図1.7)。しかし、渇水時の急激な地下水揚水により地盤沈下が進行した事例もあるため、まだ注意が必要である。

　なお、地下水の採取規制については、工業用地下水を対象とする「工業用水法」および冷房用等の建築物用地下水を対象とする「建築物用地下水の採取の規制に関する法律」の2法により規制されている。水質保全の観点からは、昭和50年代後半からトリクロロエチレン等の有害物質による地下水汚染が各地で問題となったため、水質汚濁防止法に基づき、平成元(1988)年度から都道府県は地下水質の汚濁の状況を常時監視することとなり、毎年、都道府県が作成する測定計画に従って水質測定を行っている。また、地下水は極めて流動が遅いため、一度汚染されると水質の自然浄化を期待するのは難しく、そこで平成8(1995)年5月には水質汚濁防止法の一部を改正し、汚染された地下水の水質浄化に係る措置について精度の整備が行われた。その後、平成9(1996)年3月に、地下水の水質汚濁に係る環境基準が設定され、平成11(1998)年2月には「硝酸性窒素および亜硝酸性窒素」、「フッ素」、「ホウ素」の3項目が追加されるなど、維持・達成に向けた取り組みがされている。

2）地下水涵養量の減少

都市域では、市街地化による不浸透域の拡大によって雨水の地下浸透量が確実に減少している。地下に浸透した雨水は土壌帯に留まる分もあり、全てが地下水を涵養することにはならないが、地下水涵養量も減っていることには変わりはない。図1.8は東京における不浸透域率の経年変化を示したもので、区部の不浸透域率が80％以上になっているため、雨水が地下に浸透する割合は9.5％と極めて低い（東京都、1998）。また、図1.9には多摩地域の都市化変遷の一例を示す。これは、多摩地域西部の瑞穂町、武蔵村山市、立川市、昭島市などを流下して多摩川に注ぐ、残堀川（流域面積 $A = 34.7 km^2$）流域の土地利用の変遷をグラフにしたものである。この流域は武蔵野台地の中央部に位置し、玉川上水が通水し、上水・分水沿いに畑作新田が開発されるまで、昔から水に乏しいために集落は発達せず、全体の土地利用はほとんどが荒れ地、雑木林、桑畑などからなっていた。都市化の波が本格化したのは、昭和30年代に入った高度経済成長期からである。図にあるように、昭和27（1952）年に畑地・山林が流域の約95％であったのが、約40年後の平成3（1990）年には約30％に減少しており、市街化の急速なのがわかる。宅地および工場の土地が、ほぼ不浸透域を形成していると考えられる。

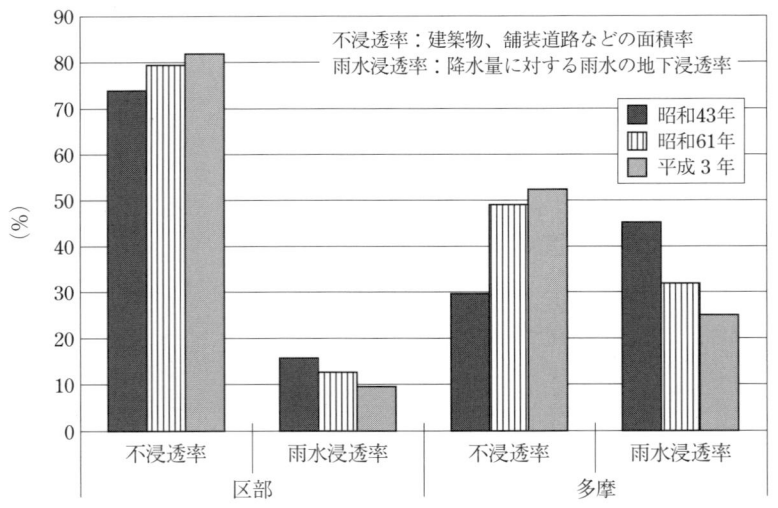

※多摩地域は、日の出町、旧五日市町、奥多摩町、檜原村を除いた地域。

図1.8　東京の不浸透域率の経年変化

1.4 水循環の変化と様々な問題、障害

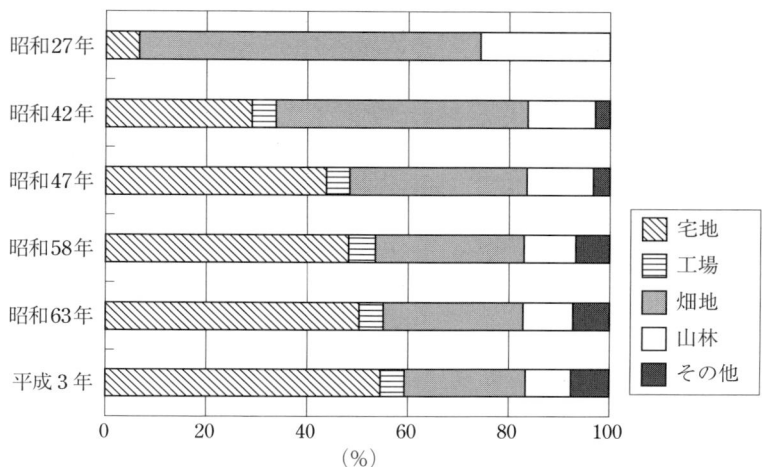

図1.9 残堀川流域の土地利用状況の変遷（東京都北多摩北部建設事務所、1995）

　次に湧水地点であるが、平成12（2000）年度現在、東京には717カ所の湧水が確認されているが、都心部だけでも明治期と比較して枯渇あるいは消滅した湧水は約180カ所以上にのぼるといわれている（東京都、1998；2002）。これら湧水の枯渇は、東京の台地部を流下する中小河川の源頭水源にも及んでいる。例えば、東京のほぼ中央部を西から東へ流れる有名な神田川についてみてみる。

　神田川の源泉は武蔵野台地の地下水が窪地から湧出し、その源泉の井の頭池（三鷹市）には、かつて7カ所の湧水があったと伝えられている。しかし、都市化により昭和30年頃から湧水量が減少し、現在は深井戸からの揚水に頼っている。なお、池の北西端に徳川家康が好んだと言い伝えられる「お茶の水」という源泉（写真1.3）が再現されている。神田川の支流である善福寺川の源泉は「遅乃井」と呼ばれ、鎌倉時代、源頼朝が奥州征伐の途中、この地に陣を設けた際、干ばつのため水が不足し自ら弓で土を掘ること七度、「今や遅し」と水の出を待ったことから名付けられたといわれている（写真1.4）。ここも現在は深井戸からの揚水による。妙正寺川の源頭水源も同様である。この傾向は山の手台地を流れる他の中小河川、例えば石神井川の三宝寺池、富士見池などでも同様に、源泉の枯渇がみられる（写真1.5、写真1.6）。

　また、具体例の一つとして図1.10を示す（岡本・中山、1996）。これは、東京の北西部を流れる荒川水系の中小河川、白子川流域の湧水地点分布を示したもので、現在

第1章 序　論

写真1.3　井の頭池の「お茶の水」

写真1.4　善福寺の「遅乃井」

写真1.5　三宝寺池の復元された源泉

写真1.6　三宝寺池

図1.10　白子川流域の湧水地点

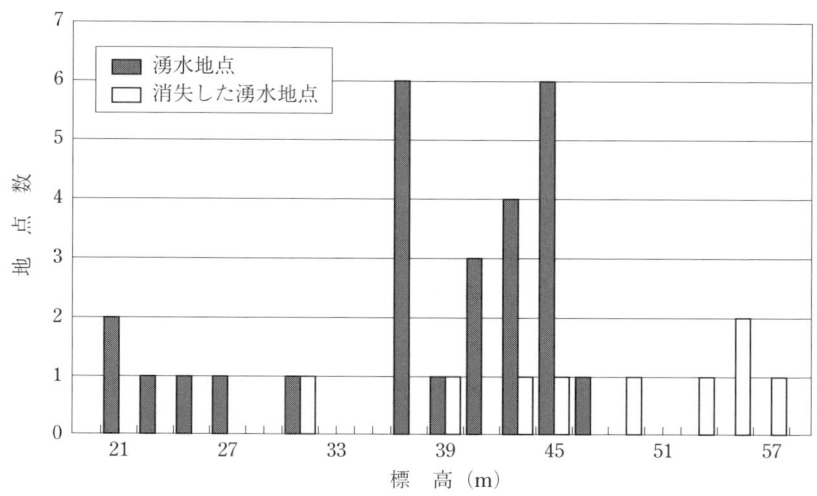

図1.11　白子川流域湧水地点の標高

は埋め立てられたり、枯れたりして消失した湧水についても示してある。湧水地点をその標高別に分類して頻度分布に整理したのが図1.11である。現在では、標高49m以上の湧水地点が消失したのがわかる。このことから湧水枯渇の原因は地下水位の低下が主に予想されるが、ほかにも工事や埋め立てや水みちの遮断など、いろいろと考えられる。

3）雨水浸透施策

地下水位低下や地下水涵養対策として、降雨の地下浸透（人工涵養）が日本の各地で進められている。わが国では、これまで人工涵養の多くが沖積平野の地下水障害対策（地盤沈下対策）に重点を置いて実施され、井戸から直接帯水層に水を注入する井戸涵養法が多く行われてきたが、期待したほど効果が得られなかったため、現在では浸透池等による地表涵養法が行われているようである。このほか、地下浸透ダム、雨水浸透ます、透水性舗装等により治水目的とあわせた地下水涵養も行われている。

東京都においても、各種の雨水浸透策が各事業者によって行われており、大まかに分類すると表1.3のようになる。東京では総合治水対策関連の雨水浸透策が目立つが、この背景には東京ならではの特殊性がある。すなわち、戦後の急速な都市発展に伴う人口集中、市街化で河川改修が追いつかず、昭和33（1958）年の狩野川台風などに代

表1.3 東京における雨水浸透施策

事業区分	目的	事業内容	主体
総合治水対策事業	河川の総合治水対策のうち流域対策の一つ。元来は治水対策。雨水流出抑制策としての雨水の貯留、浸透施設に地下水涵養効果も期待。	・流域貯留浸透事業	都市整備公団、自治体
		・各戸貯留浸透事業	国・区市町村
		・雨水流出抑制、雨水貯留浸透	国・下水道局等
		・まちづくりでの雨水浸透	道路・再開発・区画整理
		・公園内の貯留・浸透	公園緑地部
水循環再生事業	地下水涵養、湧水の保全が目的	・雨水浸透施設設置および費用補助	国・都・区市町村

表されるように、しばしば山の手の中小河川が大水害に見舞われるようになり、水害対策が急務となった(市川・マキシモヴィッチ、1988)。そこで河川改修となるのであるが、河川の堤防際まで密集した住宅などにより従来の河道拡幅や堤防嵩上げのみの改修が困難となり、広く流域全体で流出抑制をする必要性が治水対策として考えられた。これが「総合治水対策」で、昭和52年6月、河川審議会から建設大臣に中間答申がなされたのが始まりである。

現在、大規模集合住宅での貯留・浸透、遊水池、個人住宅では、屋根に降った雨水の庭先でのますや穴あき浸透管による貯留・浸透(各戸貯留)、下水道サイドでは雨水流出抑制型下水道や雨ます、排水施設での雨水浸透などの施策が各事業者により行われている。またまちづくり事業のなかでも、歩道の透水性舗装、道路浸透ますの設置が積極的に展開され、規模の大きい都立公園などでは園内での雨水貯留、浸透管・浸透ますの設置を実施しているところである。

一方、環境保全の視点からも地下水涵養、湧水保全を目的として、同様な雨水浸透施設が主に区市町村によって造られ、あるいは設置の際に補助がなされている。このように、雨水浸透施策が広く横断的に行われるようになったことは、地下水環境ばかりか、植生、都市気候の緩和にとってもよいことである。

ただし、ここで気をつけたいのは、どこでも浸透が出来るわけではなく、効果的に地下水涵養を図るべきである。軟弱な粘土層の厚い低地部では効果はなく、台地部でも直接に砂礫層まで深く雨水浸透を行うとかえって地下水を汚染してしまう可能性が

ある。また、湧水の涵養を行う場合、帯水層中の地下水の流れやすい「水みち」の存在が大きな役割を果たしていると考えられる。難しいことではあるが、この「水みち」をいかに自然のままに確保するかが重要と考えられる（いくら地下水涵養をしても、湧出口に至る水みちが閉塞されてはどうにもならない）。

4）地下水の流動阻害

　地下建設工事（水道、下水道、地下鉄、共同構など）や地下構造物建設工事によって地下水の帯水層、水みちが遮断されると地下水の流れが変わり、地下水位の上昇や下降、井戸枯れなどの障害を招き、さらに地盤沈下や井戸水の濁りなどの影響も発生することがある。都市部ではこうした地下工事が頻繁に行われているので、地下水面下の工事の際は特に注意が必要である。ある一定規模以上の工事では、工事の前後を通して周辺の地下水調査を行い、地下水位観測等のモニタリングも継続して行うのが通常化しているが、事前の綿密な地下水調査と工事影響の地下水流動解析を十分に検討する必要がある。特に、地形的に昔は水路や用水だった箇所で、現在埋められて改変された地形のところは地下水も集まりやすく、水みちとなっていることもあるので注意する必要がある。

　ところで、地下埋設管などの工事で以前から気にかかっていることがある。それは、水道・下水道工事にしろガスや電力線の工事にしろ、管設置後の地山の埋戻し材料に山砂を使うことが多いからである。埋設管のまわりは十分に転圧、締め固めてあるとはいうものの、透水性のよい砂を使用しているため、水が通りやすく従来の「水みち」が人為的に変えられている可能性もあるのである。なお、流動阻害については、第7章の7.5「建設事業と地下水・湧水（地下水流動保全）」で解説した。

5）地下水の汚染

　工場排水等の地下への浸透、施設の破損などに伴う溶剤、廃液の地中への漏出、埋め立て有害廃棄物の地下水への溶出などにより地下水汚染が発生している。東京都の現況としては、硝酸性窒素・亜硝酸性窒素による地下水汚染とともに、昭和50年代後半にトリクロロエチレンによる汚染が発見されて以来、地下水が有機塩素系化合物によって広範囲に汚染されていることが明らかになった。定期的なモニタリングによると、現在もこうした有機塩素系化合物による汚染が一部でみられ、環境基準の超過地点数は依然として横ばいであるなど、改善がみられないようである。

第1章 序　論

　地下水はその動きが極めて遅いため（流動性のよい砂礫層で1,000m/day、シルト質砂層で数cm/day～1m/dayのオーダー）、汚染物質が微量でも一旦汚染すると影響が長期化することが多く、汚染の範囲は一般には局所的と言われる。地下水汚染については、第4章で詳しく取り扱う。

　これまで述べてきたことは、水循環の変化の上ではどちらかと言えば負の面が多い。しかし、一方では限りある水資源の大切さ、リサイクルの重要性も認識されている。都市では人口が多く水使用量も多い。下水処理場で高度処理された下水は、見た目は上水と変わらないほど水質も良好である。また、コンクリートやアスファルトで地表が覆われた緑の少ない都会では、雨水の貯留・浸透の重要性、必要性が人々の間に少しずつ理解されてきている。近年の下水高度処理水の再利用、環境用水への導水（玉川上水・野火止用水等）、屋根雨水の貯留・雑用水への有効利用、都市中小河川への地下湧水の再利用などは、貴重な水資源のリサイクル事例として、今後よりいっそうの拡大、発展が望まれる。

1.5　本書で扱う内容と構成について

　本章の序論では、まず身近で手軽に利用しやすいが適正管理が必要な地下水・湧水の特徴を述べた。また、昔から湧水の近くに営まれた生活、水を得るのに苦労した痕跡など、地下水利用の歴史について簡単に紹介した。次に、日本の地下水利用の現状を国土交通省の白書などに基づき簡単に述べるとともに、水循環の変化とそれに伴う様々な問題や障害の存在、またそれに対して現在行われている雨水浸透施策などについて、次章以降に展開される本論の導入部として簡単に紹介した。

　第2章では、地下水・湧水の定量評価のために必要な調査内容、最低限の知識について実務経験上の立場から述べた。水理特性の把握や土地利用状況調査、地下水位調査および水文観測調査等については、筆者らが水収支のために実際のフィールドで調査した経験上の知識、研究結果をできるだけ交えながら解説した。本書は地下水学の専門書ではない。したがって、地下水の物理的・化学的な基礎知識についてはその多くを省略した。

　第3章は、著者らが行政あるいは調査研究の立場で、長年東京を舞台に関わってきて得た地下水・湧水に関する実務知識、調査研究結果をもとに、現状と問題点を述べたものである。まず、地下水涵養域である関東平野、そのなかの武蔵野台地の地形・

1.5 本書で扱う内容と構成について

地質を地下水、湧水の帯水層の観点から解説した。武蔵野台地の地下水については既往調査、文献など、歴史、地下水位面図、地下水の流動方向などについても解説した。武蔵野台地の湧水については、湧水地点、湧水量の継続調査結果、湧水の涵養域、湧水と河川などについて過去に行われた多くの調査結果をとりまとめ、簡潔にわかりやすく解説した。さらに、湧水池の水辺やその周辺に生息する動植物、また、そこでしか見られない湧水池特有の生きものについて簡単に紹介した。最後に、東京の地下水利用の実態と経年的推移について、地下水揚水量、用途別の地下水利用などについて述べた。

第4章では、地下水障害と汚染について扱った。地下水障害といえば、過剰な揚水による地下水位低下、地盤沈下や塩水化などがまず第一に想像される。しかし、地下水揚水規制が徹底されて効果を表し始めた今日、地盤沈下も沈静化しつつある。現在では、逆に地下水位の上昇に伴う地下施設への湧水、構造物の浮き上がりなども問題となっている。このように、地盤沈下や地下水遮断、地下水位上昇に伴う諸問題、地下水汚染などについて、現状と対策、汚染の除去、法規制などについて解説した。

第5章では、地下水の水収支、地下水解析の実施事例および雨水浸透施設による湧水保全事業内容と具体的事例、湧水量、流出量の変化の測定事例、それから最近話題となった地下トンネルや地下構造物へ湧出した地下水の環境用水への再利用などについて解説した。

第6章は、地下水・湧水保全の啓蒙運動のさきがけとなった環境省選定の「名水百選」、国土交通省選定の「水の郷百選」などについて概要を紹介するとともに、全国各地の湧水保全の取り組み、まちづくりへの活用事例、生活用水や景観向上に寄与している代表事例などについていくつか紹介し解説した。

最後の第7章では、われわれの身近な生活環境に影響を与え、さらには様々な生き物にとっても貴重な環境を創り出してきた「地下水・湧水」を再認識し、健全な水循環を再構築していくために、これからの施策はどうあるべきかの動きを紹介した。また、今後の取組体制、方向性、水循環系の再構築、NPOや住民の参加と行政の役割、地下水・湧水を保全する建設事業のあり方、地下水流動保全の施工事例、さらには最近話題の温泉開発に伴う諸問題等について現状分析を行った。

第1章 序　論

引用・参考文献

国土交通省（2002）：日本の水資源（平成14年版）、土地・水資源局水資源部編
東京都（1993）：東京の遺跡散歩、政策報道室都民の声部情報公開課
東京都（1997）：「湧水マップ」、環境保全局
吉村信吉（1942）：地下水、科学新書20、河出書房
桜沢孝平（1981）：鋳物師と梵鐘とまいまいず井戸の話、武蔵野郷土史刊行会
堀越正雄（1995）：増補版日本の上水、pp.7-10、新人物往来社
遠藤　毅（1982）：東京ゼロメートル地帯、文部省科学研究費自然災害特別研究成果「ゼロメートル地帯の被災と災害対策の研究」、pp.22-25
環境省（2003）：環境白書（平成15年版）
東京都（1998）：東京都水環境保全計画、環境保全局
東京都（1995）：残堀川水量確保に伴う基礎調査報告書、北多摩北部建設事務所
東京都（2002）：東京の湧水（平成12年度湧水調査報告書）、環境保全局
岡本　順・中山俊雄（1996）：白子川流域の地下水および湧水、平成8年東京都土木技術研究所年報、pp.233-244
市川　新・マキシモヴィッチ（1988）：都市域の雨水流出とその抑制、pp.24-40、鹿島出版会

第 2 章
地下水・湧水の調査と定量評価

　水量豊かな湧水や地下水は清流となり、豊かな緑、生物を育み、そこに暮らす人々の生活を潤す。いまわれわれは自然の湧水を訪れる場合、誰しもその冷たく清らかな水に驚き心が和むことだろう。また、その恒温性のため、そこにしか見られない貴重な生物を見ることができるであろう。地下水・湧水が大切にされている地域では、必ずと言っていいほどその豊富な水が生活用水や農業用水としてそこに暮らす人々に利用され、暮らしに深く密着している。

　実は、数十年前の日本にはこのような湧水のある風景はもっと多く見られ、われわれの身近な存在であったように思う。そのような自然が少なくなってきて、初めて今その貴重さ、大切さにわれわれ自身が気づき、それを取り戻そうとする動きがある。一度失った自然を回復するのは容易ではないが、現在ある湧水・地下水を維持し、少しでも回復させ、よりよい自然環境を創り出していく義務がわれわれにはあると思う。そのためには地下水・湧水の科学的調査研究が必要であり、それは水循環の実態と水収支を明らかにすることである。それによって将来予測もたてやすくなる。

　本章では、このための基礎的な事項について実務上の立場から簡単に述べるものである。なお、本書は地下水学の専門書ではない。したがって、地下水流動の基礎的事項、運動の式など、「地下水学」の専門知識についてはそれぞれの専門書を参考にしていただきたい。

2.1　地下水と湧水

　地下水と湧水は決して別物ではない。湧水は地下水流出形態の一部で、地下水面が地表に現れたところ、すなわち、段丘の崖下とか浸食谷の谷頭、扇状地の扇端部などにみられ、水質・水温など地下水と基本的に同じ性質を持つ。したがって、ここでは主に地下水の一般的特徴、地下水の存在形態、分類など、最低限必要な物理的性質に

ついての一般論を述べる。

1）地下水の概念

地下水は、第1章の図1.1で示したように水循環の一環を形成しており、降雨や地表水から涵養され、河川・湖沼・海などへ流出する。地下水の賦存する地層は複雑な形態を持っており、砂や礫を主体とした透水性のよい地層と、粘土やシルトを主体とする透水性の悪い地層とが幾重にも互層を形成している場合が多い。

地層は水の流れやすさによって呼び方が分類される。砂礫層のように透水性が高く、その間隙が水で飽和された地層は帯水層である。一方、シルト層や粘土層などのように透水性が低い地層は難透水層、固結岩盤のように水を通さない地層は不透水層と呼ばれる。このほか、半帯水層や半透水層のように中位の透水性を持つ地層の分類が使われることもある。このような帯水層区分は、ほぼその透水係数の大小によって決まるが、明確に透水係数のみで区分することは困難である。

(1) 不圧地下水と被圧地下水

比較的地表面に近い浅層地下水は、不飽和部の土壌を通じて大気と接している。このため、地表からの涵養や揚水の影響を常に受けやすく、地下水面が自由に変動する。このような帯水層を不圧帯水層と言い（図2.1参照）、自由地下水面が地表面と交わる

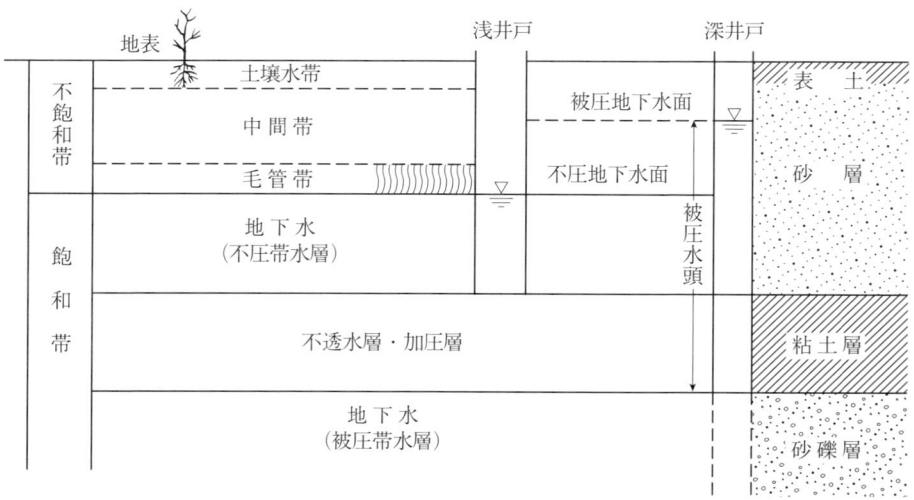

図2.1　地下水の垂直分布（Heath・Trainer原図、水収支研究グループ編、1993による）

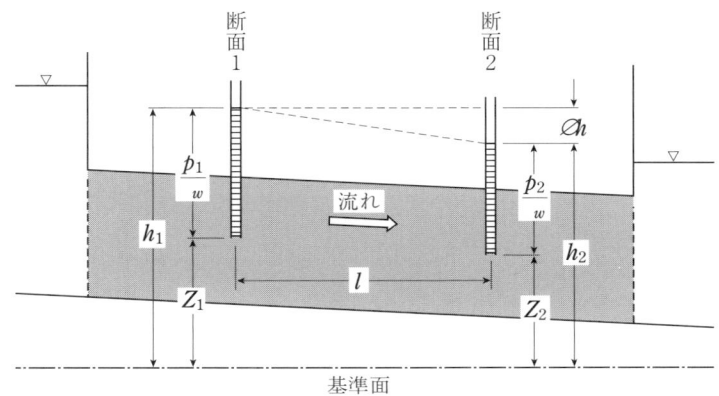

図2.2 位置水頭・圧力水頭（水収支研究グループ編、1993による）

ところでは湧泉（湧水）が見られる。

一方、帯水層の上部にシルト層や粘土層などの難透水層や半透水層、あるいは不透水層が存在するとき、そこの地下水は大気圧より高い圧力を受け、自由な水面形を持つことができない。このような帯水層が被圧帯水層である。帯水層中の地下水を被圧させている難透水層や半透水層のことを加圧層ともいう。

また、局所的に分布する連続性のない難透水層や半透水層などの上に、レンズ状に貯留された小規模の地下水域を宙水と呼び、主要水体の本水と区別している。宙水は主帯水層の上にできた水たまりのようなもので、水資源的には不安定で枯渇しやすい。

被圧帯水層中に掘られた井戸の中では、地下水位は上部加圧層の底から上昇し、水面はその圧力に等しい高さまで上昇する。同一帯水層中に掘られた数多くの井戸の水位を結んで得られるのが、ピエゾメーター水頭線である。帯水層は水理的に境界水圧条件が各層で異なるため、ピエゾメーター水頭線も各帯水層で違ったものとなるのが通例である。なお、被圧地下水位面が地表面より高い場所に掘られた井戸では自噴がみられる。図2.2は位置水頭、圧力水頭の関係を表したものである。

(2) 地下水の存在形態

通常、われわれが地下水と呼ぶ場合、地層の間隙を飽和している水のことを指す。その意味では、土壌水のように地下水面から上の不飽和帯の水は、厳密には地下水に該当しない。しかし、土壌水が地下水の涵養・水収支に大きな関係を持つことは明確

で、これを無視した議論はできない。ただし、土壌水と地下水では水理学的性質が異なるので注意を要する。

地表から地下水面までの部分は、間隙が部分的に水で満たされている。土壌水の部分は、不飽和帯または通気帯とも呼ばれている。この部分は、固相（土粒子部分）、液相（水の部分）、気相（空気の部分）の三相からなっていて、三相分布という。液相と気相の比率は気象の影響を受けて絶えず変化する。水で飽和されている地層を飽和帯、そうでない地層を不飽和帯と呼ぶ。土壌の各深さごとに間隙率と体積含水率を求めて、三相分布図が作成され、不飽和帯の浸透流、涵養の解析によく用いられる（金子、1973）（図2.3参照）。

土壌間隙中の水は、その土粒子との結合の強弱により動きが全く異なる。

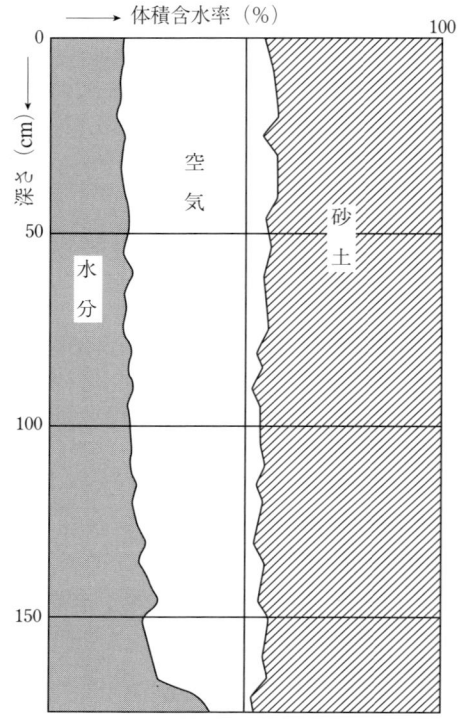

図2.3　土層の三相分布（金子、1973による）

水と土粒子の結合度を表すのにpF（ピーエフ）値がよく使われる。これは、土粒子と結合している水を除去するのに必要な力を水柱の高さに換算し、対数で表示した値である。したがって、同じ土壌水でも重力の影響を受け自由に間隙中を移動する水と、吸着水のように土粒子と結合して水循環に寄与しない水に大別される（表2.1、図2.4参照）。

土壌水は表2.1のように、蒸気態水分・結合水・自由水に大別される。蒸気態水分の存在は水収支の検討では無視できるが、揮発性有機化合物による土壌汚染では無視できないと言われている。また、結合水は土粒子に数分子層の厚さで強く結合している強結合水と、数十～数百分子層の厚さで弱く結合している弱結合水がある。次に、結合水の周辺に水分が増加すると、土壌間隙の毛管負圧や重力が土粒子と水の吸着力を上回り、間隙中の水は移動し始める。このような水を自由水という。自由水はその作用力により、重力により間隙を移動する重力水と、非常に小さい土粒子間隙にメニ

表2.1　土壌水のpF値（水収支研究グループ編、1993、表−3.1を改変）

分　類			特　徴	pH値
土壌水（地中水）	蒸気態水分			
	結合水（吸着水）	強結合水（吸湿水分）	土粒子と強く結合した数分子層の厚さの水	7以上
		弱結合水（付着水分）	土粒子と弱く結合した数十〜数百分子層の厚さの水	4.5〜7
	自由水	懸垂水	粒子間接点に孤立した水・結合水によって遮断された水・団粒内毛管にある孤立した水・上層下部の毛管力保持の水など	2.7〜4.5
		降下水	降下運動中の重力水	2.7以下
		支持水	毛管水帯の水および帯水層中の水	

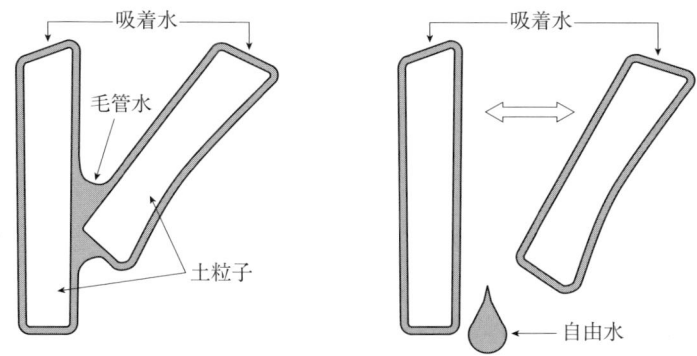

図2.4　毛管水と吸着水（Hillelを改変、水収支研究グループ編、1993による）

スカスの力で保持されている毛管水に分類される。したがって、同じ土壌水でも重力の影響を受け自由に間隙中を移動する水と、吸着水のように土粒子と結合して水循環に寄与しない水に大別される。

2）地下水の流れ

地下水に関する問題を解決する際は、地下水の流れを水循環の一環として捉え、三次元的な観点から地下水流動を解明する必要がある。これは、広域的な水資源管理のための地下水流動調査だけでなく、構造物を造る際の工事、維持・管理、地下水汚染などの局所的な調査をする場合も同様に必要となる。

（1）ポテンシャル流

地下水の流れは、飽和帯でも不飽和帯でも、ポテンシャル流（水はポテンシャルの

高いところから低い方へ流れる）として扱うことができる。流体ポテンシャルϕは次式で示される。

$$\phi = g \cdot Z + \frac{p}{\rho} = gh \tag{2.1}$$

ここに、g：重力加速度、Z：基準面からの高さ、p：圧力、ρ：水の密度。

大気圧を基準にとり、(2.1)式の両辺をgで割ると、

$$h = Z + \frac{p}{\gamma_w} \tag{2.2}$$

ここで、h：水理水頭、Z：位置水頭、$\gamma_w (= \rho g)$：水の単位体積重量。p/γ_wは通常、圧力水頭と呼ばれる。

(2) ダルシーの法則

地下水の流れは通常、ダルシーの法則を適用できる。砂層中を流れる地下水についてのダルシーの実験式は次式で示される。

$$Q = k \cdot A \cdot \frac{\Delta h}{l} \tag{2.3}$$

ここに、Q：管内への流入・流出量、k：透水係数、A：管の断面積、$\Delta h/l$：動水勾配。

ここで、動水勾配$\Delta h/l$をiとし、両辺をAで割ると浸透流速vは、

$$v = k \cdot i \tag{2.4}$$

となり、地下水の平均流速が動水勾配に比例するとする式になる。ダルシーの式は流速が十分に遅い（層流状態）通常の地下水流で成立する（巨大な地下空洞内の流れやパイプ流の様な乱流状態の流れを除く）。

2.2　地下水・湧水の調査

ここでは、地下水・湧水の評価、保全のために必要な調査項目、調査手法について述べる。図2.5は地下水（人工）涵養調査の一般的流れである。これら調査は、大きく予備調査と本調査に分けられる。予備調査は屋内と野外に分けられ、屋内予備調査は地形・地質、気象資料、既往地下水調査文献などを参考に、地下水に関する予察を行う。野外予備調査は本調査に先立ち、計画準備するために行う（建設省河川局・（財）国土開発技術研究センター、1993）。

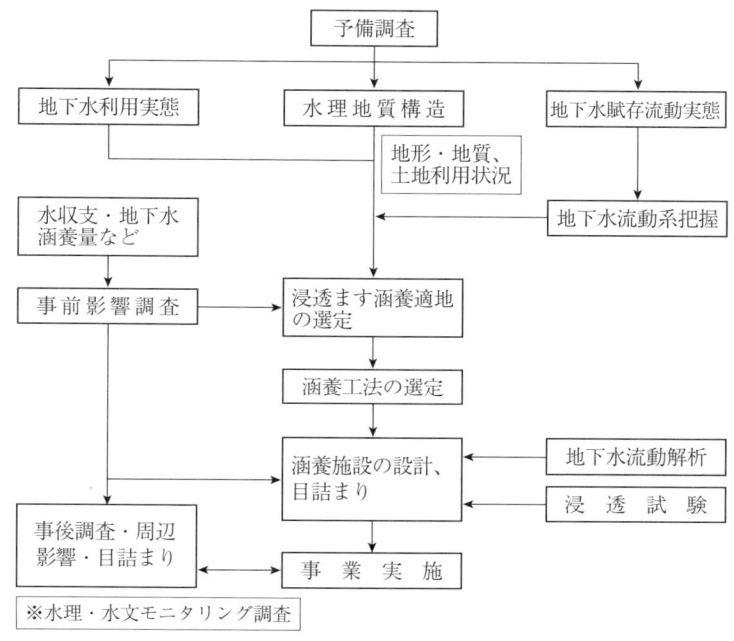

図2.5 地下水(人工)涵養調査の一般的流れ (建設省河川局他、1993、図2.7を改変)

なお、通常、地下水・湧水の調査を行う際、その水資源的評価および保全のために必要な調査項目は予想以上に広範囲にわたり、しかも調査に費やす期間も長くなる。例えば、工事による影響予測とか雨水浸透ますの設置による効果などを調査するにも、広範囲にかつ事前事後まで長期にわたる観測を余儀なくされることが多い。その理由の一つに、地下水は非常に動きが緩慢な上にしかも直接人の目に触れにくく、把握と評価が困難なためと言える。

1) 地形・地質調査

ここで言う地形、地質調査は、対象地域の地層の分布とその水理特性を把握し、地下水の賦存状況、流動状況を明らかにすることにある。したがって、調査の最初にまず行うのがこの地形・地質調査である。既往地質・土質調査文献、資料を収集整理し、必要に応じて現地踏査、地質ボーリング、透水試験、物理探査、揚水試験、土質試験、などを実施する。

その中で、現場透水試験や揚水試験は地層の透水係数、帯水層の水理定数を求める

ために行われる。単孔式現場透水試験は、地層の透水係数を原位置で把握する必要がある場合に実施する。この試験にはボーリング孔内の水位を揚水(注入)して変化させ、その回復していく非定常法(変水位法—回復法、注水法)と孔内に注水することによって一定水位を保ち、その注入量を計測する定常法(定水位法)がある(図2.6)。

一方、揚水試験は帯水層の透水量係数や貯留係数あるいは適正揚水量などを求めるために実施される。揚水試験は、揚水井のみでは正確な水理定数を求めることが困難なので、揚水井のほかに新たに観測井を必ず設けるようにする。また試験の種類とし

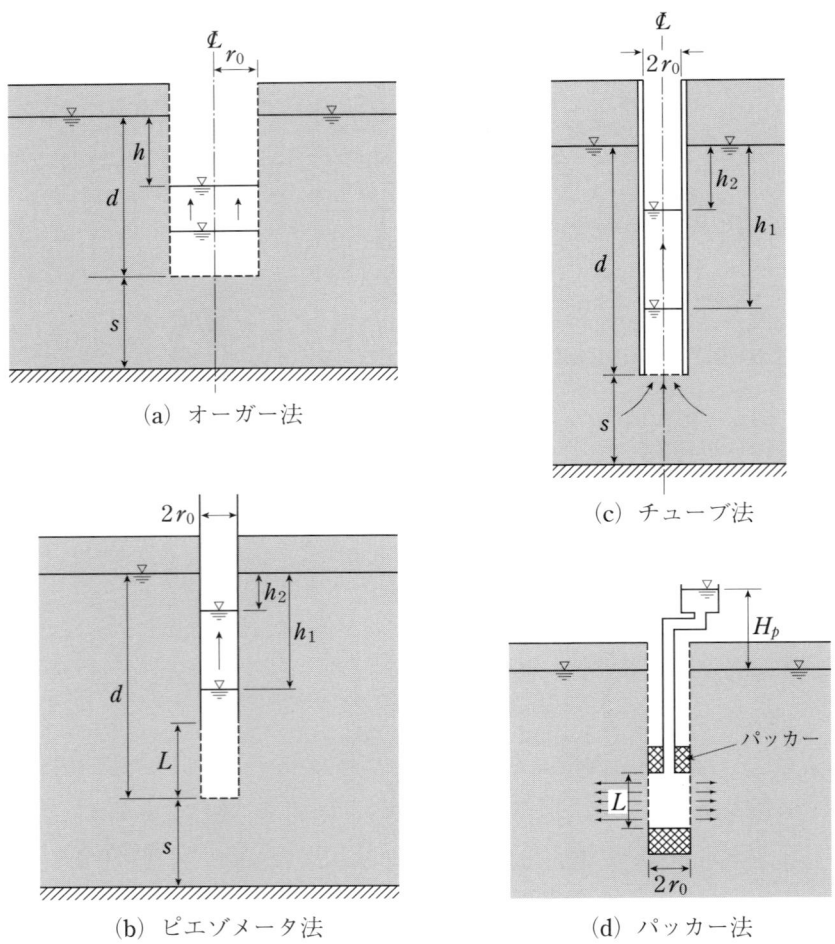

図2.6 単孔式現場透水試験 (建設省河川局他、1993による)

て、通常段階揚水試験、連続揚水試験、回復試験の3種類を実施する。このように、揚水試験は時間的、経済的に現場透水試験より負担を要するため、不圧地下水や湧水、工事に伴う地下水障害等を扱う場合には、現場透水試験の方がよく用いられる。しかし、求められた透水係数の信頼性という点では、帯水層全体の値を代表している点で揚水試験の方が優っている。

2）土地利用状況等調査

土地利用調査は、土地利用の実態から水の利用、表流水の浸透・涵養、蒸発散あるいは地下水の湧出状況を把握し、地下水と地表水の水収支関係を検討するために重要な調査である。

水の地表から地下への浸透・涵養、地下から地表への地下水湧出を考える際、地形・地質のほかに、地表と地下の境界部の異方・異質性、すなわち土地利用と土壌が関係してくる。そこで、土地利用状況調査を次の二つの側面から実施する必要がある。

① 宅地化、緑地の減少、河川の改修などを含む土地利用の変化が地表水の地下への涵養や湧水にどのように影響しているか。
② 社会の発展に伴う水需要の増加が土地利用の変化の面からどう捉えられるか。

また、土地利用調査結果は現況のほか、過去の地形図、土地利用現況図あるいは航空写真などがあればそれから過去の土地利用状況図も作成し、土地利用の変遷を整理しておくとよい。使用する地形図は、最低限1/25,000分の1地形図が必要であり、

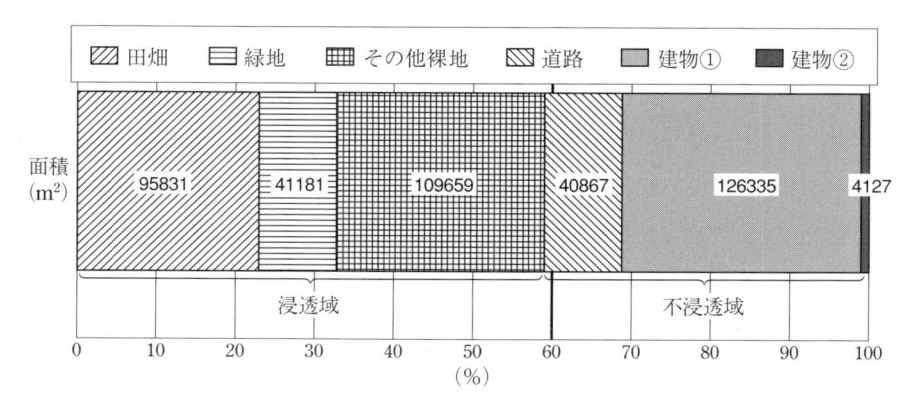

図2.7 調査地の土地利用状況（東京都練馬区大泉町、土支田町の例）

2,500分の1や5,000分の1の都市計画地図があればなおよい。さらに、土地利用状況を地目別に整理して、建物や舗装道路などの不浸透域と水田、畑、緑地、森林などの浸透域に分け、それぞれの面積を算出して浸透・不浸透域率を求めることで、地下水涵養量を見積もることができる。これは、あとの水収支計算の時に必要になるからである。図2.7に一例を示す（国分ら、2000）。また、対象地域内の人口についても調査しておくと、地域内の水使用量や生活排水量の正確なデータがないときなど役に立つ。

3）地下水位の調査

地下水位調査は欠かすことのできない最も基本的な調査で、地下水調査の基礎として、地下水位の空間的分布かつ経時変化を把握し、地下水の賦存・流動機構を解明するために行うものである。地下水位は井戸やボーリング孔内の水面の位置を測水して行う。不圧地下水の地下水位面は帯水層中の間隙水圧が大気圧と等しくなっている面を示し、その水位は地下水貯留量の増減に伴って変動する。

例えば、ある地域の地下水について調査するには、地形・地質に関する文献、資料を収集整理するほか、既存の井戸分布、湧水箇所の有無なども調査する。これらの資料から井戸分布図、湧水箇所位置図などを作成する。次に、地下水面の状況把握であるが、既存の一般井戸の測水のほか、必要に応じて観測井戸が設けられれば一番よい。

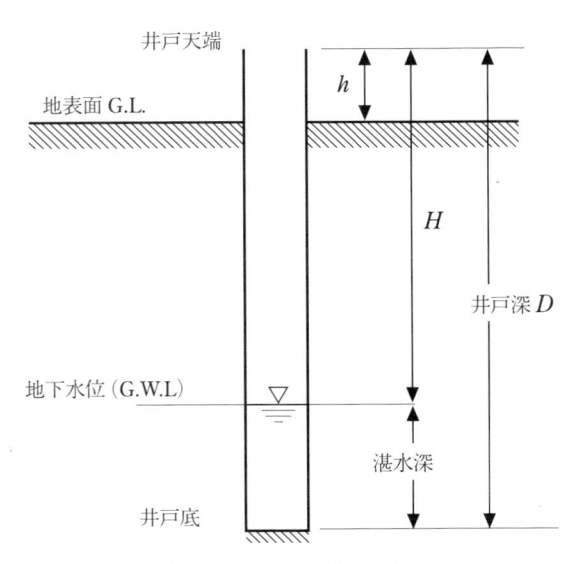

図2.8　地下水位測定の要素

2.2 地下水・湧水の調査

　地下水位の標高を求めるためには、井戸の場所の地盤標高（G）、井戸枠の高さ（h）、井戸枠の上端から水面までの深さ（H）の三つの値を必要とする（図2.8）。井戸の地盤標高は、普通、2,500分の1や5,000分の1の都市計画地図の白図を利用すれば等高線が記入されているので、それから読み取れる。水面までの深さを測定するには、携帯式の水位実測計（写真2.1）が便利である。目盛り付きの巻き尺中に＋－の電線コードが被覆されていてコードの先端が水面に触れると電流が流れ、ブザーが鳴るしかけになっている。

写真2.1　水位実測計

　地下水位の観測は通常、ある地域内の多数の井戸で短期間に一斉に観測を行う一斉観測と、特定の井戸や専用の観測井で長期間定時的あるいは自記水位計による連続観測を行う長期観測との大きく2種類に分けられる。一斉観測は、その地域の地下水の全体像を知るために有効で、一般に無降雨状態が長く続き水位が安定した時期に一斉に観測を行う。得られた各地点の地下水位から地下水位等高線図を作成し、地下水の連続性や流動方向などを知ることができる。

　一方、地下水位は降水や河川水位、気圧等の自然要因と地下水揚水、灌漑、建設工事等の人為的要因により変動する。地下水位の変動状況を連続的に測定することで、水収支解析や建設工事の影響調査、地下水管理・保全の調査等、多くの目的に役立つことになる。長期観測はこれらの目的で行われる。実施期間としては1年以上が通常で、自記水位計による観測が一般的に行われる。結果は地下水位変動図の形式で整理され、諸々の解析に使用される。

　ところで、最近ではデータロガー内蔵式の水圧式自記水位計が普及してきているため、従来のように自記記録紙から水位を直接読み取る手間が省け随分楽になった。これは、リチウム電池等の長寿命バッテリーがロガー内にセットされており、データのサンプリング時間間隔やデータ回収もノート型パソコンで即時にでき、1カ月に1回程度の点検で十分である。回収したデータは直ちに表計算ソフトで図表化できるので重宝である。なお、最近のデータロガーは水位センサーの他に同時に温度センサーが

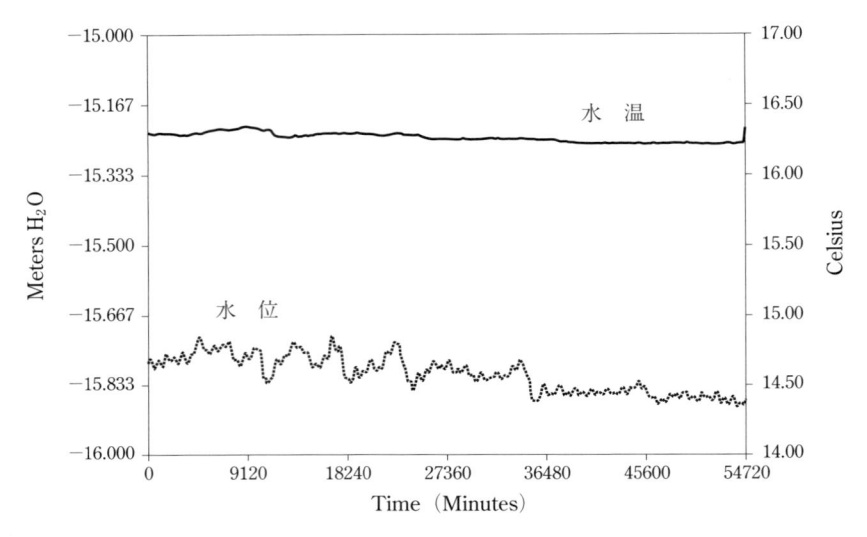

図2.9　水位と水温の同時モニタリング結果の例

内蔵されているものもあるので、水温のモニタリングもできて非常に便利である（図2.9）。

4）地下水利用実態調査

　地下水利用実態調査は、地下水利用施設（汲み上げ施設等）の分布、構造、地下水利用量（揚水量）を把握し、地下水賦存・流動状況の検討、水収支解析、地下水の開発・保全策の検討を行うことを目的として行われる。実際、地下水は井戸等によって揚水利用されるばかりでなく、地下水が自然に流出し形成されている湧泉・湧水池においても利用されている。このような人為的あるいは自然的な地下水利用は、その対象地域の地下水賦存・流動状況に関係しており、水収支に大きく関わる。したがって、地下水障害問題等の解析検討において利用位置分布や利用量の把握が必要になる。地下水利用実態調査の実際は、資料調査、アンケート調査、訪問調査等によって行われる。かつて、地下水の過剰な揚水によって地盤沈下などの地下水障害が発生した地域では、地下水揚水規制や適正利用が進められ、条例等によって地下水利用の届出義務が制定されており、その中で地下水利用状況も報告されている。しかし、このような届出義務のある地下水利用は比較的大規模な事業所、工場等に限定されるため、小規模な揚水の実態はよくわからない。都市部などの地下建設工事や地下水涵養のための

工事では周辺民家の井戸と関係することが多いが、民家の井戸は小規模の上に個人所有であるため、まとまった井戸資料はほとんどないのが実情である。たまに揚水使用量が下水道料金に関係している場合は、そこの自治体の下水道部局、また水質試験を行っている保健所には一部の井戸所有者、使用水量等の資料がある。したがって、水収支の対象地域が小さく、こういった地下水資料が得られない場合、前述の地域内人口あるいは世帯数のデータで推測することも必要になる。

2.3 水文観測調査

　水文観測調査は、水循環の量的把握に必要な資料を得ることを目的とし、必要に応じて水文気象、表流水流量、湧水量、蒸発散量、土壌水分等の項目について実施するものである。まず最初の水文気象調査は地下水涵養量の把握が主目的であり、水収支項目の主因子である、降水量、蒸発散量、気圧、気温、日射量等の気象データの収集整理、または現地観測が必要である。なかでも降水量と蒸発散量の二つは水収支に最も重要な因子であり、直接観測される機会が一番多い。

1）雨量観測

　降水量の観測所は、調査対象区域を概ね均一の降水状況を示す地域に区分し、その地域ごとに配置するのが標準である。一般的には、約 $50\,km^2$ に1カ所程度の観測所を設置すればよいとされているが、都市域などのように調査対象地域が狭くても2カ所以上の設置が必要な場合もある。夏期における集中豪雨などでは、わずか1kmも離れていない場所でも観測雨量に大きな差が出ることがあるので注意が必要である。雨量観測では、このような地点差による雨量の違いの他、欠測も多いので、それに備えて欠測値を補う代替観測所（地域気象観測所や官公署の観測点）を選んでおくとよい。

　また、観測所の設置場所は周囲の障害物、地形、風や気流、安全性などの条件を考慮して選び、雨量計には転倒ます型自記雨量計が一般的によく用いられる。雨量観測データの整理は、台風などの豪雨時の地下水位や湧水の挙動を解析する際は時間値が必要となるが、月単位・年単位等の長期水収支を対象とする場合は、日単位の降水量整理で充分である。

2） 蒸発散量調査

　地下水涵養量の推定のために蒸発散量の適切な見積もりは欠かせない。蒸発散に係る要因には、気温、湿度、風速、日射などの大気の状態に関するものと、水を放出する側の土壌や植物に関するものの二つに大別される。降雨直後のように土壌水分が十分にある場合には、蒸発散量は大気の状態のみで決定される。このときの蒸発散量の最大値が可能蒸発散量である。実際の土壌水分の状態によって決まる実蒸発散量と可能蒸発散量との比を蒸発比と呼んでいる。

　地球全体では、陸地の年間降水量の約3/4が蒸発散し、残りが河川や地下水として海に注ぐに過ぎないと言われている。日本では年平均降水量の約1/3が蒸発散すると言われ、水収支法で求められた森林流域における年蒸発散量（年降水量－年流出量）は、北日本で500〜700mmといわれている（近藤、1994）。ちなみに、図2.10は東京の水瓶である小河内貯水池流域（流域面積 $A = 262.9 \text{km}^2$）の13年分の年降水量と年流出高の関係を整理したものである（東京都水道局、1979〜1994）。この水源林流域は地質が岩盤地域のため、蒸発した残りの降雨成分は地下深く浸透することなく、全てダムへ流入すると考えられる。よって、年降水量と年流出高の差および年損失雨量は年蒸発散量にほぼ等しいとしてよい。こうして求めた当地域の平均年蒸発散量は約560mmである（国分・中山、1996）。

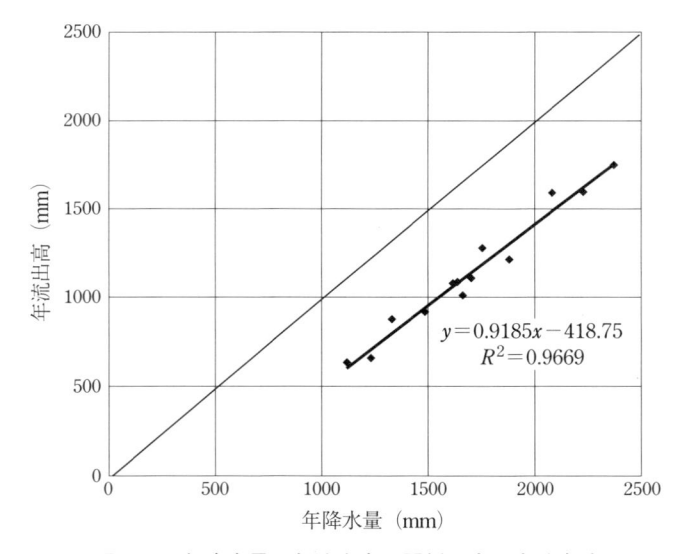

図2.10　年降水量と年流出高の関係：小河内貯水池

2.3 水文観測調査

蒸発散量調査は通常、蒸発測定器による直接観測あるいは気象学的方法により実施される。水情報としての蒸発散量は、水面、地表面、草地、森林などの広域面積からの蒸発散量で、これらを実際に測定する有効な方法がないので、水面からの蒸発に比較的近いと考えられる蒸発計によって観測される。蒸発計によって計測された蒸発量を、経験的に知られている測定値とより広い地域での蒸発散量との関係に当てはめて蒸発散量を求める方法がよく採られている。なお、蒸発計には大型自記蒸発計がよく使われる。原理としては直径1.2mの蒸発計パンに水を張り、その水位変化を記録するものである。むろん降雨があれば整理の段階で差し引かなければならない。このため、正確なデータを得るには夏季の水補給、また冬季の凍結防止などのきめ細かい日常管理が必要で多くの手間を要する。

次に、気象学的推定法としてよく使われる方法に、ソーンスウェイト（Thornthwaite）法とペンマン（Penman）法があげられる（建設省河川局・（財）国土開発技術研究センター、1993）。ソーンスウェイト式は、月平均気温と可照時間から各月の可能蒸発散量を求める経験式で、求められた値が夏季に過大に、冬季に過小になる傾向があるが、年蒸発散量は実際の蒸発散量によく適合すると言われている。一方、ペンマ

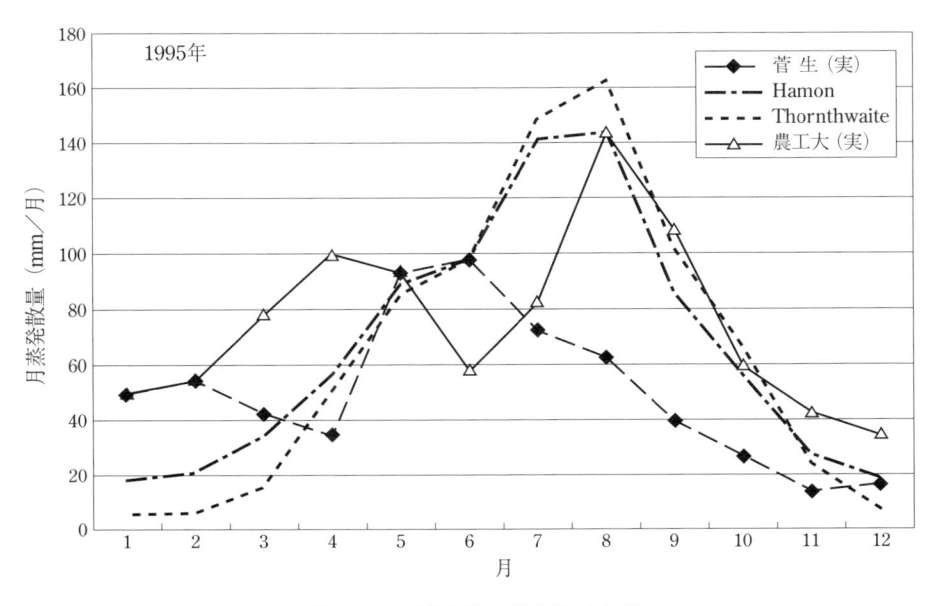

図2.11　蒸発散量の算定比較の例

ン式は熱収支法と空気力学法（傾度法）を組み合わせて蒸発散量を推定する組合せ法の一種で、正味放射量と空気力学項を組み合わせて浅い自由水面からの蒸発量を計算し、これに経験的な係数を乗じて可能蒸発散量を求めようとするものである。前述のソーンスウェイト式に比べると物理的根拠もあるが、使用するに当たって必要な気象資料が、平均気温、相対湿度、風速、日射率および水平面日射量と、パラメーターの数が多いのが難点である。そのほかに、ソーンスウェイト式と同様な手法としてハーモン（Hamon）式もよく使われる。

このように、蒸発散量の推定法は、実測法、水収支法、気象学的推定法など様々で、しかもそれぞれ一長一短があり、現在のところ確立された手法はない（国分・中山、1996）（図2.11参照）。したがって、流域の蒸発散量の見積もりは、これらの手法を総合的に比較、検討して決めざるを得ない。

3）表流水流量調査

表流水流量調査は、地下水域内における表流水と地下水との交流関係を把握し、地下水の水収支を検討することを主目的として実施するものである。ここで言う表流水は主に河川水のことで、地下水とは相互流出入の関係にある。そして流路、流域の地形や植生の特性、地下水の賦存状況等によって、表流水と地下水との間の相互の影響度合いは異なる。ここで、表流水と地下水の交流関係には図2.12のように、①平衡河流、②失水河流、③得水河流の三つのタイプがあり、②では表流水から地下水への涵養、③では地下水から表流水への湧出がある（建設省河川局・（財）国土開発技術研究センター、1993）。

このように、表流水と地下水は相互流出入の関係にあるとは言いながら、その関係は複雑かつ微妙で、その追跡は単純ではなく困難である。河川水と地下水との間の水の交換量は、河川水の運動量に占める比率の上では圧倒的に小さいのが一般的で、そのため地下水涵養に関した流量観測調査は流量調査の中でも特に高い精度が要求される。したがって豊水期の、特に河川流量の多い時期には交換水量の占める割合が相対的に非常に小さくなり、交換水量の算出が困難になるケースが多い。例えば、黒部川扇状地は面積が約113 km^{2}にも及ぶ日本でも有数の扇状地であるが、同地域の長期間水収支計算によると、扇状地の扇頂部、愛本地点の黒部川本川からの流入量が年間約27億 m^{3}であるのに対し、黒部川からの地下水涵養量は多くても1億 m^{3}前後で、河川流量の4％未満である。また、扇状地全域からの地下水涵養量は約8億 m^{3}で、この内

① 平衡河流

② 失水河流

③ 得水河流

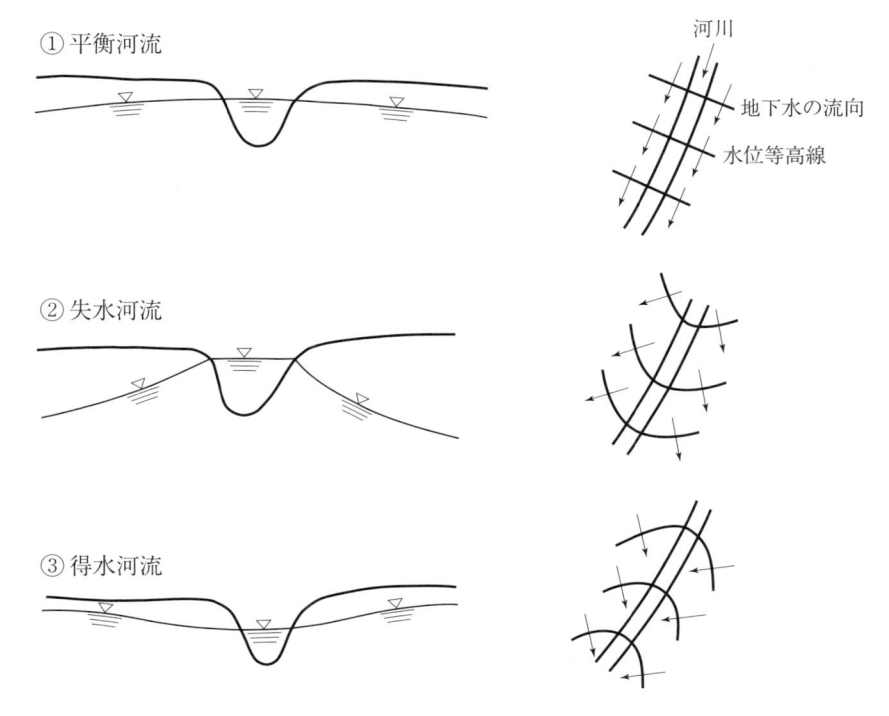

河川
地下水の流向
水位等高線

図2.12　表流水と地下水の交流関係（建設省河川局他、1993による）

の約70％は灌漑期の水田から供給されるとの報告もある（建設省、1978）。

なお、流量観測所は、対象とする地下水域に係わる水系の分・合流、地下水との交流等を考えて適切に配置する。流量観測所と言っても、河川を対象とする場合は直接流量を測定するわけにはいかず、水位と関連づけて水位流量曲線から流量を求めることになる場合が多い。そして、何回かの高水流量・低水流量観測から$H-Q$曲線を得たあと流量換算となるわけである。もちろん、流量の少ない小河川あるいは湧水の測定で三角堰や四角堰、その一種のパーシャルフリュームなどで測定できる場合があれば、精度の上からもその方が適している。

4）湧水量調査

湧水量調査に関する特別な指針はない。表流水調査に準じた流量測定となるが、湧水の流量は一般に少ないので堰やパーシャルフリューム、あるいは容量のわかったバ

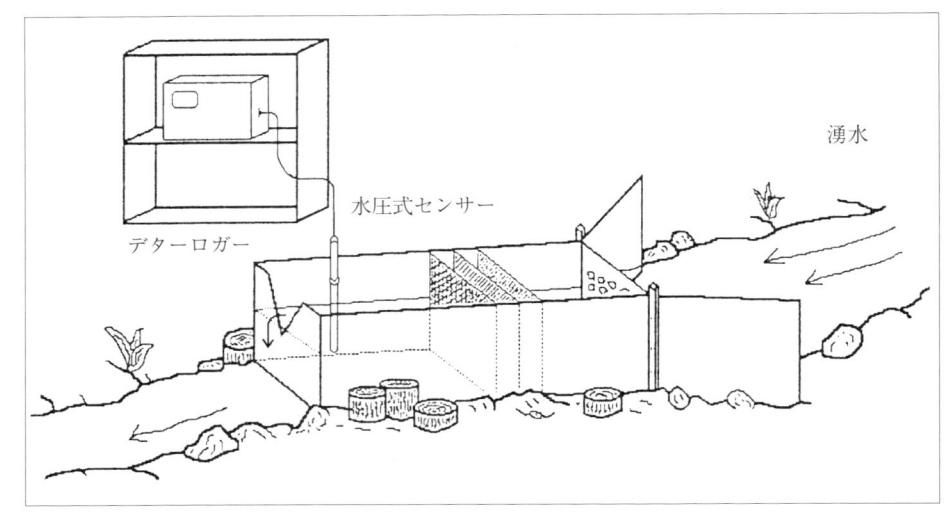

第2章　地下水・湧水の調査と定量評価

図2.13　三角堰による湧水の自動観測見取り図

ケツ等で受けて測定できるものもある。三角堰あるいは四角堰に水圧式水位計のデータロガーを設置して自動観測が可能にしておけば便利である（図2.13参照）。湧水については、その水温、pH、電気伝導度程度は毎月1回ほど点検の時に調査しておくとよい。

5）土壌水分調査

　土壌水は、水循環の上では地表水と地下水をつなぐ重要な役割を果たしているが、その移動や保水のメカニズムは複雑で未解明な部分が多い。不飽和帯の水の動きについては前節で述べた通りである。繰り返すが、土粒子の表面には電気力や分子間力により保水されている結合水あるいは吸着水と呼ばれる重力移動が困難な水分と、毛管水および重力水と呼ばれる間隙中を移動できる水分（自由水）がある。水循環を対象にした場合、この自由水が特に重要である。

　土壌水分の測定法は農学の分野で研究が盛んで、各種の手法が提案されている。①乾燥重量法、②電気抵抗法、③放射線法（中性子水分計・γ線密度計）、④テンシオメーター法などがある。いずれも現場の地下に設置した計測器で測定する。中性子水分計は測定に個人差がないのが便利で、テンシオメーターは不飽和帯の水圧測定に適していると言われる（山本、1992）。詳しくは、この方面の専門書（八幡、1975）を参考いただきたい。

6) その他の調査

その他の調査としては、雨水浸透施設を設置する際に必要な、土壌の浸透能力を測定する浸透量調査、環境同位体や水温・水質をトレーサーにとる地下水流動調査も必要となる場合がある。

雨水浸透ます等の浸透施設を造る場合、原則的に現地浸透試験を行って土壌の浸透能力を測定する。雨水浸透施設技術指針（案）によれば、「試験方法は、ボアホール法を標準とするが、地盤状況などに応じ土研法あるいは実物試験などを選択し、原則として定水位法で実施する」ものと規定されている（（社）雨水貯留浸透技術協会、1995）。各種の浸透実験結果から、担当部署・自治体ごとに浸透施設の設計浸透量が基準化されているので参考いただきたい（（財）下水道新技術推進機構、1997；東京都、1991；東京都、2002）。

2.4　地下水・湧水の水収支

地下水・湧水の利用あるいは保全計画をたてるには、その地下水域の全体地下水量（賦存量）を適切に見積もる必要がある。地下水は絶えず運動・循環をしているものの、その動きは定常的でしかも非常に遅い。このため、正確な判断には長期間の水収支を要する。長期水収支は、降水量、蒸発散量、土壌水分、地下水位、地下水流動、地表水など、必要パラメーターが多く時間も測定労力も容易でなく、しかも短期間で結果が出ない。このためとかく敬遠されがちであるが、将来の水環境保全・再生のためには是非とも必要であることを強調したい。

1）長期水収支の手法

地下水・湧水を定量評価する場合には、1カ月あるいは1年単位などの長期水収支の方法がとられることが多い（金子、1973）。長期水収支は、蒸発散、土壌水分、地下水位、地下水流動など長期間の変動が問題とされ、降雨、地表面貯留、土壌超過保留、流出量の時間的変化については細かくは知る必要がない。水収支計算では貯留量変化の影響が少ないほど都合がよく、そのためには対象時間を長くとるほどよく、1年を期間にとればほとんど無視できる量である。

不圧地下水の長期水収支では、一般に次のような水収支式が使われる。なお、図2.14に水収支説明図を示す。

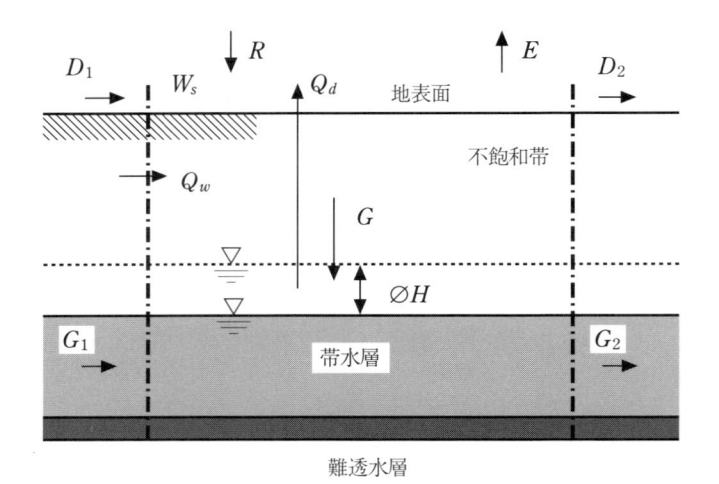

第 2 章　地下水・湧水の調査と定量評価

図2.14　不圧地下水の水収支説明図

$$R = (D_2 - D_1) + E + (G_2 - G_1) + \Delta S$$
$$\Delta S = W_S + M + \Delta H \cdot P_a \tag{2.5}$$
$$G = (G_2 - G_1) + \Delta H \cdot P_a$$

ここに、R：降水量、E：蒸発散量、D_1：地表水流入量、D_2：地表水流出量、G_1：地下水流入量、G_2：地下水流出量、ΔH：地下水位変化、P_a：地下水位変化部分の有効間隙率、ΔS：地下水貯留量変化、W_S：地表水の貯留量変化、M：不飽和土層内の土湿変化、G：地下水涵養（地下水補給）である。

なお、ここで M は水蒸気の凝結による増大、地下水の毛管上昇による補給も関係するようであるが、日本では凝結した水が地下水補給に参加することはほとんどなく、蒸発散に伴う地下水の毛管上昇は乾燥地帯の国と比較して重要ではないようである。なお(2.5)式の G_1、G_2 は面積的の上下流だけでなく、異なる帯水層間の出入、人為的な揚水も含むものとし、地下水だけの水収支式といえる。

(1) 水収支対象領域の設定

地表水を含む水収支の立体的境界の上面は地表面および水面である。また、境界の下面は通常、自由地下水帯水層の下底、すなわち最上部不透水層の上面にとる。したがって、厳密には不透水層を通した浅層地下水の深層への漏水なども、場合によって

は水収支計算の対象となる。一方、平面的境界については地形や水理条件によって様々で、複雑なため単純には決められない。もっとも、単純なのは分水界までの全流域1ブロックの場合である。分水界が同時に地下水の分水界であるのが単純で、山地流域はほぼこれに該当する。山地流域の最下流端は地表水が全て流集し、かつ河床が岩盤のことが多いため、その地点を地下水流動で逃げる水がないことが水収支計算を簡単にしている。台地流域などでは、台地面に井戸が少ないため地下水分水界が不明なことが多い。この際は、台地を刻む小河川あるいは谷底平野（支川・支谷）に地下水面を見つけ、それを基準として盛り上がる地下水面を想定し分水界を決める。

このように、地下水の水収支領域を決めるには、地下水の分水嶺すなわち地下水位面の高まりを把握できればよく、域内の地下水調査を行って地下水位等高線図を作成するのが基本である。

(2) 土地利用面積の必要性

水収支計算には前節でも述べたように、対象区域の用途別土地面積が必要である。これは、地目別に表面水の流出率および蒸発散が異なるからである。建物の屋根面積や舗装道路の面積は不浸透域である。一方、水田や湖沼などは蒸発散量が大きく、わが国における灌漑期の水田蒸発散量の平均値は3.5～7.5mm/dayの範囲にあり、ピークは7月下旬～8月上旬であると言われており、無視できない量である。

2）地下水涵養量の推定

地下水体への自然涵養量を推定する方法について、榧根は次の四つに分類している（榧根、1977；山本、1983）。

①地表面の水収支から、②不飽和帯の水の流れから、③地下水の水収支から、④トレーサーを利用して、の方法である。このうち、最も使われることの多い①、②、④について簡単に紹介する。

(1) 地表面の水収支

主に、前述の長期水収支式から求めるもので、金子らの研究が代表的である。しかし、この方法から求まる地下水涵養量は、厳密な意味で正味の地下水涵養量そのものではなく、地下水涵養に対して有効な水量に過ぎず、不飽和帯に留まり地下水帯水層への量はこれを下回ることもあるとの説もある（田中、1978）。確かに、地下水の涵養過程にあって、不飽和帯の水分の貯留・浸透のメカニズムは重要な役割を果たしていることは事実で、この点は留意する必要がある。

(2) 不飽和帯の水の流れ

不飽和帯の土壌水分の変化に着目して不圧地下水の水収支を行った代表事例として、平田の研究（平田、1971）をあげることができる。土壌水分の観測には中性子水分計を用いている。特徴的なのは、水収支項目として水道からの漏水を計算に入れていること、また関東ローム層中の土壌水分移動には二重構造性があり、通常の緩やかな浸透とは別に、土壌内大間隙を急速に降下浸透する水みちの存在を重視していることである。

不飽和帯の水の動きを水理学的に厳密に解くには、不飽和浸透流解析が必要である。不飽和浸透流はリチャーズ（Richards）式で表現され、通常、数値シミュレーションによって数値解が求められる。

(3) トレーサーを利用

水素の同位体元素であるトリチウム（^3H）の濃度変化を利用した涵養量の推定法が代表的なものとしてよく知られ、土壌水分の移動についても適用されている。榧根らが東京都清瀬市の武蔵野台地で行った調査（榧根ら、1980）によると、約6m厚の関東ローム層中の地下水涵養量は2.4mm/dayで、日本の平均約1mm/dayをはるかに上回っている。また、約4,000mmの土壌水の平均滞留時間は約4.7年となる。そして、このようなローム層台地の降雨に対する地下水位の急上昇は、ピストン流モデルで説明できるとしている。

3）タンクモデル法を応用した地下水収支

タンクモデルとは、菅原によって開発されたもともと河川の流出解析手法のひとつである（菅原、1972）。降雨から流出への変換の過程に貯留の概念を導入し、これを媒介変数として流出量を求めるもので、流出量は指数型関数で表される。通常、地下水収支解析には、図2.15のような直列2段式タンクモデルが一般的に使われる。各タンクは側面に複数の流出孔、底面に1個の浸透孔を持つ。そして、降雨が最上段のタンクに入り、蒸発散が最上段のタンクから差し引かれる。各タンクの側面孔からは貯留量に応じて流出が起き、下部の浸透孔からは下段のタンクに浸透する。各タンクの側面流出孔から流出した水の和が計算流出量である。直列に並んだ各タンクは、例えば上から表層タンクあるいは土壌タンク、地下水タンクといったように流域の帯水層の構造に対応して考えられ、概念として理解しやすい特徴がある。上段タンクは、降雨を全て入力させて表流水まで含めた流出を扱う例もあるし、表面流出を除いた降雨成

2.4 地下水・湧水の水収支

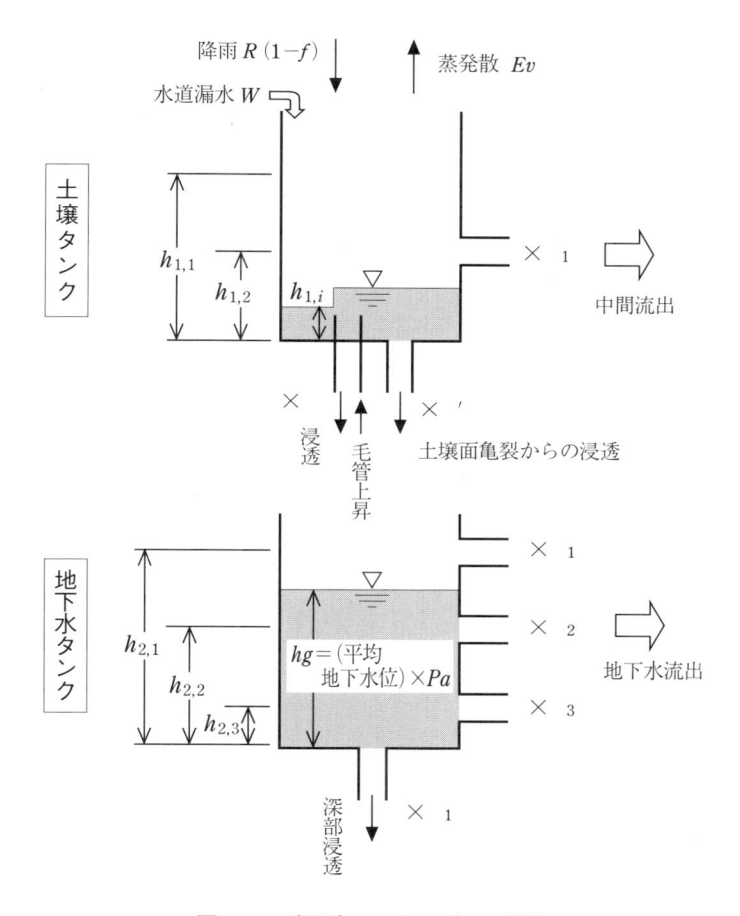

図2.15 地下水タンクモデルの構造

（図中ラベル：降雨 $R(1-f)$、蒸発散 Ev、水道漏水 W、土壌タンク、$h_{1,1}$、$h_{1,2}$、$h_{1,i}$、×1 中間流出、浸透、毛管上昇、土壌面亀裂からの浸透、地下水タンク、$h_{2,1}$、$h_{2,2}$、$h_{2,3}$、$hg=$（平均地下水位）$\times Pa$、×1、×2 地下水流出、×3、×1 深部浸透）

分を入力させて地下涵養・流出を表現する事例もある。

図2.15の例では、表面流出を切り離し、降雨があった場合、表面流出分を除いた降雨成分および水道漏水（都市域では無視できないほどの漏水がある場合もある）が土壌タンクに入力し、一方、樹冠や植物葉面、土壌面、水面から蒸発散がある。土壌保留水分はまた、地下水帯への浸透、毛管上昇、河川等への中間流出によって変化し、この土壌水分変化はタンク内の水の貯留量変化によって表現される。なお、浸透孔は通常の浸透孔のほかに、豪雨時の急激な地下水涵養に対応した大間隙からの浸透孔も設けてある。

下段タンク（地下水タンク）は土壌タンクから地下水補給を受け、タンク横の流出孔から地下水流出し、タンク底の浸透孔から一部が深部地下水へ浸透する。タンク内貯留量変化は地下水位の変動を表す。

　タンクモデルは、孔乗数、孔の高さ、初期貯留高など、最初に設定しなければならないパラメーターが数多い。また、水循環モデルは実際の地下水位、地下水流出（湧出）、浸透等の現象をできるだけ単純に、かつ端的に表現するものでなければならない。したがって、水収支に関連する諸パラメーターを現地の地形・地質、地下水位変動特性、地表水の水循環状況に応じて適切に設定する必要がある。各タンクの孔の定数、孔の高さ、タンクの高さなどを物理的根拠に基づき効率的に推定するには、前処理的な水文データ整理・解析が欠かせない。タンクモデルのパラメーター初期値を設定する際の詳しい手順、解説については専門書、文献を参考にされたい（菅原、1972；菅原ら、1986）。なお、筆者が過去に行った研究、経験から言えることは、以下のようである。

① 表面流出率は河川の降雨流出特性、あるいは不浸透域面積率などから求める。同時に降雨〜流出関係の整理から、地表面貯留や土湿不足解消に費やされ流出しない降雨損失量も推定できる。
② 都市域では水道漏水などの人工涵養を無視できない場合がある。
③ 土壌タンクの浸透孔の高さは、圃場容水量（平常保水量）に対応した高さにとるとよいと言われ、通常30〜50mm程度である。また、菅原らの過去多くの調査によると15〜50mmの範囲である。
④ 流出・浸透孔係数の初期値として、流出量のハイドログラフピーク後の減衰曲線に着目して求めるとよい。
⑤ 地下水タンクの流出孔は、基底流量や湧水量、地下水位低下曲線の低減係数を参考に求める。地下水タンクの高さは、平均帯水層厚に有効間隙率を乗じて推定する。

などである。いずれにしても、実測値と計算値の細部の同定作業は試行錯誤の繰り返し計算が必要である。

引用・参考文献

水収支研究グループ編（1993）：地下水資源・環境論、pp.71-103、共立出版
金子　良（1973）：農業水文学、共立出版
建設省河川局・（財）国土開発技術研究センター（1993）：地下水調査および観測指針（案）、山海堂
国分邦紀・中山俊雄・中嶋庸一（2000）：練馬区土支田・大泉地区の地下水と湧水、平成12年東京都土木技術研究所年報
近藤純正（1994）：水環境の気象学、朝倉書店
東京都（1979～1994）：各年度版、小河内貯水池管理年報、東京都水道局小河内貯水池管理事務所
国分邦紀・中山俊雄（1996）：秋留台地域の水文特性、平成8年東京都土木技術研究所年報、pp.95-106
建設省（1978）：黒部川のあゆみ、pp.317-363、建設省黒部工事事務所
山本荘毅（1992）：地下水水文学、水文学講座6、pp.2-20、共立出版
八幡敏雄（1975）：土壌の物理、東京大学出版会
（社）雨水貯留浸透技術協会（1995）：雨水貯留浸透施設技術指針（案）調査・計画編
（財）下水道新技術推進機構（1997）：下水道雨水浸透施設技術マニュアル（本編）
東京都（1991）：東京都雨水貯留・浸透施設技術指針（案）、東京都区部中小河川流域総合治水対策協議会
東京都（2002）：排水設備雨水浸透施設技術指針、東京都下水道局業務部排水設備課
槇根　勇（1977）：地下水の自然かん養に関する調査、土木研究所資料第1191号「地下水のシミュレーションの現状とその問題点」、pp.9-20、建設省土木研究所
山本荘毅（1983）：新版地下水調査法、pp.273-276、古今書院
田中　正（1978）：今市扇状地における不飽和帯の水収支、日本の水収支、古今書院
平田重夫（1971）：本郷台、白山における不圧地下水の涵養機構、地理学評論、Vol.44-1, pp.14-46、日本地理学会
槇根　勇・田中　正・嶋田　純（1980）：環境トリチウムで追跡した関東ローム層中の土壌水の移動、地理学評論、Vo.l.53-4, pp.225-237、日本地理学会
菅原正巳（1972）：流出解析法、水文学講座7、共立出版
菅原正巳・渡辺一郎・尾崎睿子・勝山ヨシ子（1986）：パーソナル・コンピュータのためのタンク・モデル・プログラムとその使い方、国立防災科学技術センター研究報告、第37号

第3章
東京の地下水・湧水

　著者らは長年の間、東京の地形・地質、地下水・湧水に関する環境行政、あるいは調査研究の実務に携わってきた。この章では、われわれが調査・研究の過程で得た実務上の知識、知見をもとに、東京の地下水・湧水の現状と問題点について述べるものである。扱う内容は、東京の地形・地質、武蔵野台地の地下水・湧水、地下水利用の実態と推移、地下水・湧水の水質、そこに見られる生き物などについてである。

3.1　東京の地形・地質

　東京の山の手から東京西郊の多摩地域、一部埼玉県南部にかけて広くひろがる武蔵野台地は、わが国の洪積台地の中でも、下総台地・十勝平野・根釧原野などとともに最大級の規模を持つといわれる。武蔵野台地の範囲は、北西では埼玉県の入間川、北東は荒川、南は多摩川の沖積低地である。地形的には、図3.1に示すように関東山地山麓の青梅付近を要として、旧多摩川が造りだした扇状地の形態を示している。

1）武蔵野の地形面区分

　武蔵野台地は青梅市を中心とする同心円状の等高線下に開けているが、等高線に直交する方向のいくつかの段丘崖によって境される新旧の台地面の集合体である。新旧の扇状地面は、その表層のロームの重なり方によって時代的に古い順から、多摩面、下末吉面、武蔵野面、立川面等に区分される。多摩面は、多摩川の南、東京都と神奈川県の都県境あたりに広がる丘陵の稜線を連ねる平坦面の分布地域を模式地とする。下末吉面は、鶴見・横浜の山の手をなす下末吉台地を模式地とする。武蔵野面の模式地は、武蔵野台地の武蔵野面で、武蔵野市の吉祥寺付近に広くひろがる台地面（武蔵野段丘）である。また、立川面の模式地は武蔵野台地の西南に、青梅から立川・府中・調布方面にのびる立川段丘にある。

図3.1 武蔵野台地の等高線

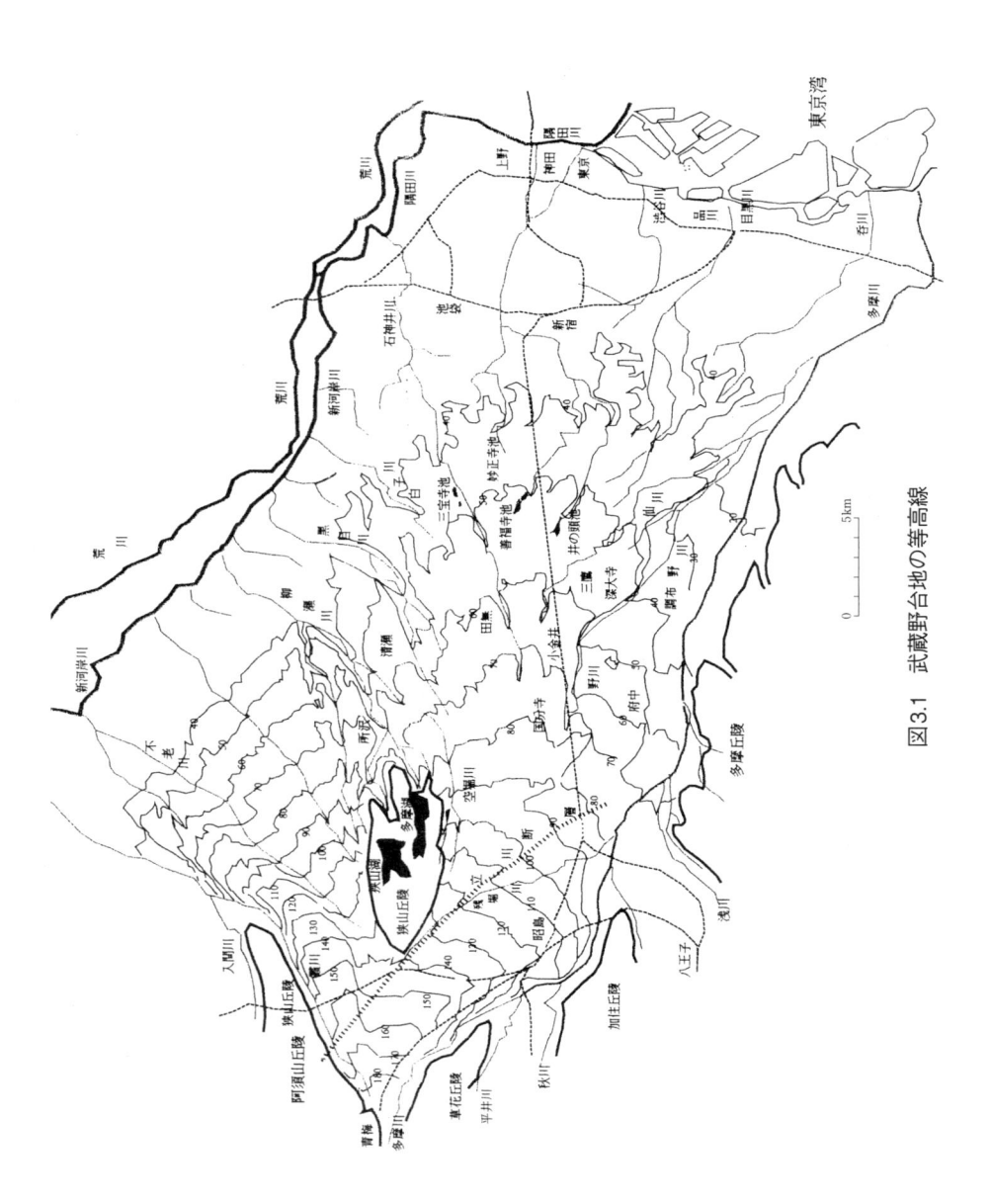

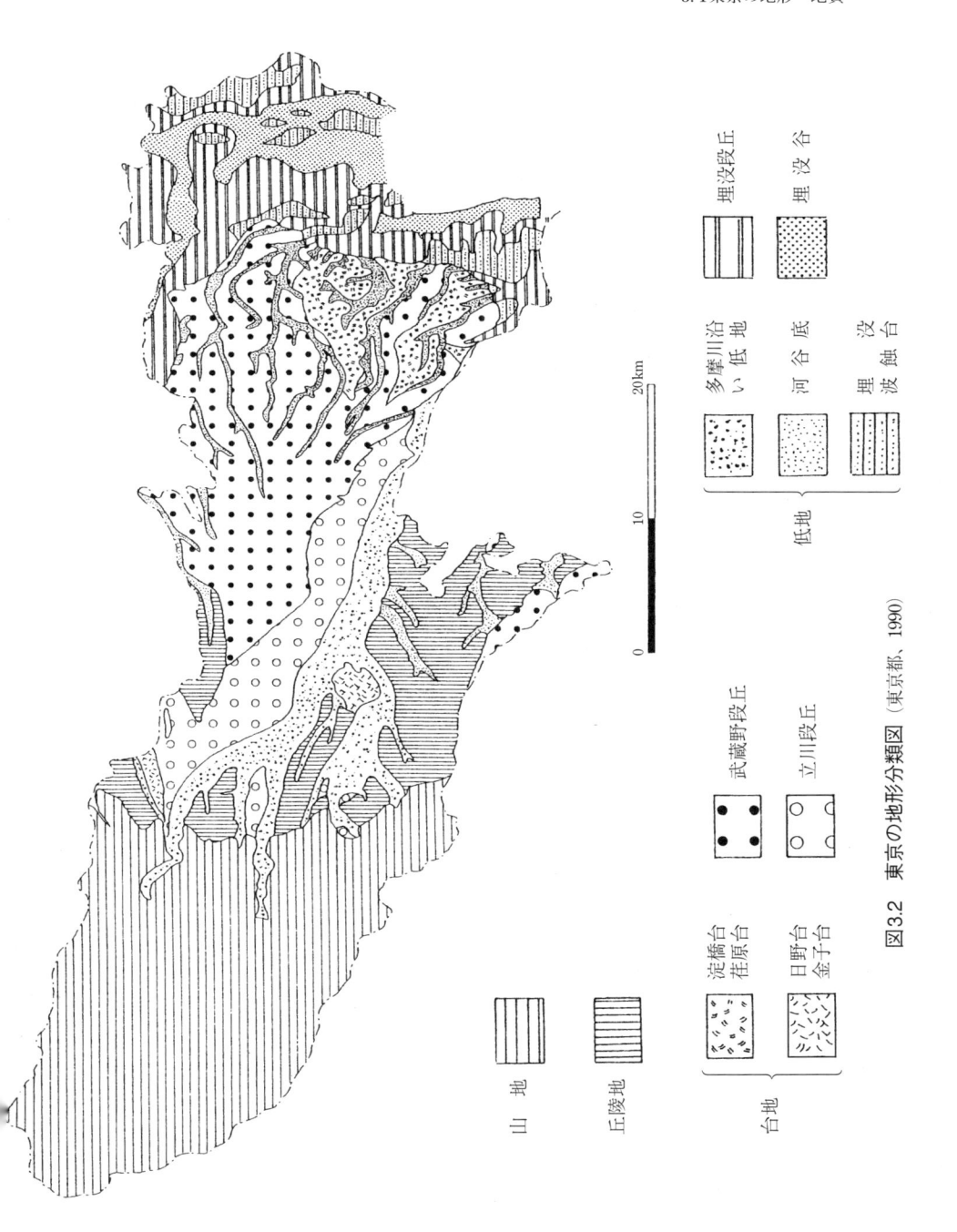

3.1 東京の地形・地質

図3.2 東京の地形分類図（東京都、1990）

武蔵野台地には、下末吉面に当たる台地面が狭山丘陵の北側の金子台や所沢台と多摩丘陵の日野台、武蔵野台地の東部に淀橋台や荏原台等がある。また、図3.1の等高線を見ると、扇頂から東北の方向、狭山市へ向かう等高線間隔は狭く傾斜があるのに対して、東南の方向、武蔵野段丘へ向かう等高線は張り出している（貝塚、1979）。図3.2は東京の地形分類である。東京都のエリアに限っていうと、概略の地形は西部から東部に向かって、奥多摩の山地、丘陵地（加治、草花、加住、多摩など）、台地（武蔵野台地、淀橋台、荏原台）、低地（下町低地、多摩川低地）と階段状に配列している。

2）武蔵野台地の西部と東部

区部の西縁より西の武蔵野台地西部は、区部の山の手台地とはいくつかの点で異なる特徴を持つ（貝塚、1979；中山ら、1998）。第一に、西部の方が地形勾配が大きく、台地面をつくる礫層も粒径が粗い。第二に、台地東部の山の手台地は主に武蔵野面と下末吉面（淀橋台と荏原台）から構成されるが、西部は新旧いくつかの段丘よりなることである。年代の古い順に、多摩面の狭山丘陵、ついで金子台、所沢台などの下末吉面台地、次に武蔵野段丘、立川段丘があり、さらに多摩川沿いに、青柳段丘、拝島段丘、千ガ瀬等の諸段丘がある。第三に、山の手台地には台地の中に谷頭を持つ樹枝状の浸食谷（石神井川や神田川等）が多いが、台地西部にはこのような谷は少なく、平坦な台地面が広く連なっている。このため、山の手台地は起伏に富んだ地形になっている。

3）東京の地層

東京の地下地質については、数多くのボーリング資料等から調べられており、東京西部の多摩川低地から山の手の23区西部にかけての、武蔵野台地を主とする地域の地質層序は表3.1のとおりである。この中で中・古生層と第三期中新統は固結した岩からなり、基盤層となっている。また、東西方向の地質断面は図3.3のとおりで、東京層群より下位の地層が東へ向かって傾斜し、下町低地の江戸川付近では、城北砂礫層の基底面がT.P. −400〜−450mもの深さに達していることがわかる。

いまここで自然の湧水を論じる場合は、対象とする地下水は不圧地下水（自由面地下水）であり、帯水層としてはローム層や段丘砂礫層が主である。一方、東京層群より下位の上総層群の地層は砂礫やシルトの互層となっており、被圧地下水の主帯水層を形成しているが、その上部は直接一部段丘砂礫層などに接している。したがって、

表3.1 武蔵野台地域の地質層序

年代		万年前	地域	西部	中央部	東部(23区西部)
第四紀	完新世		沖積層	多摩川沿い沖積砂礫層・中小河川沿い腐植土・泥炭層・黒土層		
	後期更新世	1	立川ローム層	拝島礫層 / 青柳礫層	立川礫層	江古田層v
		2				
		3	武蔵野ローム層			
		4			黒目川礫層	
		5		凝灰質粘土層		白子川・中台礫層
		6			武蔵野礫層	
		7	下末吉ローム層			
		8			成増礫層	
		9				
		10				東京層
	前・中期更新世		東京層群		日野礫層	東京礫層
				青梅砂礫層		江戸川層（江戸川砂礫層）
						舎人層（城北砂礫層）
		40	上総層群	東久留米層 { 上部層 府中砂礫層 / 下部層 富士見砂層 / 神宝細粒砂層 }		
				北多摩層		
		180		瑞穂砂礫層		
第三紀	鮮新世	510	基盤層	五日市町層群	三浦層群相当層	
	中新世	900				
中古生代		6500		中・古生界		

第3章 東京の地下水・湧水

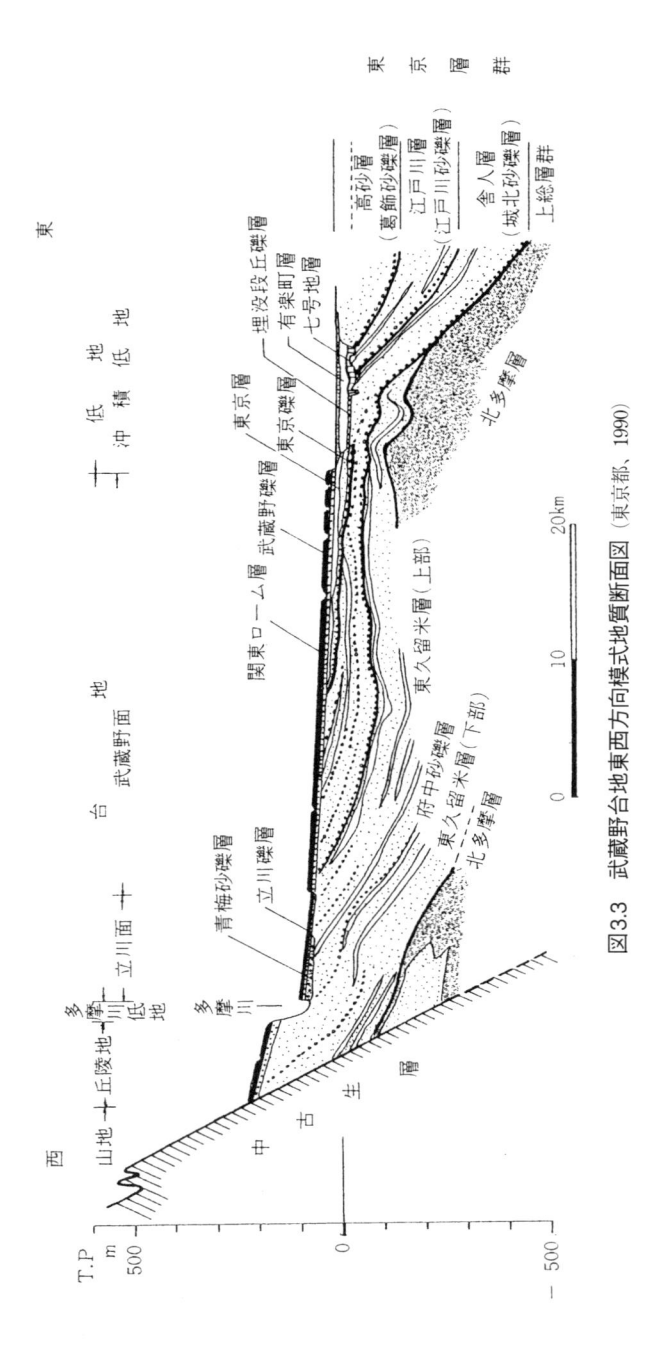

図3.3 武蔵野台地東西方向模式地質断面図（東京都、1990）

3.1 東京の地形・地質

武蔵野台地は被圧地下水の主な涵養源の一つでもある。涵養した水は、地層の傾斜（実際には被圧水頭の差）に沿ってゆっくりと地下深く潜り込みながら東へ向かうので、下町低地では相当に被圧された深層地下水である。

図3.4は武蔵野台地域のローム層厚分布図である。この図から、ローム層厚7.5mを境に武蔵野面が、層厚2.5mを境に立川段丘がそれぞれ二分できることがわかった。武蔵野礫層の層厚は、上流側に位置する小金井市付近ではやや厚く約10m程度の所もあるが、全体的には平均約5mである。礫の粒径は2〜10cmの亜円礫で、基部には粗砂から粘土までを含み、黄褐色から灰褐色を呈している。武蔵野面での関東ローム層の層厚は約10〜12mの範囲にある。そして、ローム層の下部が凝灰質の粘土層（板橋粘土層などと呼ばれる）になって発達している区域が23区と多摩地域の境から以東にみられ、層厚の厚いところ（例えば板橋区の成増露頭など）では約5mに達している。また、仙川以南の小金井市付近、黒目川以西ではローム層厚が8〜10mとやや薄い。

立川段丘は立川礫層と立川ローム層から形成される。立川礫層は瑞穂町から立川市にかけては層厚3〜5mで、7〜20cmの玉石を多く混入し、2〜5cmの円礫を主体にしている。基部には粗砂が多い。調布市飛田給付近では層厚は2〜9mと変化し、礫

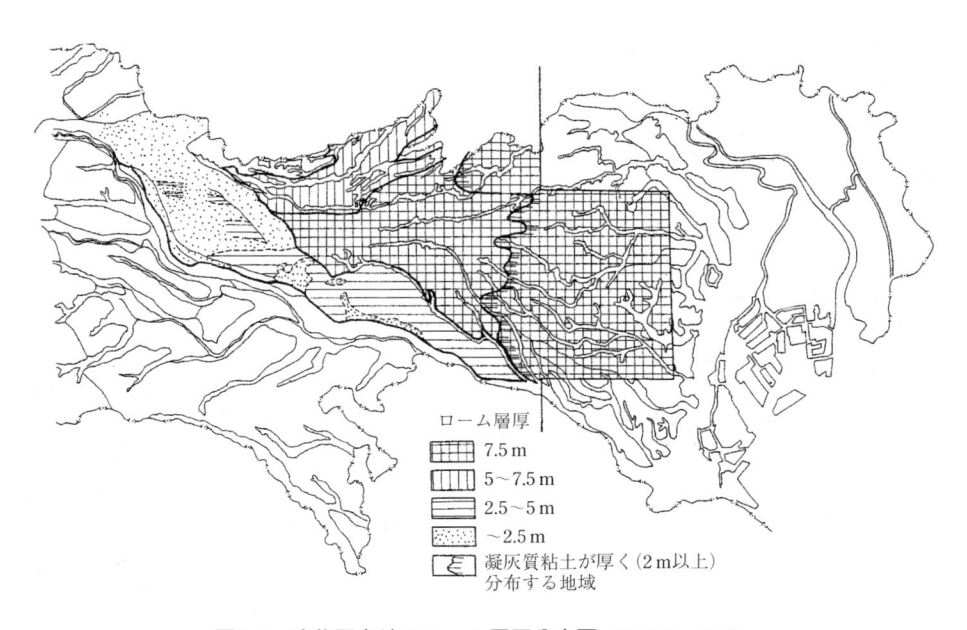

図3.4　武蔵野台地のローム層厚分布図（東京都、1990）

径は3〜5cmの亜円礫を主体としている。狛江付近では層厚4〜5mになり、礫径も0.5〜3cmを主体に玉石を交えて基部も泥・砂が多くなる。このように立川礫層の下限は凹凸に富み、場所により層厚の変化が著しい。また、昭島市拝島と国立市青柳町の多摩川沿いには、青柳面と呼ぶ沖積低地より一段高い段丘面がみられる。青柳礫層は2〜3mの層厚を示し、粒径1〜3cmの円礫を主にところどころ6〜8cmの玉石を混じえている。その上部に層厚約2mの青柳ローム（立川ローム層の最上部）が分布している。立川ローム層は、立川市砂川付近より以北で層厚2.5m以下、以南で2.5m以上である。羽村から拝島にかけて発達する拝島段丘はローム層を欠き、拝島礫層のみ見られる。この礫層の層厚は3〜4m、粒径2〜3cmの礫を主体とし、一部15〜20cmの玉石を混入している（東京都、1990）。

このように、武蔵野台地部では、武蔵野礫層、立川礫層、青柳礫層などの砂礫層と、その上部に関東ローム層が広く分布しており、いずれも保水性・透水性がよいことから不圧地下水の帯水層となっている。しかし、下町低地にはこのようなローム層・段丘砂礫層は全くなく、逆にシルト・粘土層が表層に分布するため不圧地下水の帯水層は発達していない。

3.2 武蔵野台地の地下水・湧水

1）武蔵野台地の地下水

東京の地下水・湧水、特に段丘崖や台地を樹枝状に削り込んだ谷頭からの湧水を対象に議論する場合、その地下水としては主に武蔵野台地の不圧地下水が対象である。前節の地形・地質でも述べたように、隅田川以東の荒川低地については軟弱な粘土層、シルト層が厚く堆積し、湧水を産出する良好な不圧帯水層は認められない。水資源的にみれば、安定して持続的に揚水可能な被圧地下水ということになるが、ここでは自然の湧水について扱うので、主として台地部の不圧地下水が対象となる。

（1）不圧地下水の調査・研究ー戦前

武蔵野台地の地下水調査・研究は、戦前では矢嶋仁吉、吉村信吉らによって行われている。武蔵野台地全域の地下水面図を最初に手掛けたのは吉村（1940；1942）によってであり、図3.5は昭和13（1938）年冬頃の地下水位等高線である。これを武蔵野台地の地形、等高線図（図3.1）と比較すれば明らかなように、両者はきわめて類似しており、地下水面が地形に支配されていることがわかる。武蔵野台地の地形が、西部お

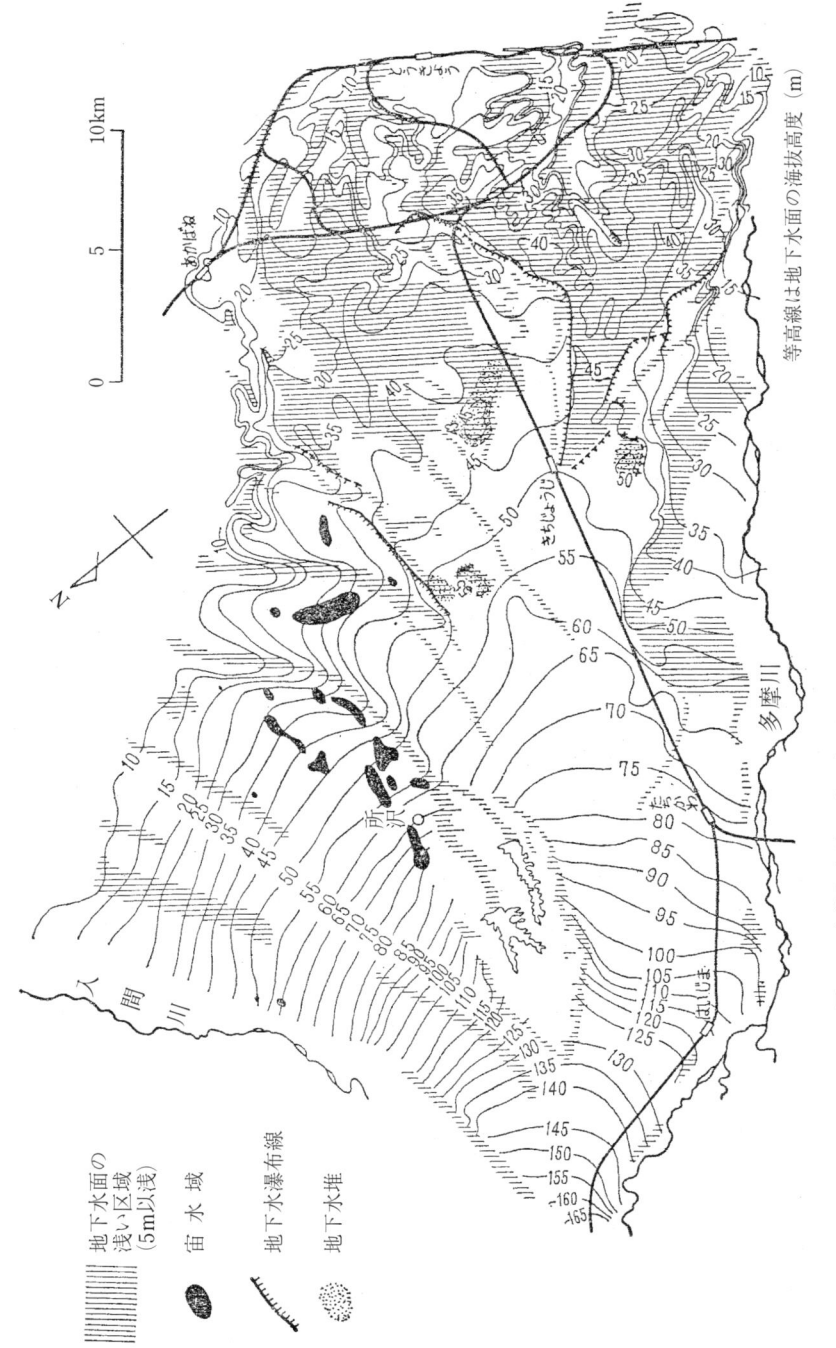

図3.5 武蔵野台地の地下水面図（1938年冬季，吉村信吉，1940；1942より）

よび北西部で地形勾配が急であるのに伴い、地下水面勾配も急である。また、武蔵野段丘と立川段丘の境の国分寺崖線等で地下水位面が不連続になっている。この不連続は、多摩川低地と立川段丘境の府中・青柳崖線でも同様にみられる。

さらに、台地の地下水を語る場合、特徴的なのが「宙水」(「ちゅうみず」あるいは「ちゅうすい」と呼ぶ)の存在である。宙水の存在は、吉村・山本(1936)、山本(1983)によって指摘されている。この宙水は、連続した地下水面の上部に本水とは別に、局所的に存在する薄い不透水層(難透水層)の上にレンズ状にたまった地下水といわれる。図3.5の埼玉県所沢付近にこの宙水帯が多く分布しているのがわかる。この付近の金子台、所沢台の不圧地下水は、地下水面まで地表から20〜25mに達するほど深く、昔の人々はこの宙水を生活用水にしていたと言われる。この宙水は、層厚5〜6mのローム層(立川および武蔵野ローム層)の下位の層厚2〜3mの粘土質火山灰を不透水層とし、その上のローム層を帯水層としている。

また、吉村は武蔵野台地の東部、東南部で地下水面が浅い地域が広がっていることを指摘している。これについて貝塚(1979)は次のように述べている。台地東部では所沢付近と異なり、渋谷粘土層の連続性がよく、その下部の東京層も不透水性のところが多いため、宙水とならずに連続した地下水面を形成しているからである。また、武蔵野東部の武蔵野段丘、豊島区や世田谷区では地下水面が浅く、4〜5mのところがかなりみられる。これは板橋粘土層が不透水層になって、その上部のローム層中に帯水しているからである。しかし、板橋粘土層は西部ほど厚さが薄く、荻窪以西では不透水層となっていない。したがって、台地西部では主帯水層が武蔵野礫層となって地下水面が深いのである。

また、吉村の地下水面図には地下水堆、地下水瀑布線などがみられる(吉村、1940；1942)。地下水堆とは、本水を支える不透水層より上にある局地的な不透水層のために、地下水面が盛り上がったものと言われる。宙水の場合は本水との間に数m〜十数mの無水帯(不飽和帯のこと)があるが、地下水堆の場合は無水帯がなく、本水の地下水面が局地的に4〜5m盛り上がった形状を成している。そして、局地的な不透水層となっているのは板橋粘土層に当たるものらしい。武蔵野の地下水堆では、又六地下水堆、上宿地下水堆(いずれも現在の西東京市)、井荻・天沼地下水堆(杉並区)、仙川地下水堆(三鷹市)などの存在を指摘している。この中で、妙正寺川と善福寺川に挟まれた井荻・天沼地下水堆は最も規模が大きく、長径3.5km、短径1.1kmほどと言われている。天沼の地名の由来は、雨水の溜まる湿地の意味で、地下水が浅いことか

ら付けられたものとのことである。

次に、地下水瀑布線とは、地形と関係なく地下水面の勾配が大きく、急流状または瀑布状をなす線と定義されている。武蔵野の地下水瀑布線は図3.5に表示されている。吉村らは、練馬区北町、大泉、高井戸・淀橋、千歳・祖師谷などの地下水瀑布線の存在を指摘している。そして、その成因については、埋没段丘崖によるものではなく、関東ローム層堆積初期における粘土（板橋粘土層など）等、不透水層の不平等な堆積によるものと推論している（吉村、1940）。

(2) 不圧地下水の調査・研究―戦後

戦後の武蔵野台地全般の地下水調査研究では、細野（1978）、新藤（1968）、東京都土木技術研究所（1968）らによるものが代表的である。図3.6は細野が作成した昭和43（1968）年時点の武蔵野台地の地下水面等高線図である（細野、1978）。全体的には、青梅を起点として同心円状に地下水面が低くなっていく様子を表しており、吉村作成の地下水面図と傾向的には変わらないが、より詳細に表現してある。各台地面の地下水が不連続であること、地下水が台地を浸食して小河川となり谷頭に池や谷地田を形成していること、台地地下水と沖積低地地下水が連続したり不連続のことがあること、宙水・地下水堆・地下水瀑布線などがみられることなどが伺い知れる。

また図3.7、図3.8は、これより少し前に東京都土木技術研究所が行った地下水調査による地下水面図である（東京都、1968）。対象地域はほぼ北多摩地域の全域であるが、細野が作成したエリアよりは狭い。地形面の区分は、上位より武蔵野面、立川面、青柳面、多摩川の沖積面の順となっている。この時の地下水位一斉観測調査は、昭和41（1966）年の8月と翌昭和42（1967）年2月の2回、夏期と冬期に行ったものである。調査した井戸はいずれの時期も500カ所余に及ぶ。

井戸の深さおよび地下水位の深度の調査データから次のような事実が明らかにされている。武蔵野面地域では、台地を刻む小河川付近の井戸を除いて全般に深く、10～14mの深さの井戸が多い。例外的に狭山丘陵南麓の青梅街道沿いの地域で浅いものが多い。地域的には台地西部、北部地域が概して深く、台地東部ではやや浅くなっている。立川面地域では、立川、府中、小金井の地域で意外に深い井戸が多く、8～12mとなっている。

地下水面の形態を夏期と冬期で比較しても、夏期は一般に雨が多いため冬期に比べ地下水位は高くなる傾向はあるものの、特に著しい違いは認められない。全体として地形面に準じており、ほぼ同一の傾向を示している。ただし、冬期においては夏期に

第3章　東京の地下水・湧水

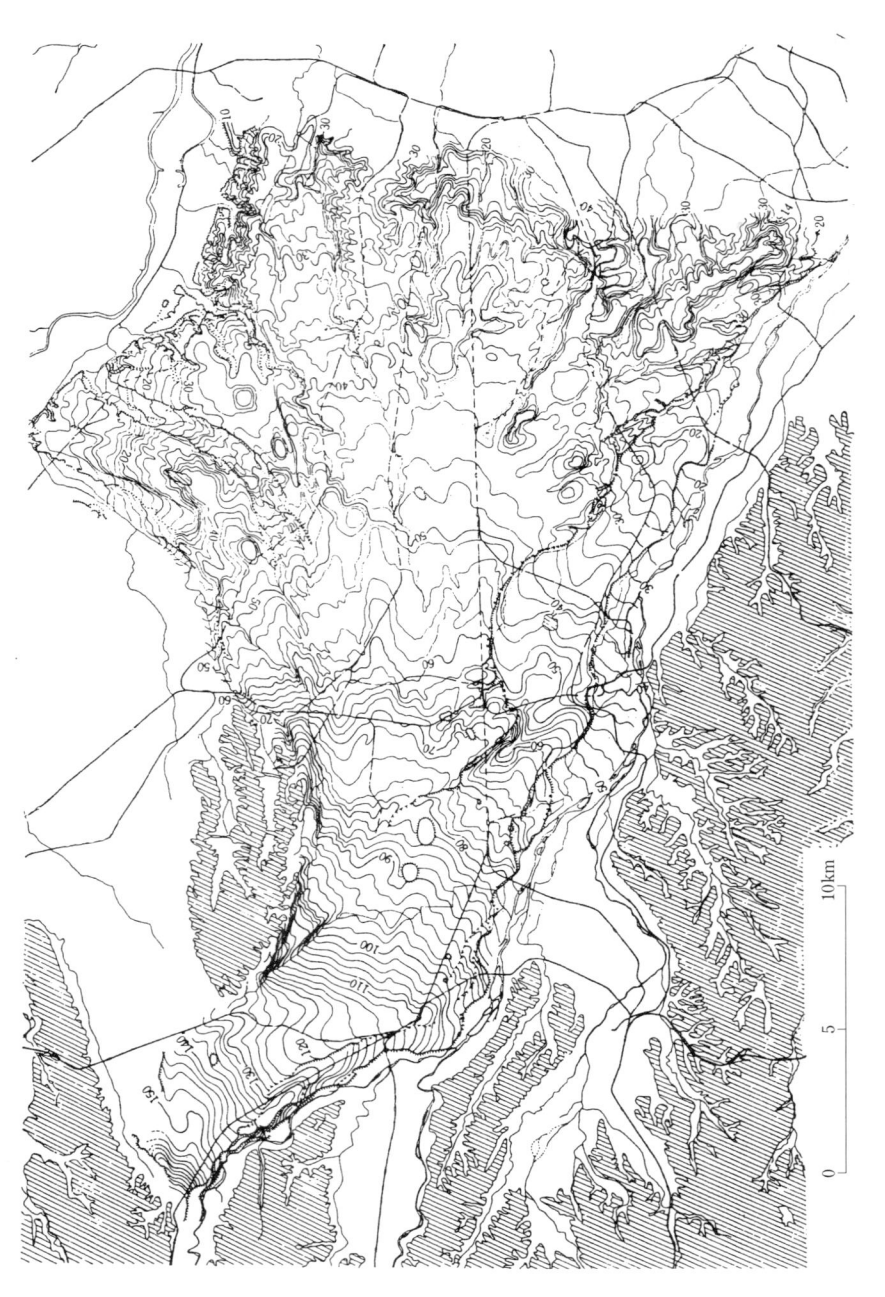

図3.6　武蔵野台地の地下水面図（1968年時点，細野義純，1978より）

3.2 武蔵野台地の地下水・湧水

図3.7 武蔵野台地西部の地下水面図（1966年8月時点，東京都，1968による）

第3章　東京の地下水・湧水

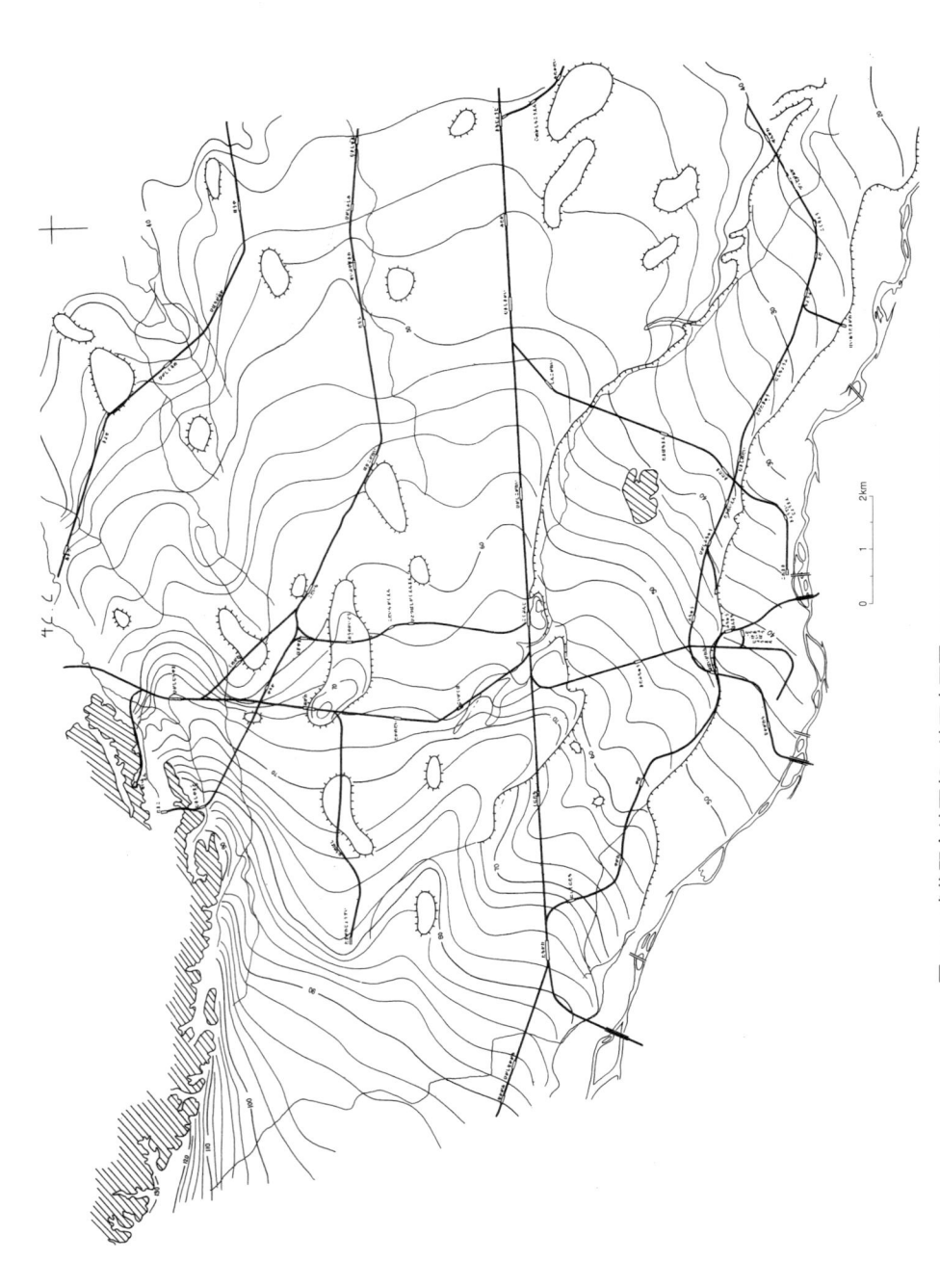

図3.8　武蔵野台地西部の地下水面図（1967年2月時点，東京都，1968による）

比べて地下水面上の山や谷が一層誇張されている傾向がみられる。図3.8の冬期における地下水面図に示されるように、本水の低下によって宙水域が各所に出現し特徴的である。この宙水域は、夏期には消滅していて冬期だけみられるものである。また、国分寺崖線や府中崖線でみられる地下水位の不連続は非常に流動的で、地下水位の低下する冬期においては夏期に不連続でも、連続的になる地域も認められている。国分寺崖線西部や府中崖線東部でこの傾向がある。地下水面の勾配は、南部より北部、東部より西部の方が大きい。この事実は、新藤も以下のように指摘している。特に、北部の東久留米市、清瀬市方面では北東へ約1/300、さらに新座市、朝霞市方面では1/180となっているのに対して、南部の練馬区、中野区付近では東ないし東北東へ1/600の勾配を示し極端に異なる。その境がだいたい都県境の白子川沿いにあって、ここに地下水面の急変部が認められる。そして、地下地質構造と地下水面の形態にかなり明瞭な類似点があると述べている（新藤、1968）。

　地下水位の変動幅の地域性を整理したのが図3.9で、東村山市付近、東大和市－小平市付近の武蔵野面、および国立市～府中市付近の立川面に変動幅の顕著な地域がみられ、変動量が10～15m、その周辺地域との差が10m前後に及ぶものがある。武蔵野台地全域では変動量は平均2～3mに留まるから、これはかなり大きい値である。この異常地下水位低下地域の解釈について新藤は、これらの地域の不圧帯水層が段丘砂礫層あるいは上部の被圧帯水層である上総層群砂礫層の接触部に一致するとしている（新藤、1968）。すなわち、自由地下水から被圧地下水への転化によって生じていることを示唆している。なお、東京都土木技術研究所では、その後の山の手台地における地下水調査資料など補足資料もこれに加味し、調査時期が同時期ではないため参考的ではあるが、洪積台地のほぼ全域の地下水面図を「東京都総合地盤図Ⅰ」の中でも発表している（東京都、1977）。

　次に、都市化の変遷の著しい善福寺川流域の地下水面についての調査結果を紹介する（土屋・和泉、1989；東京都、1990）。善福寺川は、流域面積$18.3km^2$、流路延長10.5kmの神田川の一支川をなす中小河川である。吉祥寺や荻窪などの商業都市を持つ流域の市街化率は、昭和初期には約47％であったのが、昭和60年代初期には既に94％に達している。不圧地下水の帯水層は関東ローム層（宙水を形成）と武蔵野礫層（本水）である。この流域の地下水調査は古くから行われており、図3.10は昭和13(1938)年頃より平成元(1989)年までの地下水位面の様子を示したものである。経年的には、昭和58(1983)年の地下水面に比べ平成元年の方が善福寺川に沿って約1mの

第3章　東京の地下水・湧水

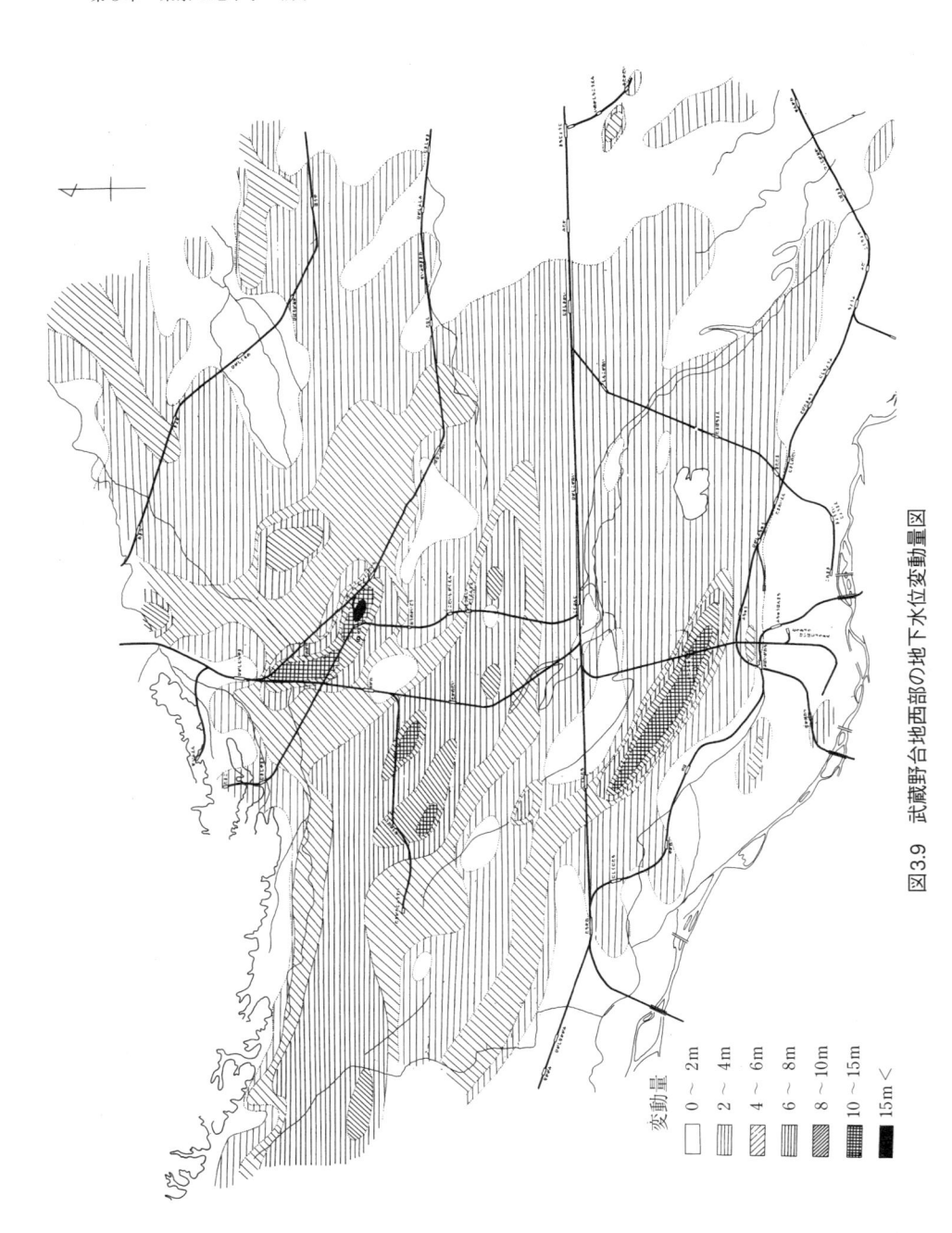

図3.9　武蔵野台地西部の地下水位変動量図

変動量
- □　0〜2m
- ▥　2〜4m
- ▨　4〜6m
- ▥　6〜8m
- ▩　8〜10m
- ▦　10〜15m
- ■　15m＜

3.2 武蔵野台地の地下水・湧水

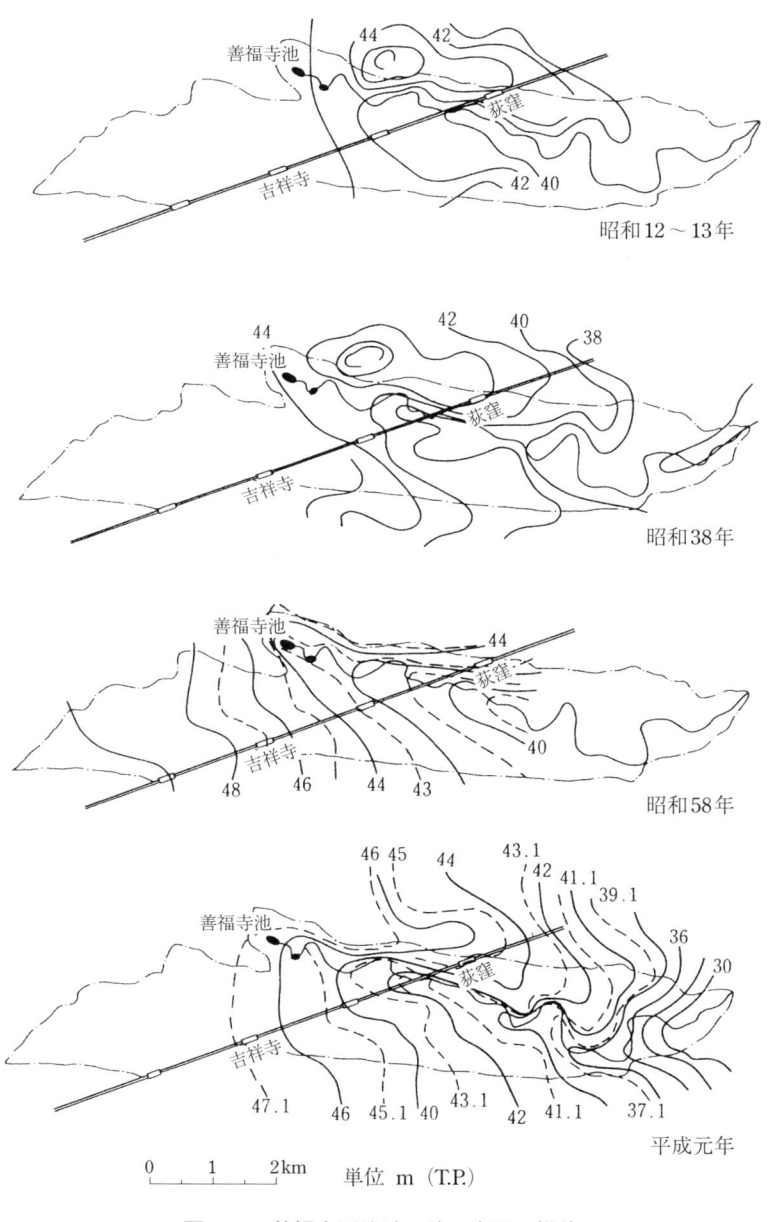

昭和12～13年

昭和38年

昭和58年

平成元年

0 1 2km　単位 m（T.P.）

図3.10 善福寺川流域の地下水面の推移

第3章　東京の地下水・湧水

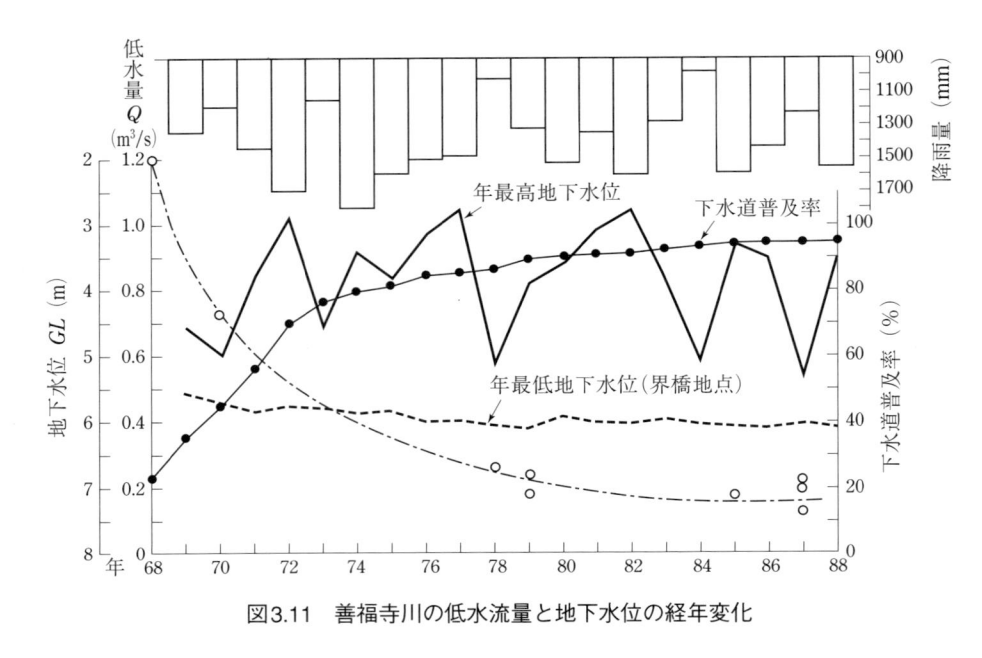

図3.11　善福寺川の低水流量と地下水位の経年変化

水位低下がみられるものの、戦前から戦後にかけて急速に都市化した割には地下水位の低下の様子が顕著ではない。また、図3.11は善福寺川の平常時流量（朝日橋）と流域の下水道普及率、付近の地下水位（堺橋近傍）の関係を経年的に整理したものである。年最低地下水位は微減の傾向があるもののほぼ一定といってもよく、常に河川水位より水位が高く河川水を涵養している。河川の低水流量はこの間大きく減少しているが、下水道普及率の増大に反比例しており、この原因が大きいと考えられる。

また、東京都土木技術研究所では、従来よりの調査・研究で比較的手薄だった武蔵野台地西北部の地下水について平成8～9(1996～1997)年度に調査を行い、地下水位の変動特性、地下水面図について明らかにした（中山ら、1998；国分・中山、1999）。図3.12は、平成8年10月時点の地下水位深度を示したものである。狭山丘陵南縁部で地下水位の深さは2mより浅くなっている。その後、地下水位は丘陵より南に向かって深さを増し、玉川上水付近で十数m、一部小平市付近で15m以深に及ぶものもある。さらに、上水以南で10m以浅となり、立川市南部の立川面では5m以浅となる。狭山丘陵南部の武蔵村山市三ツ木付近にも、地下水位が15m以深を示す地域がみられた。

一斉地下水観測は平成8～9(1996～1997)年度の秋期(10月)と冬期(2月)の2回に

3.2 武蔵野台地の地下水・湧水

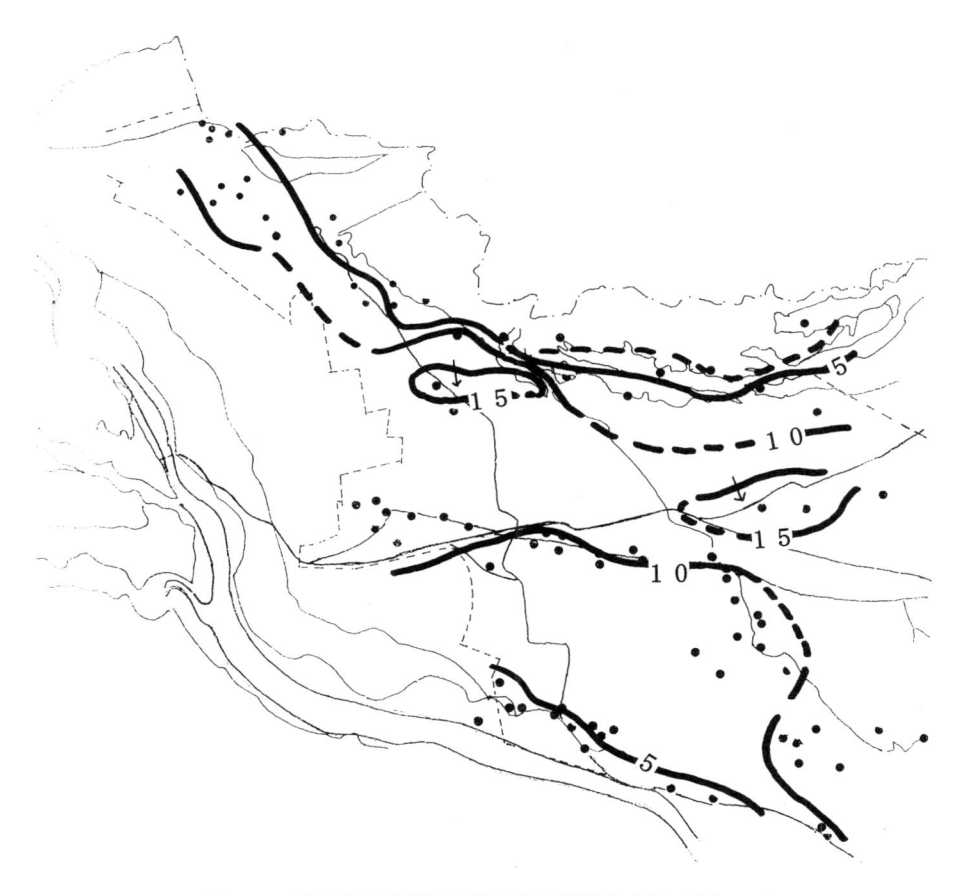

図3.12 武蔵野台地西部の地下水位深度分布図（単位：m）

分けて行った。その結果をもとに作成した地下水面図が図3.13、図3.14で、黒丸印は井戸の位置である。この秋期と冬期の地下水位変動幅の最大のものは武蔵村山市三ツ木の6mであった。他の観測井戸では変動幅は約2m以下を示した。また、地下水の流動方向は北西から南東へ地形面に比例してやや急勾配の約1/180を示していた。なお、地下水面の水位等高線の形状は吉村らによるものとほとんど変わらない。もちろん、戦前と現在とでは都市化による不浸透域の拡大等で地下水位は幾分低下しているはずである。しかし、たとえ1〜2m低下しても地下水面図にその違いを見いだすのは困難である。

第3章　東京の地下水・湧水

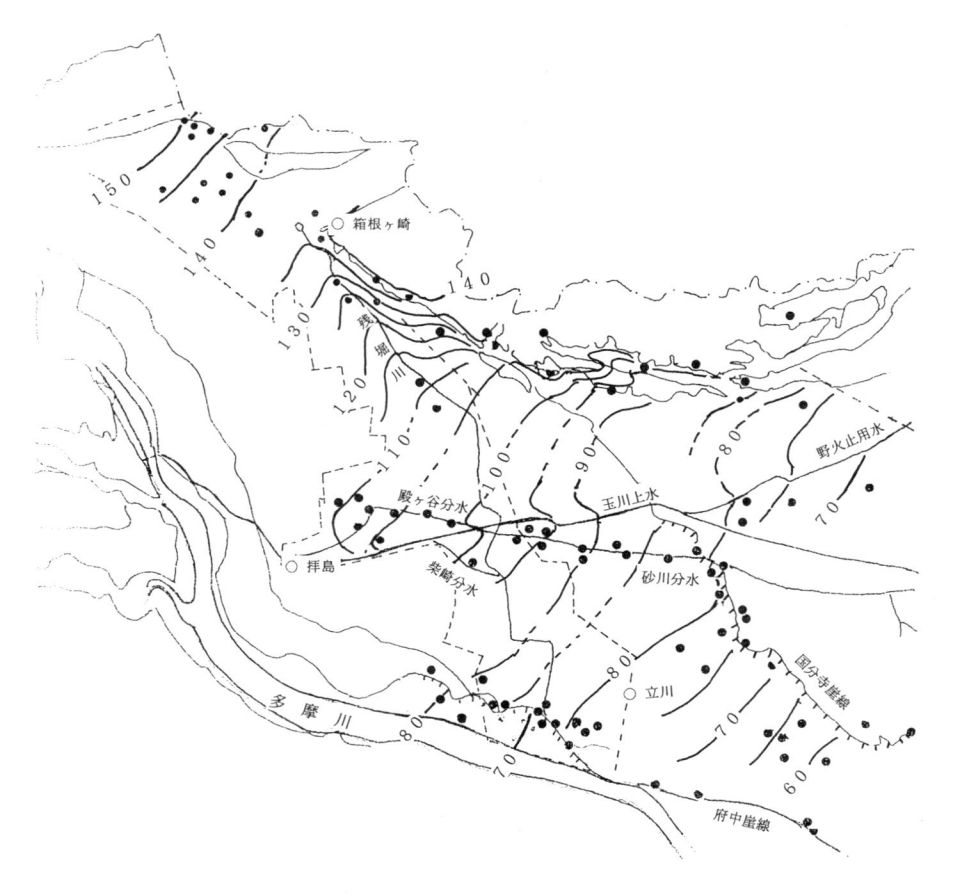

図3.13　武蔵野台地西部の地下水面図（1996～1997年、秋期）

このように、この地域の地下水面の全般的な特徴は、吉村や細野、東京都がそれぞれに行った結果において、いずれも大きな違いはみられない。

(3) 帯水層特性について

武蔵野台地の主帯水層としては、既述のように、武蔵野礫層、立川礫層、沖積砂礫層があげられる。中山らは、これらの帯水層で過去に行われた帯水層試験のデータを整理・分析している（中山ら、1983）。用いた資料は、揚水試験51カ所、現場透水試験384カ所のデータである。試験箇所はほとんどが武蔵野台地で、一部多摩丘陵地区も含まれる。揚水試験による透水係数を帯水層別にまとめて整理したのが図3.15である。

3.2 武蔵野台地の地下水・湧水

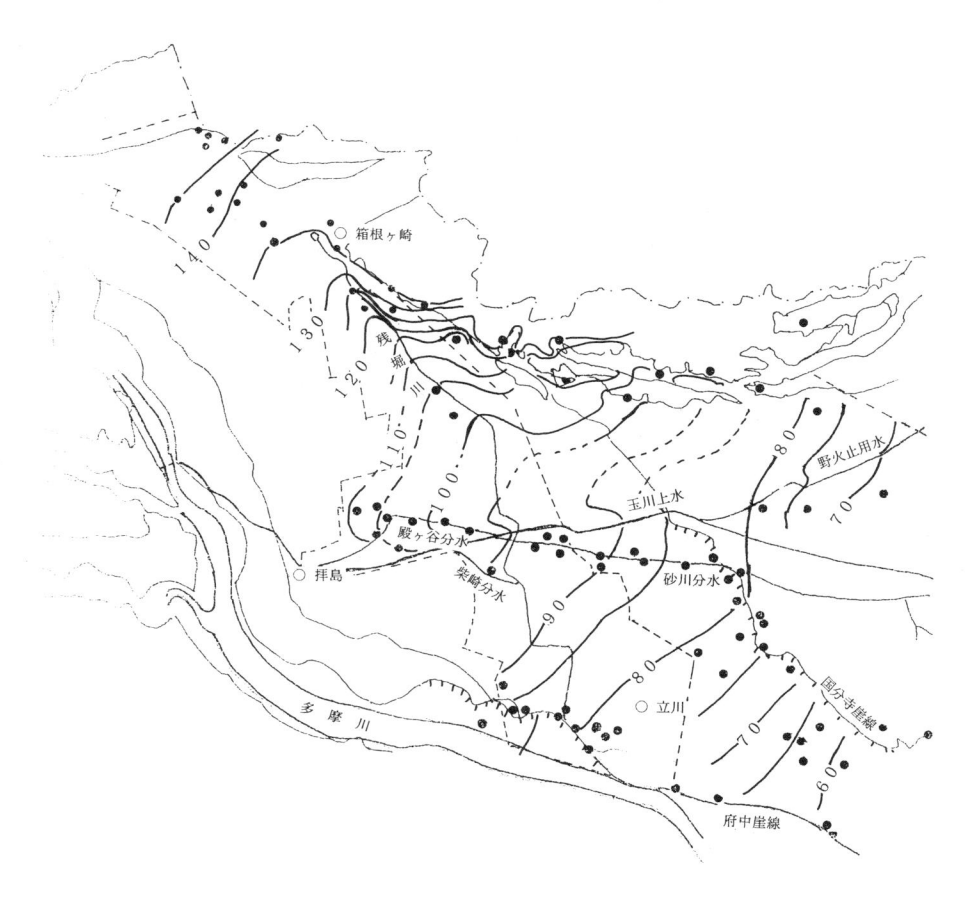

図3.14 武蔵野台地西部の地下水面図（1996〜1997年、冬期）

各砂礫層ともバラツキの幅が大きいが、頻度が一番大きいものに着目すると、武蔵野礫層10^{-2}cm/sec、立川礫層10^{-1}cm/sec、沖積砂礫層10^{0}cm/secのオーダーのものが代表的であった。武蔵野礫層や立川礫層では、堆積環境が上流側の透水係数の方が大きな値を示していたとのことである。一方、現場透水試験結果についてまとめたのが図3.16である。武蔵野礫層の代表的な透水係数は10^{-2}〜10^{-3}cm/secの範囲にあり、東京礫層では10^{-3}〜10^{-4}cm/secの範囲にある。武蔵野礫層の下位に分布する洪積砂礫層は粘土混じり砂礫であることが多く、同様に10^{-3}〜10^{-4}cm/secの範囲の頻度が高い。揚水試験と現場透水試験による透水係数の違いを整理したのが図3.17である。

第 3 章　東京の地下水・湧水

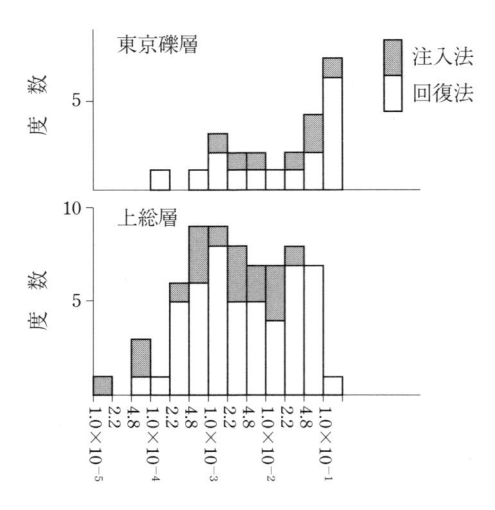

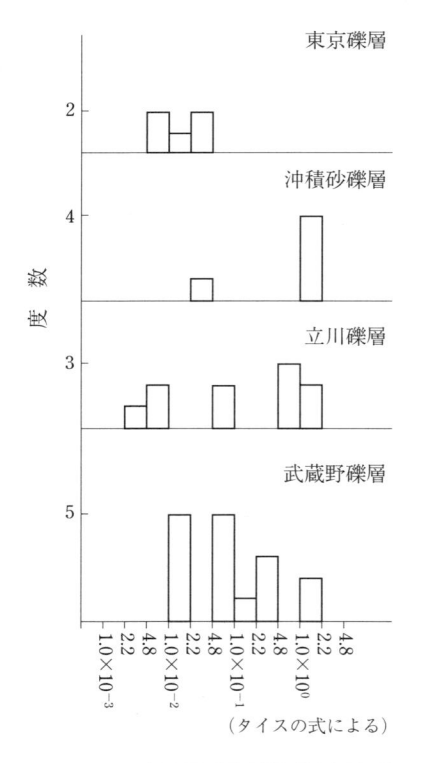

図3.15　地層別透水係数（揚水試験）

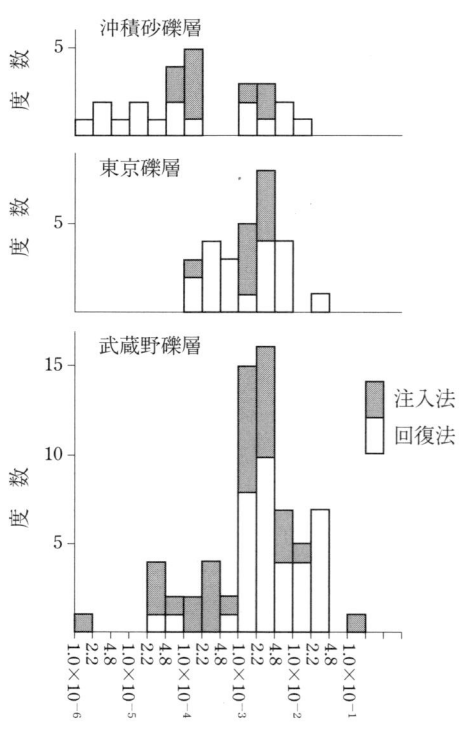

図3.16　地層別透水係数（現場透水試験）

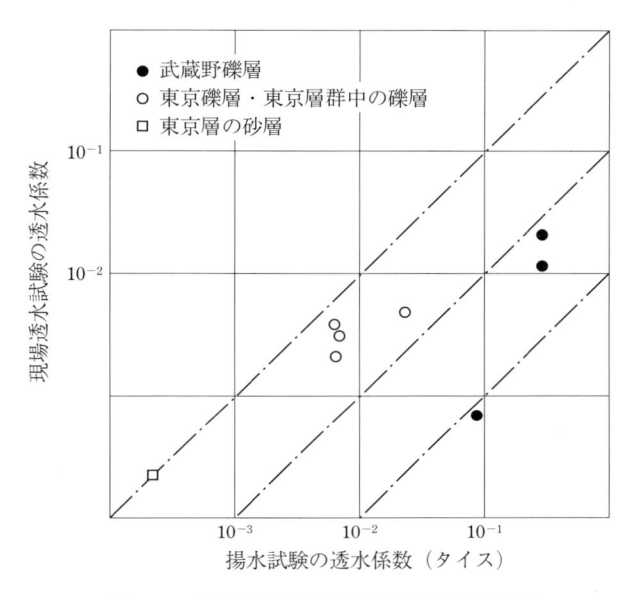

図3.17　揚水試験と現場透水試験の透水係数

揚水試験で求めた値の方が現場透水試験によるものに比べ、透水係数の大きさが1～2桁大きいことを示している。

(4) 武蔵野台地の地下水位の変動特性

　武蔵野台地西部は一般的に地下水位が深く、ローム層下部に砂礫層が発達しているため主要な地下水涵養域である。この台地面の一般家庭用井戸16ヵ所で、平成8～9（1996～1997）年の2年間、自記水位計による地下水位観測を行った結果を整理・分析した。武蔵野台地の地下水の年変動は、図3.18～図3.20に示すように降雨の多い9～10月に水位が高く、降雨の少なくなる2～3月にかけ水位が低くなる季節変動をする。そして、地下水位をその変動のみかけ上の形状から、パルス型、鋸歯型、椀伏せ型の三種類の変動タイプに分類化した。椀伏せ型はローム層が厚く、発達した武蔵野台地面の井戸に多く分布し、ロームの保水性が地下水涵養に重要な働きを示していることを伺わせる。パルス型は雨水浸透と地下水流出が短期間で終了する状態を、鋸歯型は地下水面が椀伏せ型より浅く、降雨応答は比較的良い状態を反映した変動を示すことがわかった。また、水位変動図からわかるように、椀伏せ型の地下水位はG.L. −10～−18mと比較的深い位置にあり、地下水位の年変動幅は2～4m程度である。鋸歯型の地下水位はG.L. −6～−16mにあり、年変動幅は2～3m程度であった。パルス型は

第3章 東京の地下水・湧水

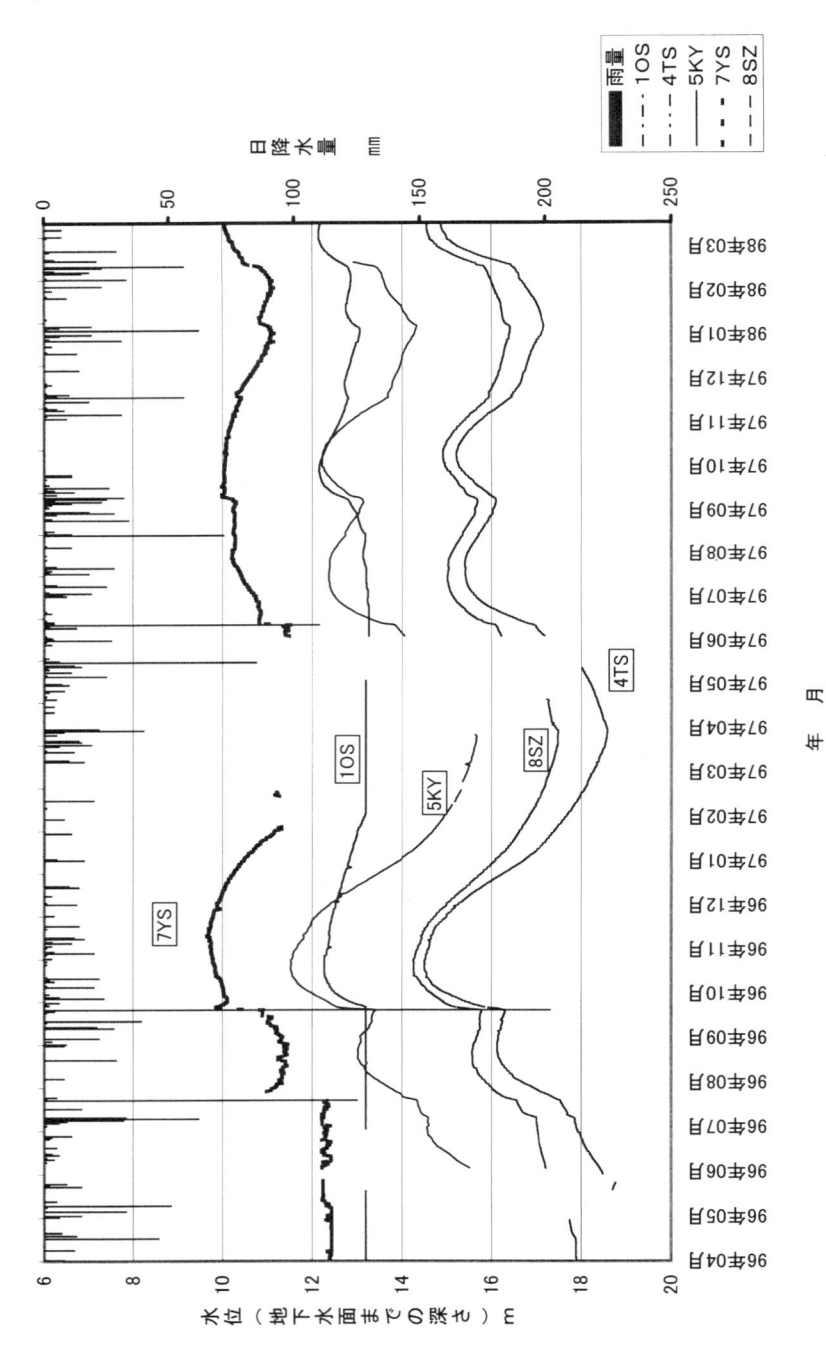

図3.18 日地下水位変動図(椀伏せ型)

68

3.2 武蔵野台地の地下水・湧水

図3.19 日地下水位変動図（鋸歯型）

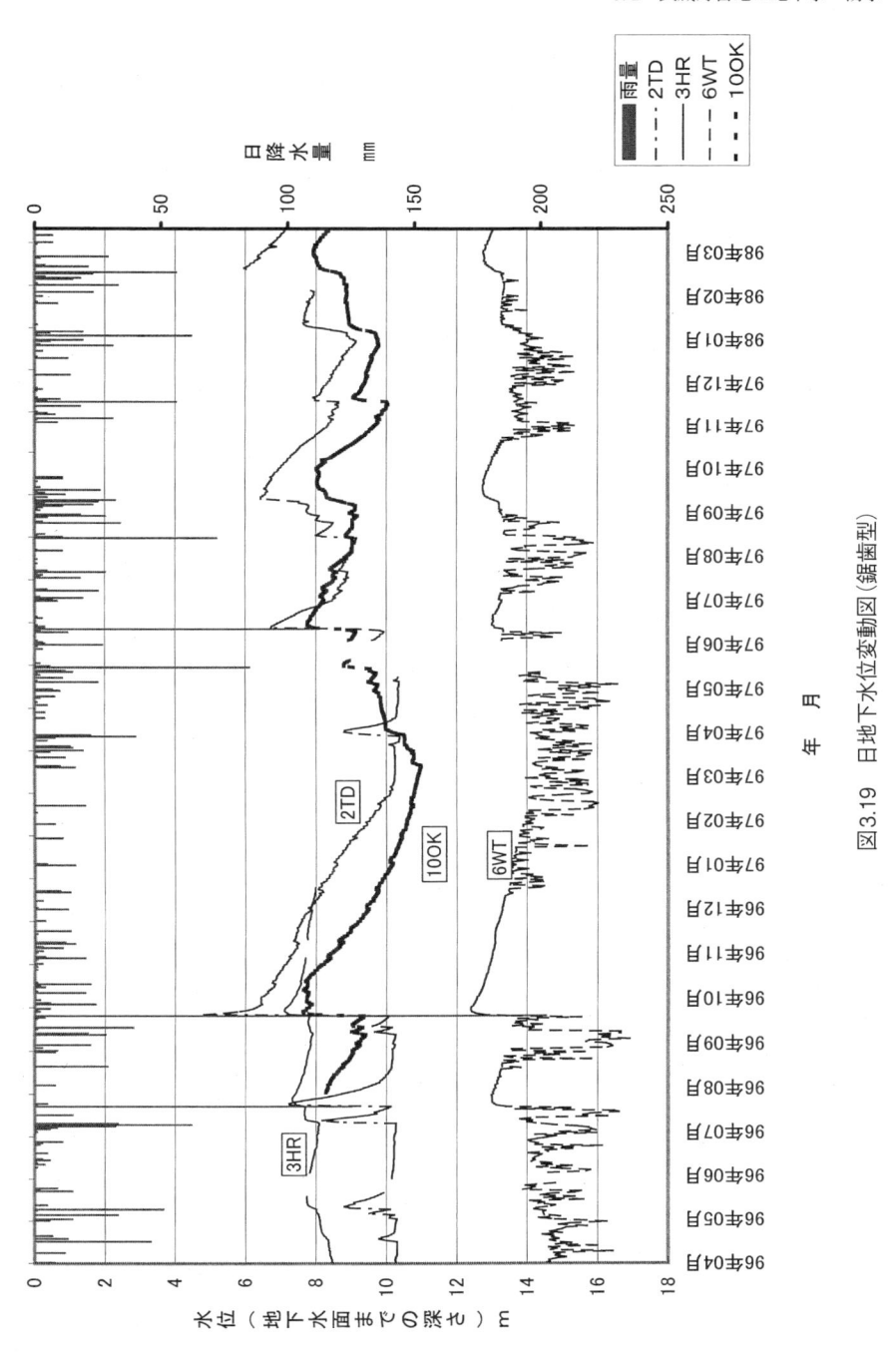

第3章　東京の地下水・湧水

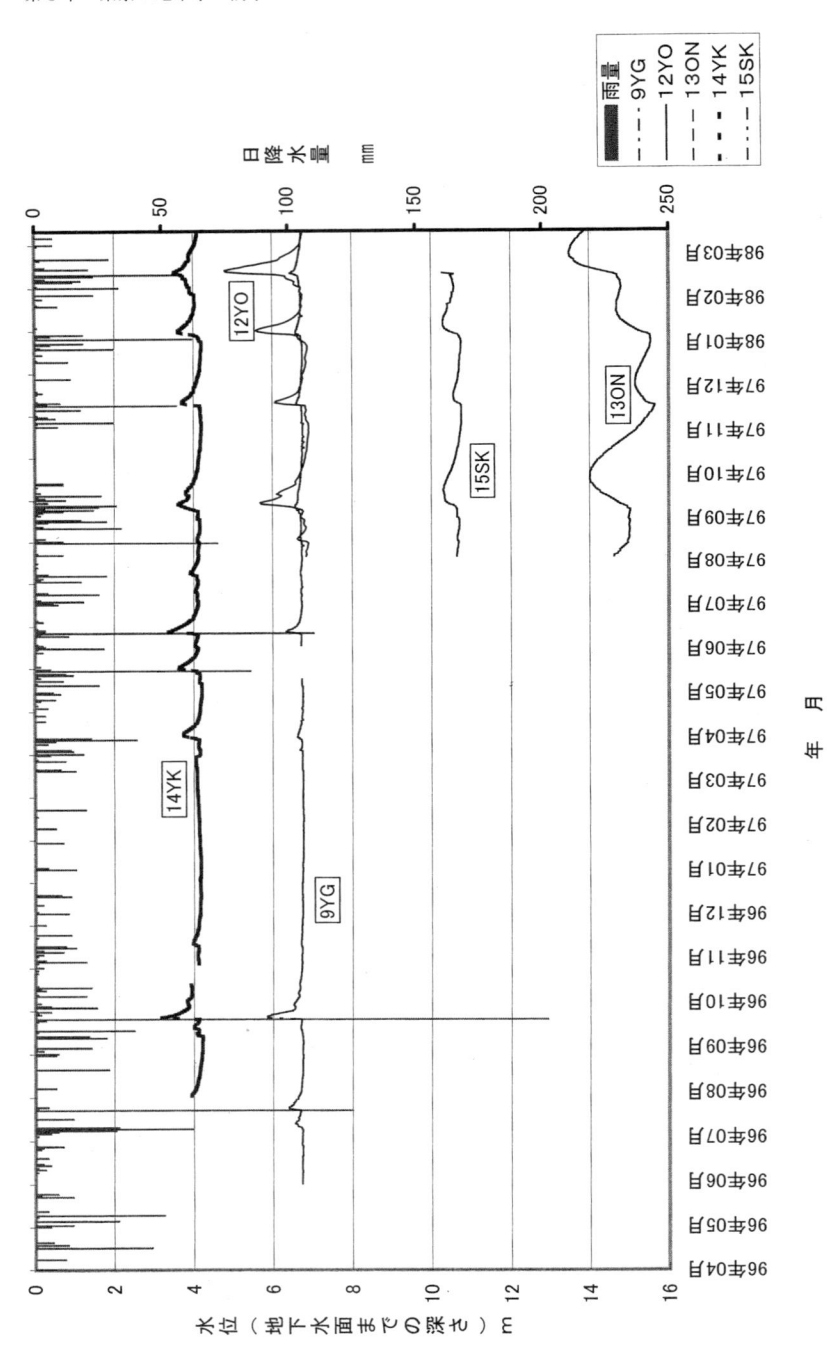

図3.20　日地下水位変動図（パルス型）

G.L. −4〜−15mの地下水位を示し、年変動幅は1m内外と小さかった。

　次に、降雨量と地下水位変化量の関係から、おおまかな雨量係数、有効間隙率、圃場容水量など、水理定数の概略値を推定した（図3.21〜図3.23参照）。求められた結

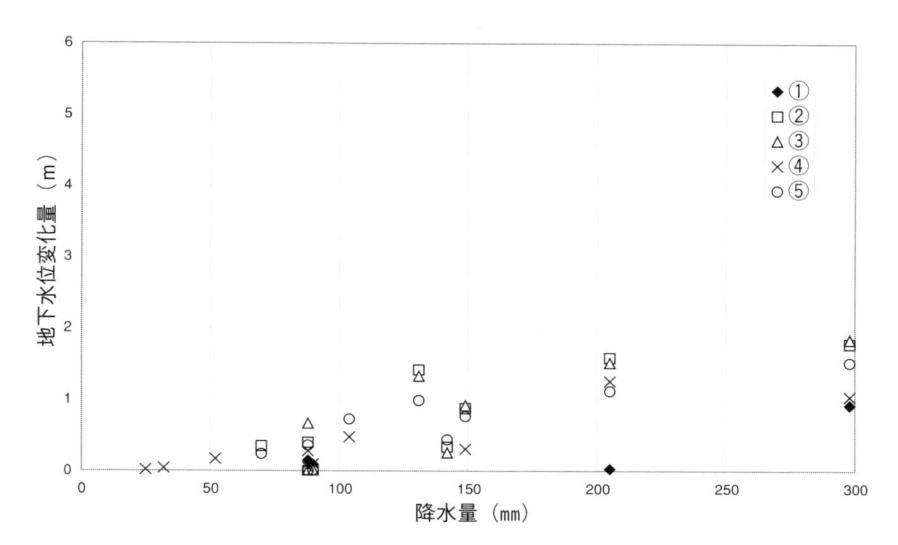

図3.21　一雨降水量と地下水位変化量（椀伏せ型）

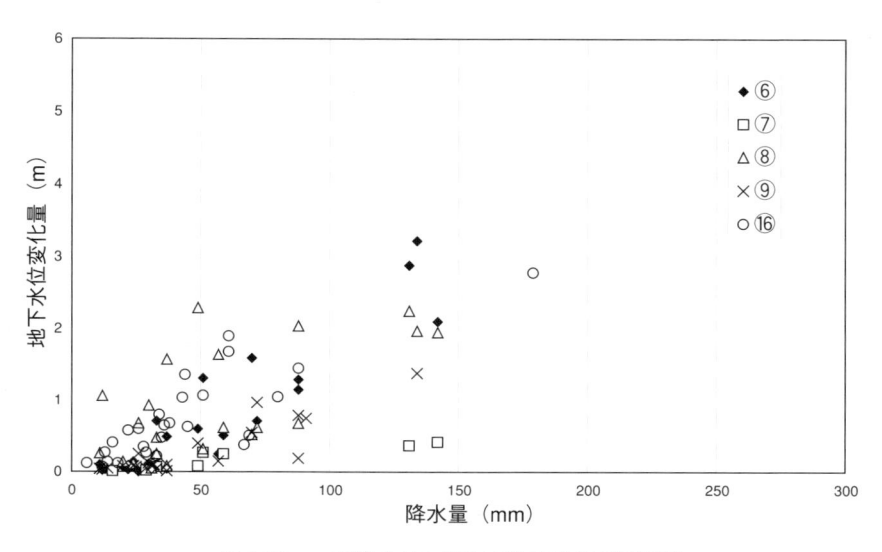

図3.22　一雨降水量と地下水位変化量（鋸歯型）

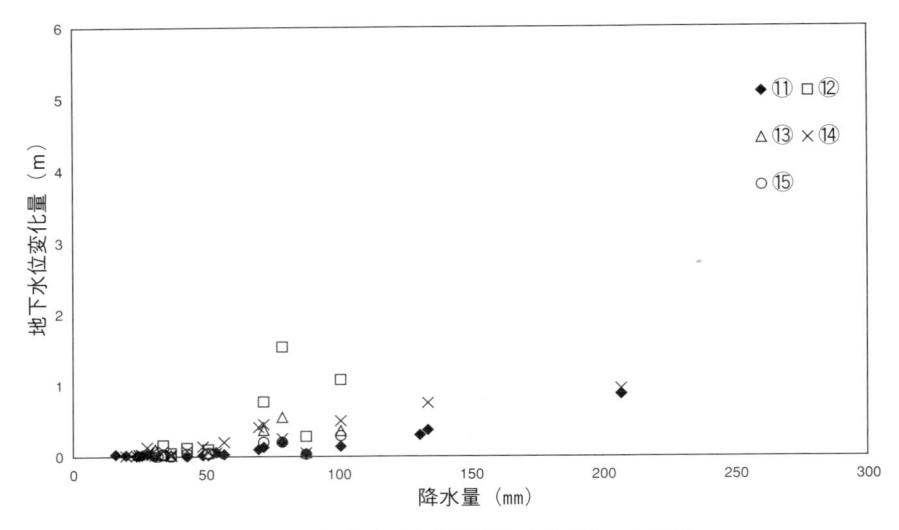

図3.23　一雨降水量と地下水位変化量(パルス型)

表3.2　概略井戸水理定数

水位変動タイプ	雨量係数 P	回帰式 $\Delta H = aR - b$		相関係数 r	有効間隙率 P_a	圃場容水量 $M_n - M_0$ (mm)
		a	b			
椀伏せ型	0.23	5.8	200.5	0.76	0.12	24
鋸歯型	0.09	14.1	149.1	0.71	0.05	7
パルス型	0.32	5.1	117.9	0.68	0.14	17

果が表3.2である。椀伏せ型の水位変動タイプをする井戸は、ローム層が厚く分布する武蔵野面の台地中央部に多い。圃場容水量、有効間隙率とも他のタイプの井戸より大きい。

(5) 武蔵野台地の水文環境

① 武蔵野台地西部の中小河川

　武蔵野台地西部は、前述したように古多摩川の扇状地に当たり、東部山の手台地より地形勾配が急で、台地面をつくる砂礫層も粒径が粗い。山の手台地には谷頭を持つ樹枝状の浸食谷(石神井川、神田川、黒目川等の中小河川)が多いが、武蔵野台地西部にはこのような谷が少なく、平坦な台地面が拡がっている。主な河川としては、多摩川水系の残堀川、荒川水系の空堀川、奈良橋川の3河川位である。しかも、これら

3.2 武蔵野台地の地下水・湧水

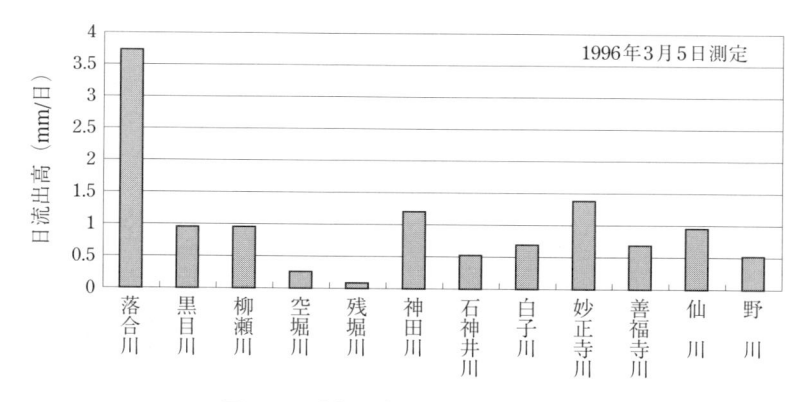

図3.24 武蔵野台地の河川の日流出高

の河川の水量は少ない。

因みに、**図3.24**は多摩地区の主な中小河川の低水流量観測結果(平成8(1996)年3月5日実施)から得た日流出高(流域面積で割って1日当たりの雨量に換算)を示したものである(中山ら、1998)。渇水期、無降雨時の各河川の日流出高の違いは、流域内の湧水量、下水道の普及率、河床土質の種類等に影響される。この図では、落合川の流出高が3.72mm/日で一番大きい。残堀川(最下流、立川橋)が0.09mm/日、空堀川が0.26mm/日と他の多摩地域の河川に比べ、極めて流量が少ないことがわかる。

② 水利に苦労した歴史

武蔵野台地西部は前述したように地下水位が深く、湧水は狭山丘陵の南麓や国分寺崖線などの段丘崖線に偏在している。しかも、水量の豊かな河川が台地部にはないため、長い間台地部には集落ができなかったようである。「逃げ水」や「堀兼の井」などの伝説は、まさに象徴的である。「逃げ水」は、前方を見ると水溜まりがあるように見えるが近づいて見ると何もない、いわゆる蜃気楼現象のことである。「堀兼の井」とは、井戸を深く掘り進んでも水が出ないというので有名な深井戸である。現在も、埼玉県狭山市の「七曲りの井」、「堀兼の井」やJR羽村駅近くの「まいまいず井戸」は、史蹟として保存されて有名である(**写真3.1**)。

一方、河川の名前にしても、水の乏しさを表すものが多い。所沢北部を流れる不老川(としとらずがわ)は地下水位が深いため、渇水期になると昔は川の水がすべて地下に伏流し春まで流れがない様子、つまり川は年越しをしないということから名付けられたという(**写真3.2**)。ただし、現在の不老川は一年中水が涸れることはないという。残堀川にしても、

「ざほり」は石がごろごろしている意味であり、空堀川も不老川と同様に渇水期には水がなかったといわれる（貝塚、1979；吉村、1942）。

このように、当地域は江戸時代に玉川上水が通水するまで、水利に恵まれず集落の発達はなかったようである。

写真3.1　埼玉県狭山市の「七曲りの井」

写真3.2　不老川と「七曲りの井」

③ 地下水涵養にも寄与していた玉川上水

　玉川上水は、江戸時代の承応2(1653)年に玉川兄弟(庄右衛門、清右衛門)によって、多摩川上流の羽村から四谷大木戸までの約43kmを素堀で通された上水・農業用水路である。これにより江戸の飲料水が確保され、江戸の発展を支えてきた。また同時に、それまで水に乏しかった武蔵野台地一帯も新田開発がなされるなど大きな恩恵を受けるようになった。玉川上水からは野火止用水、小平用水、砂川分水、柴崎分水、小川分水、国分寺村用水、小金井村用水など、多くの枝分かれした分水がある。これらの用水により、砂川村や小川村などの集落が発達し、五日市街道など主街道も整備された。この玉川上水は、昭和40(1965)年の淀橋浄水場(現在の新宿駅西側の高層ビル群一帯)廃止まで上水路としての役割を果たしてきた。現在、その機能は羽村取水堰から小平監視所までで、小平から下流の水路は清流復活水路となっている(写真3.3～写真3.5)。

写真3.3　玉川上水

写真3.4　小平用水

写真3.5　砂川分水

写真3.6　水喰らい土(玉川上水掘削工事跡)

なお、玉川上水は水はけの良い台地に素掘りで掘られたため、工事の当初は水が吸い込まれ大変苦労をしたようだ。JR拝島駅の近くに「水喰らい土」という当時の失敗した堀跡が残っている（写真3.6）。当然のことながら、上水の幾分かは地下に漏水し、地下水の涵養源となっていることが考えられる（水路底より周辺地下水位がかなり低い）。上水と多くの枝分かれした分水は、水路底からの漏水や灌漑水の浸透で武蔵野台地の地下水面を高くし、野川への地下水流出にも貢献していたといわれる。現在は流れが途絶えているが、砂川分水の末流は直接、野川に流れ込んでいた。このことは、椛根もその著書のなかで指摘している（椛根勇、1992）。

2）武蔵野台地の湧水

そもそも湧水とは、台地の崖下や丘陵の谷間などから自然に湧き出ている地下水のことで、水理学的に言い換えれば、ピエゾメーター水頭線が地表面に顔を出したところに湧水がある。東京の湧水のタイプは大きく2種類に分類され、崖線タイプと谷頭タイプがある（図3.25）。崖線タイプは、台地の崖の前面から湧出する湧水で、涵養域は$0.1 \sim 1 km^2$程度である。このタイプの湧水には、真姿の池や貫井神社など国分寺崖線沿いの湧水、清水山憩いの森など白子川沿いの崖からの湧水、黒目川・落合川沿い、府中崖線・青柳崖線沿いなどの湧水がある。武蔵野台地の東部、山の手でも新宿区のおとめ山公園、成増台北縁、本郷台の崖沿いの湧水、淀橋台の崖沿いの湧水、等々力渓谷不動の滝湧水などは崖線タイプの湧水である。武蔵野台地には段丘崖からのこうした湧水が多い。谷頭タイプは、台地面上の馬蹄形や凹地形などの谷地形のところから湧出するもので、涵養域は広大である。代表的なものに、明治神宮の清正の井、落合川上流域の竹林公園、南沢緑地等の湧水がある（写真3.7）。

東京のこれらの湧水の涵養域は、前節でも触れたように武蔵野台地や丘陵地が主である。すなわち、台地や丘陵地の上部に厚く堆積する関東ローム層より浸透した降雨がローム層および下部の段丘砂礫層などに豊富に貯えられ、時間をかけて湧出し

写真3.7　南沢緑地保全地域

3.2 武蔵野台地の地下水・湧水

谷頭タイプ

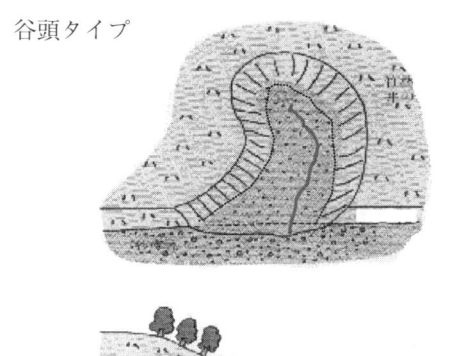

竹林公園・南沢緑地保全地域の湧水
井の頭池・善福寺池・三宝寺池など

明治神宮（清正の井戸）
新宿御苑の湧水

崖線タイプ

武蔵野ローム層
粘土質ローム層
地下水面
沖積低地
東京層

港区三田・高輪などの淀橋台の
崖沿いの湧水

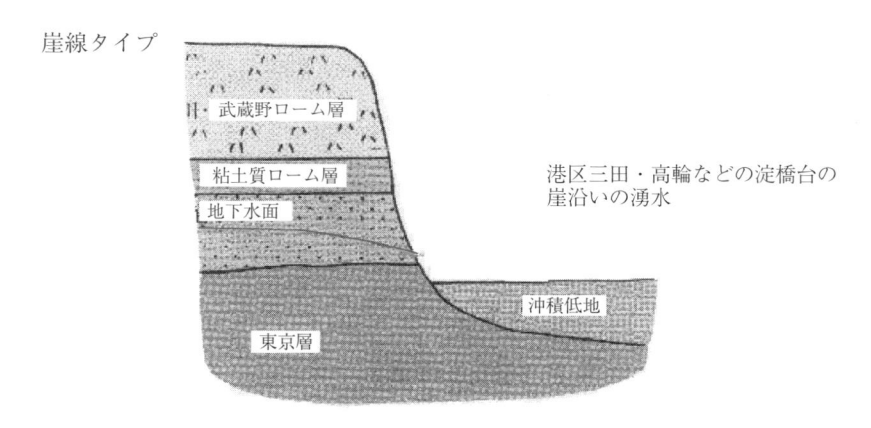

図3.25　谷頭湧水と崖線湧水

てくるわけである。なお、西部山地は斜面勾配も急で岩盤が地表から浅いため流出が速く、しかも東部の低地は沖積粘土層が表層に厚く分布し帯水層も発達しにくい地質構造のため、ともに湧水の主涵養域とはなり得ない（図3.26）。

（1）東京の湧水の現状

東京の湧水には、全国「名水百選」にも選ばれている国分寺市の「お鷹の道・真姿の池湧水群」のように、昔から地元の人々に生活用水や農業用水として大切に使われてきたもの、小金井市の貫井神社やあきる野市の二宮神社のように、神社や寺にある

77

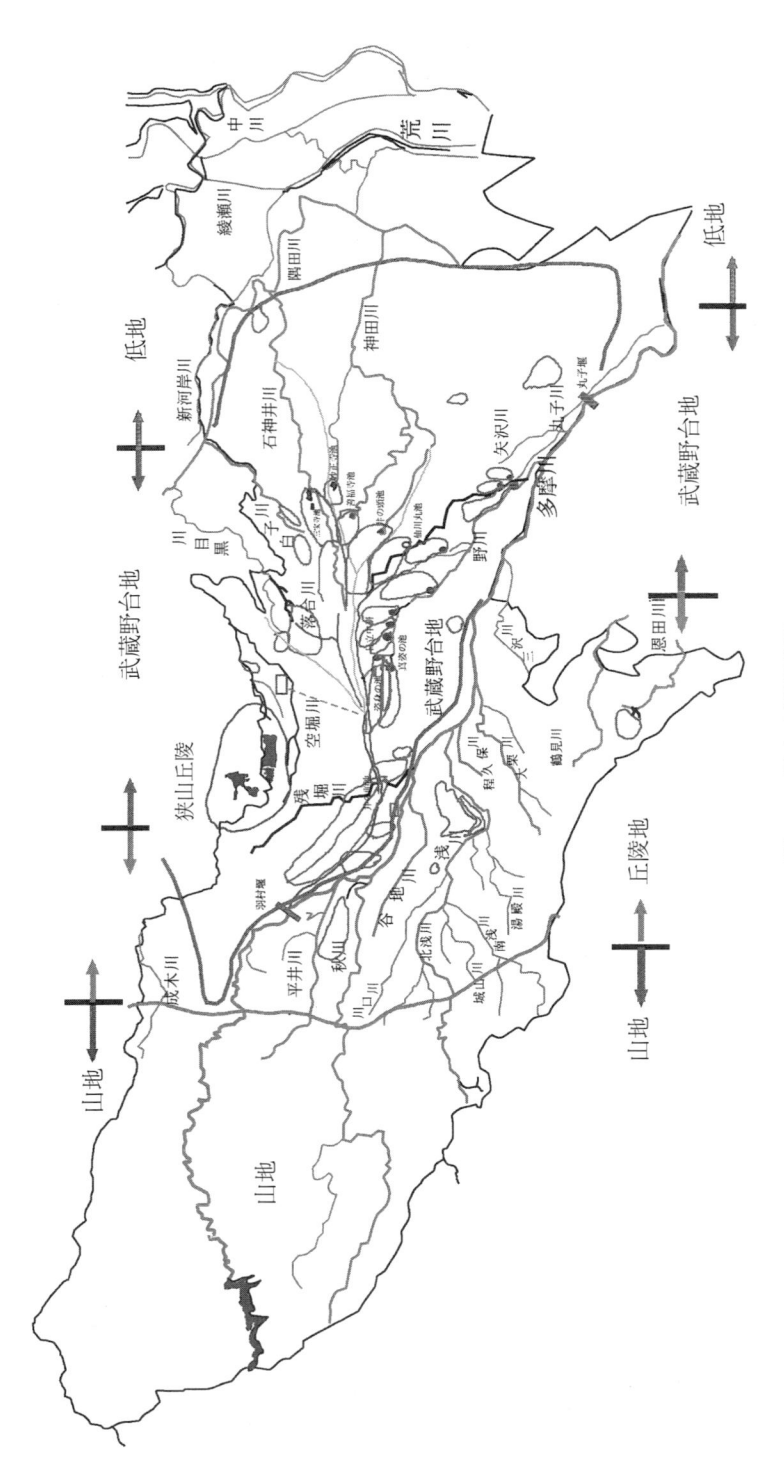

図3.26 湧水の涵養域図

もの、練馬区立大泉井頭公園の湧水のように中小河川の水源となっている ものなどがある。また、これら湧水地一帯は、人々にとって潤いとやすらぎの場であるとともに、都内の中小河川の貴重な水源、周りの自然環境とともにいろいろな生き物の生息空間ともなっている（東京都、2002a；1998）。

都内の湧水については、昭和62（1987）年に行った後、平成2（1990）年度から毎年東京都環境局が調査を行っている。平成12（2000）年度の区市町村へのアンケート結果によると、区部に290、多摩部に427の計717カ所が確認されている（東京都、2002）。しかし、数だけみれば湧水がたくさんあるように思えるが、実は5年前の平成7（1995）年度の調査と比較すると、70カ所の湧水が消失している。この原因は、建物の建設や土地の造成などによる湧水地点の消失や、都市化の進展に伴い地表が建物・アスファルトなどで被覆され、雨水浸透が減少したことが一番の要因である（図3.27、図3.28）。

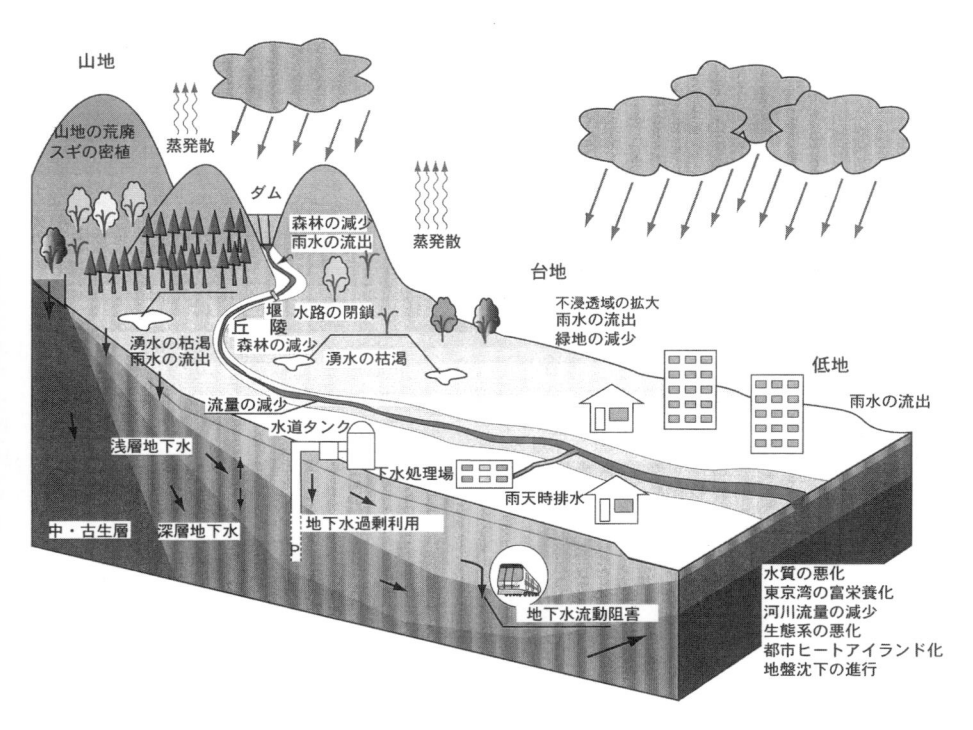

図3.27　水循環の現状模式図

図3.28 東京の湧水地点

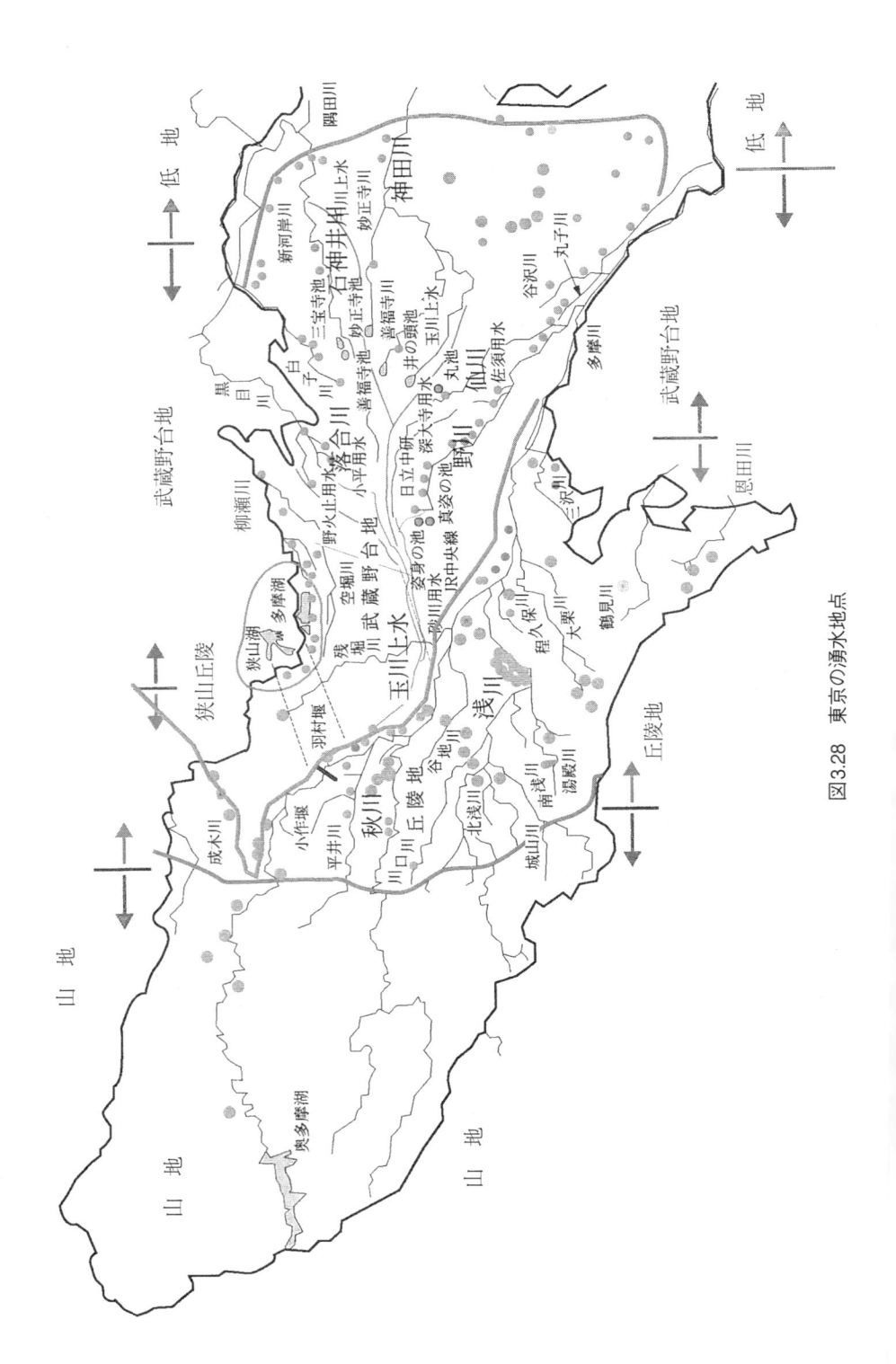

(2) 湧水調査概要

確認されている湧水地点の数は前述のとおりであるが、その中で主要な湧水30カ所については、夏から秋にかけての豊水期に1回、冬の渇水期に1回の計2回、湧水量および水質の調査を行っている。調査項目は、気温、水温、湧水量などの他、水質調査項目が9項目である。その内容は、pH、電気伝導度＊、過マンガン酸カリウム消費量、全窒素、硝酸性窒素、亜硝酸性窒素、塩化物イオン、全硬度、大腸菌群数である。

主要30カ所の湧水のうち5カ所選び、湧水量および代表的な水質の経年変動について述べる。5カ所は、東京23区内では渋谷区の明治神宮内にある「清正の井」、世田谷区の等々力渓谷「不動の滝」、国分寺崖線の湧水である国分寺市「真姿の池」と小金井市

写真3.8　国分寺の「真姿の池」湧水

写真3.9　「真姿の池」からの水路沿いの「お鷹の道」

「貫井神社湧水」、秋留台地の湧水「白滝神社湧水」である（**写真3.8**、**写真3.9**）。

① 湧水量：湧水量の測定は、夏期から秋期の豊水期、冬期が渇水期の年2回である。代表的湧水の経年変化を示したのが図3.29である。1年のうちでも豊水期と渇水期で大きな差を示すものが多くみられ、図示してない湧水も含め、渇水期の湧水量は全般的に減少傾向にあるようである。

＊電気伝導度：電気伝導率、電導率、導電率などともいう。水が電気を通す能力のことで、単位は従来μS/cmが用いられてきたが、国際単位系（SI）との整合上、JISK0102-1993ではmS/m（ミリ・ジーメンス・パー・メートル）に改められた。ただし、本書では他参考文献との関係で従来よりなじみのある旧単位μS/cmを使用した。1μS/cm＝0.1mS/mで換算する。

第3章　東京の地下水・湧水

② 水温：湧水の水温は外気温の影響を受けにくいため、年間水温の変化は小さい。水温の範囲は、およそ12～19℃の範囲にあり、もっとも多い水温帯分布は16～17℃である。また、都市の気温・地温上昇の原因か、全般的に渇水期の水温が

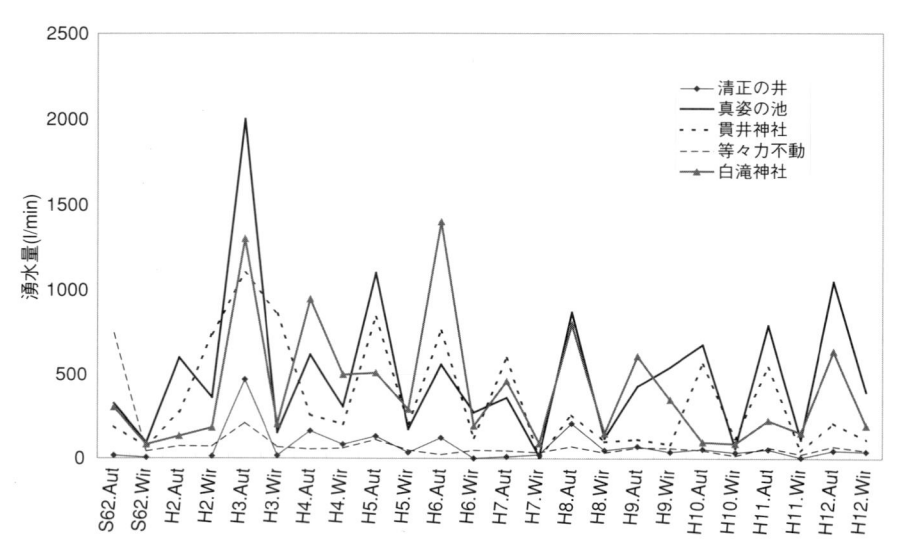

図3.29　湧水量の経年変化（都内主要湧水）

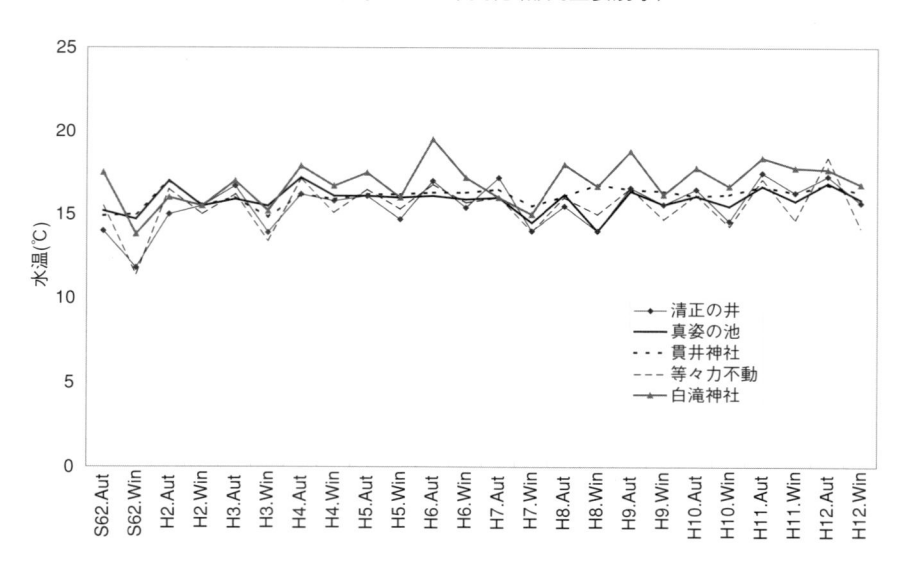

図3.30　水温の経年変化（都内主要湧水）

やや上昇傾向にある様子がわかる（図3.30参照）。日本の「名水百選」の湧水の平均水温が13.6℃である（日本地下水学会編、2000）のと較べると、東京の湧水の水温は高いといえる。

③ 電気伝導度：電気伝導度は水中に溶けているイオンの量の目安となる。雨水は（小倉、1987）10〜30μS/cm、河川水の平均値（半谷・小倉、1995）は125μS/cm、地下水は土壌の含有物質を溶かし込むため200〜300μS/cmが一般的と考えられている（東京都、2000）。しかし、これは地層など様々な条件によって左右されるため一概にはいえない。代表的湧水5カ所の電気伝導度の経年変化は図3.31に示すようである。図で見るかぎり、経年変化はみられない。なお「名水百選」湧水の電気伝導度平均値（日本地下水学会編、2000）は197μS/cmである。

④ pH値：pH（水素イオン濃度）は、水の酸性、中性、アルカリ性を示す。一般に、浅い地下水のpH値は5.6〜6.6、深い地下水のそれは6.7〜7.8といわれている。浅い地下水が比較的低くなるのは土壌中の二酸化炭素を溶かし込むためである。水道水の水質基準は、5.8〜8.6である。代表的湧水5カ所のpH値の変化は図3.32のようである。因みに、「名水百選」湧水のpH平均値（日本地下水学会編、2000）は6.7である。なお、pH値5以下の酸性の強い湧水はみられない。

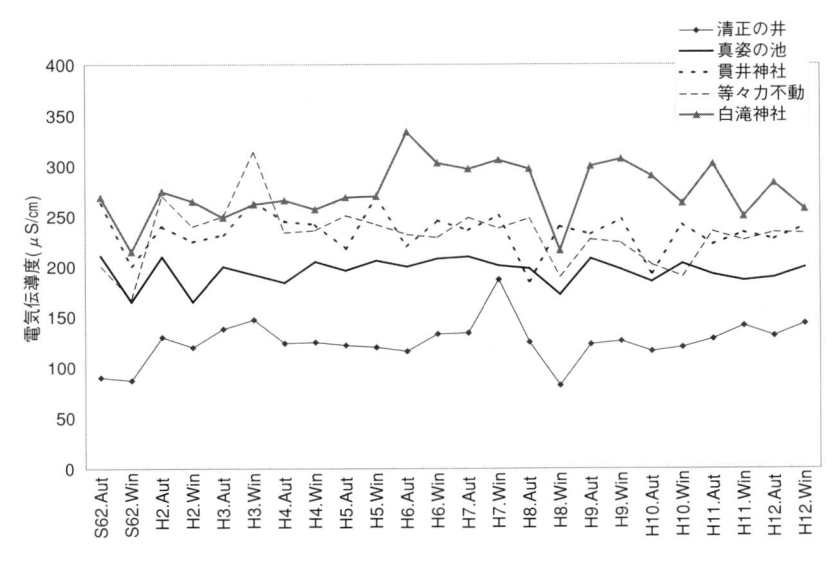

図3.31　電気伝導度の経年変化（都内主要湧水）

⑤ 塩化物イオン：地下水の塩化物イオンは、本来、岩石、土壌、降水などによって供給される。しかし、人の活動の影響によっても水中の塩化物イオンの濃度は高くなるので、都市域では水の汚れの指標になっている。塩化物イオンの一

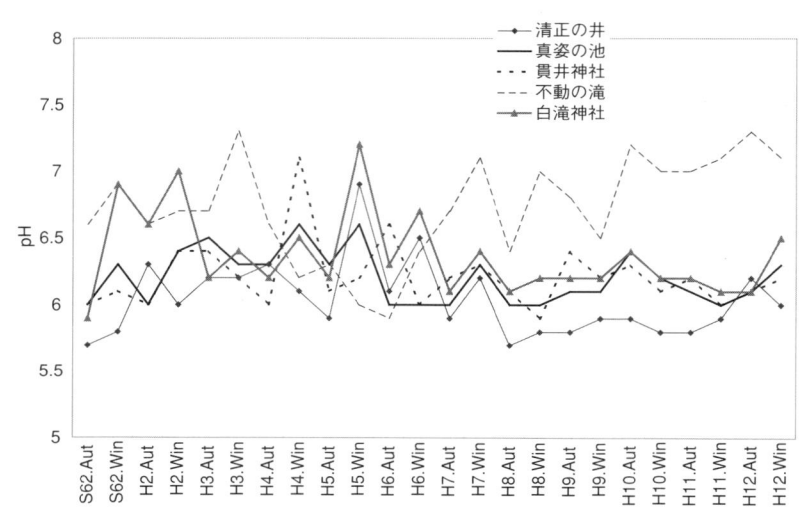

図3.32　pH値の経年変化（都内主要湧水）

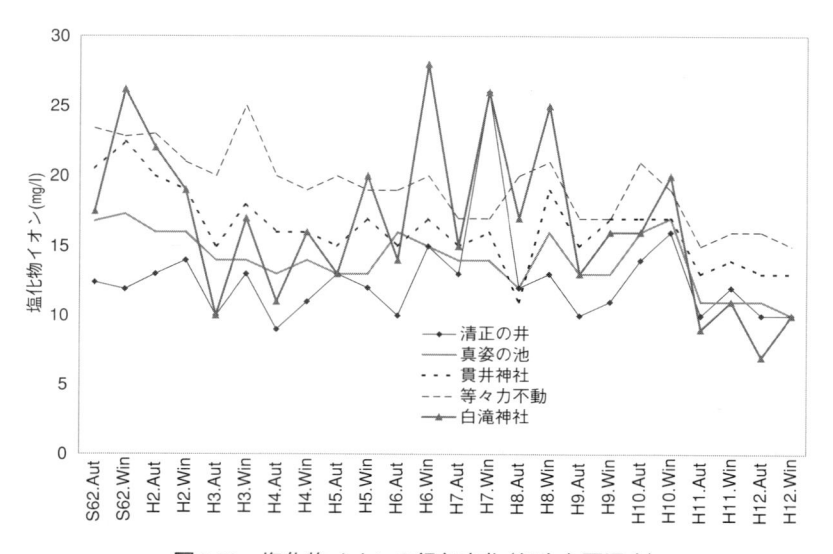

図3.33　塩化物イオンの経年変化（都内主要湧水）

般値は、雨水が1〜2mg/l、きれいな河川の上流部で2〜4mg/l、同下流部で10〜50mg/lである。代表的湧水5カ所の値の変化の様子は図3.33に示すとおりである。約10〜27mg/lの範囲にある。「名水百選」湧水のCl⁻濃度の平均値（日本地下水学会編、2000）が8.2mg/lであることと比較すると、東京の湧水水質があまりよくないことがわかる。なお、「名水百選」の一つである真姿の池湧水は、10〜17mg/lの塩化物イオン濃度でやや高い。

⑥ 全窒素：全窒素は、水中に存在する窒素の総量を表す。窒素は河川中では通常、有機性窒素、アンモニア性窒素、硝酸性窒素（亜硝酸性窒素は少ない）のかたちで存在するが、湧水では通常そのほとんどが硝酸性窒素の形態である。土壌表層には硝化菌が多く生息し、窒素化合物を酸化して硝酸イオンに変える。硝酸イオンは水に溶けやすく容易に地下水中に移行するので、土壌へ供給される窒素化合物（肥料、排泄物、排水）が多いと濃度が高くなる。30調査地点の平均値が約7.7mg/lと、東京都主要河川の平成10（1998）年度平均値5.18mg/lよりやや高い。水道水の水質基準では濃度が10mg/l以下とされており、約15％の湧水は基準値を超えているようである（東京都、2000）。

他の水質調査項目では、水の汚染度を示す過マンガン酸カリウム、おいしさ・硬軟の指標の全硬度、大腸菌群数が測定されているが、結果については省略する。

(3) 東京の名湧水57選ほか

平成15（2003）年1月、東京都では湧水への関心を高め、その保護と回復を図るため、水量、水質、その由来、景観などに優れた湧水等57カ所を「東京の名湧水57選（表3.3）」として選定した（東京都、2003a）。また、公開には制限のあるため名湧水とはしなかったが、すばらしい湧水4カ所も合わせて紹介している。なお、選定委員会では、今後の湧水の保全・回復について、地元区市町村、地域住民による地道な息の長い取り組みが必要であること、東京都はそれらの取り組みのネットワーク化を図ることを期待している。

また、平成14（2002）年4月9日には、良好な自然を形成し、水源となる湧水および湧水と河川とを結ぶ水路の保護と回復に努めるために行うべき取り組みについてまとめた、「東京都湧水等の保護と回復に関する指針」を公表している。そして、その実現のために、都民および関係区市町村との連携により推進するものとしている。

(4) 河川と湧水

現在、都内の中小河川では、平常時の河川流量不足に悩んでいるところが非常に多

表3.3　東京の名湧水57選（1）

区市町村	番号	名　称	所　在　地
港　　区	1	柳の井戸	元麻布1－6　善福寺前
新　宿　区	2	おとめ山公園	下落合2－10
文　京　区	3	関口芭蕉庵	関口2－11－31
目　黒　区	4	目黒不動尊	下目黒3－20－26
大　田　区	5	多摩川園ラケットクラブ跡地	田園調布1－53－10
	6	清水窪弁財天	北千束1－26
	7	田園調布本町緑地六郷用水	田園調布本町39
	8	六郷用水沿い洗い場跡	田園調布本町25
世　田　谷　区	9	等々力渓谷・等々力不動尊	等々力1－22先
	10	烏山弁天池	北烏山4－30
	11	岡本静嘉堂緑地	岡本2－23
渋　谷　区	12	清正の井	代々木神園町1
杉　並　区	13	善福寺川御供米橋下流	大宮2－24
北　　区	14	赤羽自然観察公園	赤羽西5－2－34
板　橋　区	15	不動の滝	赤塚8－11
練　馬　区	16	清水山憩いの森	大泉町1－6
八　王　子　市	17	叶谷榎池	叶谷町1079
	18	子安神社	中野山王2－23
	19	六本杉公園	子安町2－22
	20	片倉城址公園	片倉町2475
	21	小宮公園	暁町2－41－6
立　川　市	22	矢川緑地	羽衣町3－26
三　鷹　市	23	野川公園	三鷹市大沢
青　梅　市	24	岩清水（小澤酒造）	青梅市沢井2－770
府　中　市	25	西府町湧水	西府町1－43
昭　島　市	26	諏訪神社	宮沢町2－32－12
	27	龍津寺	拝島町5－2
調　布　市	28	深大寺不動の滝	深大寺元町5－15－1
小　金　井　市	29	貫井神社	貫井南町3－8
	30	滄浪泉園	貫井南町3－2－28
	31	中村研一記念美術館	中町1－11－3
日　野　市	32	黒川湧水	東豊田3－29
	33	中央図書館下湧水	豊田2－49
	34	小沢緑地	三沢2－15
国　分　寺　市	35	姿見の池	西恋ヶ窪1
	36	新次郎池	南町1－7
	37	殿ヶ谷戸庭園	南町2丁目
	38	お鷹の道・真姿の池湧水群	西元町1－13

表3.3　東京の名湧水57選（2）

区市町村	番号	名称	所在地
国立市	39	ママ下湧水群	谷保2963
	40	常盤の清水（谷保天満宮）	谷保5209
福生市	41	清岩院	福生507
東大和市	42	湖畔第二緑地	湖畔2−1044−219外
	43	二ツ池公園	湖畔3−1085
東久留米市	44	南沢緑地	南沢3−9
	45	竹林公園	南沢1−8
	46	黒目川天神社前	柳窪4−15
武蔵村山市	47	龍の入不動尊	三ツ木5−9−5
稲城市	48	穴澤天神社	矢野口3292
	49	威光寺	矢野口2411
あきる野市	50	二宮神社	二宮1189
	51	八雲神社	野辺316−1
奥多摩町	52	祥安寺の清泉	境341
	53	獅子口の湧水	大丹波字曲ヶ谷511
	54	釜の水	小丹波オタキ下191
神津島村	55	多幸湧水	字多幸湾4
	56	つづき湧水	字宮塚山69
御蔵島村	57	大島分川	字川田

表3.4　三大湧水池等の枯渇時期

池の名称	湧水が枯渇し揚水を開始した時期	揚水量（平成8年度）（m³/日）
井の頭池	昭和38年9月から45年1月の間で5本 平成5年から8年の間に3本揚水	3,287
善福寺池	昭和41年12月上池揚水 昭和37年9月下池揚水	1,988 3,810（水道用揚水量）
三宝寺池	昭和46年から揚水	3,085
妙正寺池	昭和44年9月から揚水	216

くなっている。これは下水道が普及するとともに、河川への湧水量供給が減少したからにほかならない。都心部だけでも明治期と比較して、枯渇あるいは消滅した湧水は約180カ所以上にのぼるといわれている。昭和30年代後半から40年代前半の高度経済成長期には、都内の三大湧水池（井の頭池、善福寺池、三宝寺池で、いずれも河川の源頭水源）の湧水が相次いで枯渇し、水源を深井戸からの汲み上げに切り替えるようになってしまった（表3.4）。

第3章　東京の地下水・湧水

　雨水や汚水の排除に利用されていた水路・小河川は、下水道の整備などによりその役割を終えて埋め立てられる一方、地下水涵養機能を有している農地の減少に伴い農業用水路なども消失するなど、次第に自然の水循環系が損なわれてきた。この変化の様子を多摩地区の野川で見てみると、かつての水量は、用水路からの水量と湧水に支えられていた時代があり、やがて市街化とともに家庭排水などを主体とした都市河川へと変貌し、現在では湧水由来の自流量だけになっている。図3.34は、これを模式化して表したものである（土屋、1999）。

　東京都・渋谷区教育委員会では、明治42（1909）年の陸地測量部地図等から昔の渋谷地域の湧水池の所在を調査し、その後の経緯について各種資料、聞き取り調査等によりまとめている（斎藤、1996）。それによると、明治42年頃には50余の湧水池が渋谷区内に存在していたようである。このなかで、現在も湧水池として残存するのは、明治神宮境内の「清正の井」、渋谷区松涛二丁目の「鍋島松涛公園の池」などわずかで、あとは全て埋め立てなどにより消失している。なお、復元地図には、現在は機能していない水路・河川なども記載されている。玉川上水路から取水された水路沿いの湧水池、湧水池の落水先としての神田川支流、宇田川、唱歌「春の小川」で有名な渋谷川など、水路網の存在が湧水池に深く関わっていたことを伺わせる。図3.35は都内で下水道化されたり、埋められたりして消失した水路、河川を示したものである。

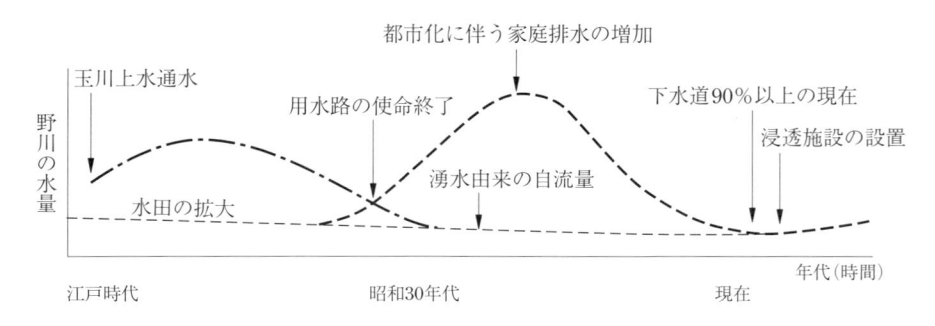

図3.34　野川の水量の歴史的変遷（土屋、1999）

3.2 武蔵野台地の地下水・湧水

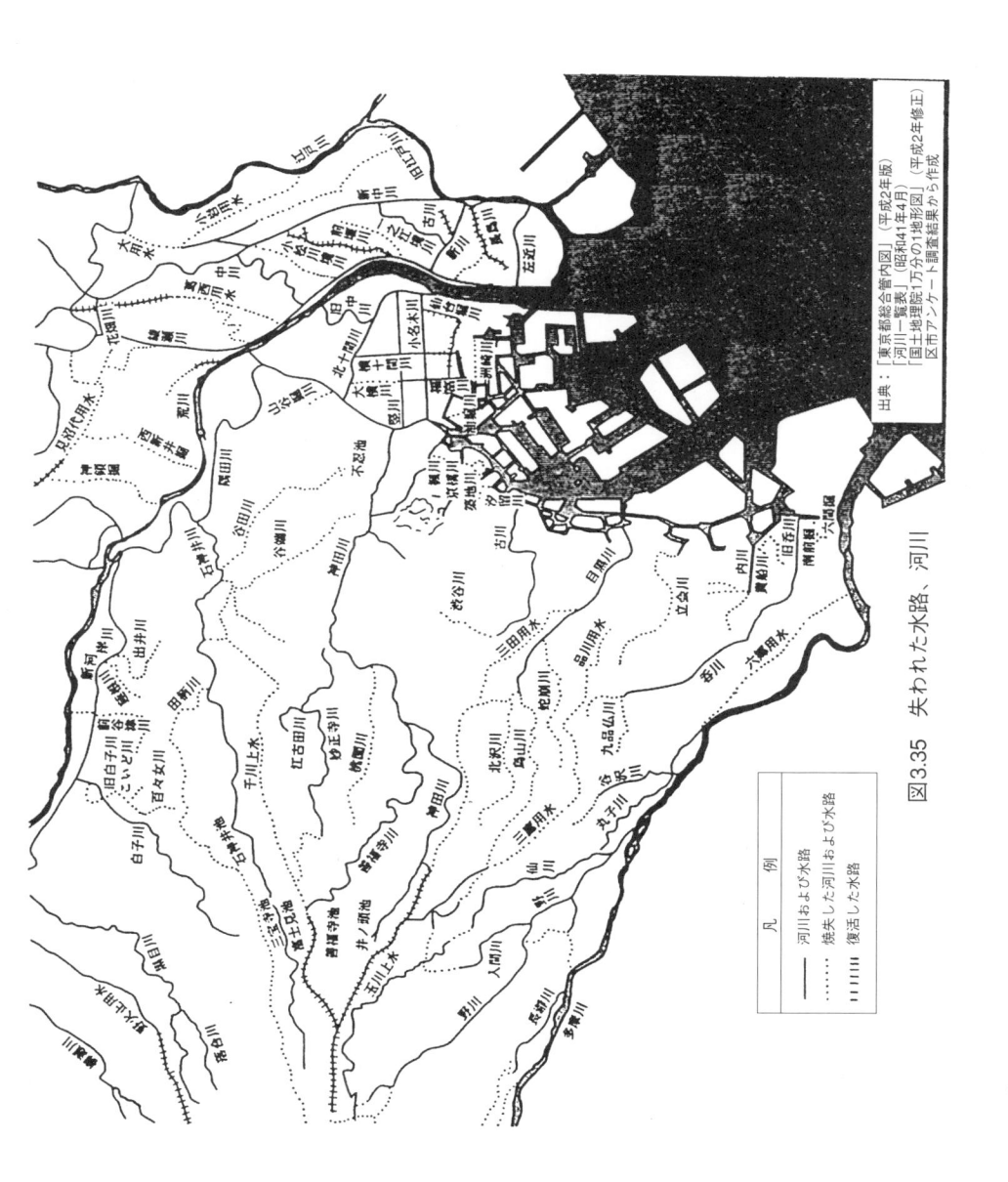

図3.35 失われた水路、河川

出典：「東京都総合管内図」（平成2年版）
「河川一覧表」（昭和41年4月）
国土地理院1万分の1地形図」（平成2年修正）
区市アンケート調査結果から作成

凡例
―― 河川および水路
‥‥‥ 消失した河川および水路
||||||| 復活した水路

89

3.3 水辺の生き物

　湧水域に限定した水生生物調査・報告は少ない。そこで、はじめに最も水生生物調査が行われている河川の生き物について述べることとする。

　東京都水環境保全計画（東京都、1998）によれば、平成8(1996)年度の水生生物調査結果は、河川では194種類の付着珪藻、151種類の底生動物、54種類の魚類が、海域では、108種類の底生動物、42種類の魚類、51種類の鳥類などが確認されている。付着珪藻では、汚れた水によく見られる種よりも、やや汚れた水に見られる種が多く出現するようになった河川もみられる。一方、底生動物では、きれいな水によくみられるカゲロウ・トビケラなどの水生昆虫は、多摩川上流などの限られた河川にしか出現していない。魚影はほぼ全域でみられるものの、外来種や国内他水域からの移入種も多い。在来種では、ホトケドジョウ、ギバチ、メダカ、カジカなどが激減し、その分布が著しく狭められている。

　多摩川の水量確保と水質浄化を目的として、平成4(1992)年9月から非灌漑期（9月21日〜5月19日）においても、羽村堰から2m^3/秒の河川水が放流されるようになった。小河内ダムの貯水量は以前に比べて少なくなっているが、年間を通して安定した水が流れるようになった区域では、水質も改善され、多様な生き物が戻るようになってきている（図3.36、表3.5（魚類）、表3.6（底生動物））。

　次に、湧水地には絶滅危惧種である水草や魚種が生息している。沈水植物であるミズニラは、都内では落合川だけで確認されているに過ぎない。ホトケドジョウも一部の湧水と湧水の豊富な河川に生息するのみである。逆に、オランダガラシ（クレソン）のように、湧水があるかどうかの目安に水生植物を利用することもある。

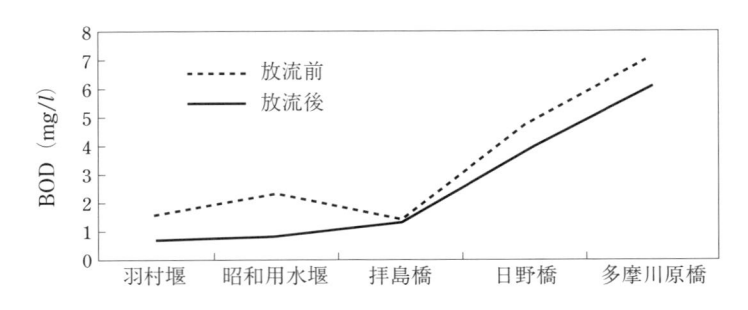

図3.36　羽村堰の放流に伴う水質改善効果（東京都、1998）

3.3 水辺の生き物

　水草の生息条件は、山崎正夫・津久井（1995）によれば、①年間を通じて水があること、②流速、水深が適度であること、③根を張れる河床構造であること、④日照が充分であること、⑤供給源を持つこと、などの条件が必要としている。また、多種類、多量の水草が生育していた河川は、北浅川、程久保川、仙川、神田川、善福寺川、落合川、恩田川などである。多摩川中流域の豊田用水、府中用水、日野用水などの農業用水では、沈水性の水草が多かったようである。因みに、これらの河川・水路では比較的水量も豊富である。

　また、平成10（1998）年5月に国分寺崖線の湧水9地点を調査した大野ら（1999）によれば、「清冽な水を好む生物種が生息し、ホトケドジョウやナガエミクリなどの絶滅

表3.5　羽村堰下の生き物の状況（魚類）（東京都、1998）

調査地点：永田橋、調査方法：投網および稚魚網

年度		S49	S58	S59	H4	H8
採取魚類	アユ		○	○	冬季放流開始	
	ヤマメ					○
	カワムツ					○
	オイカワ	○		○		○
	ウグイ	○	○	○		○
	アブラハヤ	○	○			○
	タモロコ	○				
	モツゴ	○				○
	ツチフキ	○				
	キンブナ					○
	ギンブナ	○		○		○
	ドジョウ	○				○
	シマドジョウ	○	○	○		○
	ホトケドジョウ					○
	ギバチ					○
	ヨシノボリ					○
	ジュズカケハゼ					○
	ムギツク					○
資料番号		①	②	③		④
計		9	4	6		15

① 多摩川の魚類生態調査－Ⅱ　1974　　東京都水産試験場
② 昭和58年度水生生物調査報告書　　東京都環境保全局
③ 昭和59年度水生生物調査報告書　　東京都環境保全局
④ 河川生態学術研究会（国土交通省と各分野の専門家の集まり）

第3章　東京の地下水・湧水

表3.6　永田橋上流の生き物の状況（底生動物）（東京都、1998）

調査地点：永田橋上流（羽村福生市境）、凡例：◎10個体以上、○10個体未満

年度		S62		H4			H5		H6		H7		H8	
	月	5	9	6	9	11	6	11	5	11	6	11	5	10
カゲロウ目	サホコカゲロウ　II	○	○	◎	冬季放流開始	-	-	○	-	○	○	○	○	○
	チラカゲロウ　I	-	○	○		○	○	○	○	○	○	○	◎	○
	シロタニガワカゲロウ　I	○	○	○		○	○	○	○	○	○	○	◎	◎
	エルモンヒラタカゲロウ　I	○	○	◎		◎	◎	○	◎	○	◎	◎	◎	◎
	アカマダラカゲロウ　I	○	○	◎		-	○	○	○	-	○	-	○	○
カワゲラ目	フサオナシカワゲラ sp.　I	-	-	○		-	-	-	-	-	-	-	-	-
	アサカワミドリカワゲラモドキ　I	○	○	-		-	-	-	-	-	-	-	-	-
	カミムラカワゲラ　I	-	-	-		-	○	-	○	-	-	-	-	-
	フタツメカワゲラ sp.　I	-	-	-		-	-	-	○	-	-	-	○	○
	ミドリカワゲラ　科　I	-	-	-		-	-	○	○	-	-	-	○	○
トビケラ目	ヒゲナガカワトビケラ　I	○	○	◎		◎	○	○	◎	○	◎	○	◎	◎
	ウルマーシマトビケラ　I	○	○	○		◎	◎	○	◎	◎	◎	○	◎	◎
	コガタシマトビケラ　II	-	○	-		○	◎	○	◎	◎	-	○	◎	◎

（注）アラビア数字は、汚れの指標を示す。I：きれいな水、II：少し汚れた水
　　　全出現種類数は、放流前後で著しい増減は見られないが、指標種では放流後、増加傾向にある。

の危機が増している種が分布し、冷水性の沢ガニ、カワゲラ類、ユスリカ類などが採集され、きれいな水質の指標である珪藻類も見られた。」という。

3.4　地下水利用の推移と実態

　地下水利用を考える場合、不圧（浅層）地下水のみならず、被圧地下水も考慮しないといけない。なぜなら、被圧地下水は不圧地下水と比較し賦存量が豊富かつ水質が良好で安定的に利用でき、地下水揚水量の大部分を占めているからである。東京では過去、工業用水・ビル用水の過剰な揚水が地盤沈下を招いた時期があった。なお、現在でも揚水量の2/3は、上水道用に利用されている。

　本書は、われわれが日頃接しやすい湧水や浅層地下水を主に扱っているが、本節では、東京における地下水利用の経緯と現状について述べる。東京の武蔵野台地部では前述したように、被圧帯水層と上部の段丘砂礫層が一部接しているところもあるので、被圧地下水の過剰な汲み上げは不圧地下水にも影響を与えることになる。

1） 東京における地盤沈下対策および地下水揚水量の推移

(1) 過去の地盤沈下の激化とその被害

地盤沈下調査については、東京都土木技術研究所が長年にわたり継続的に行っている（東京都、2003b）。都内では、大正の初期（1910年代）から既に地盤沈下が生じ、太平洋戦争時に一時緩和したものの、戦後の高度経済成長に伴い再び激化し、昭和45（1970）年代にピークを迎え、都内で最も沈下の著しい江東地区の累積沈下量は4.5mを超え、いわゆるゼロメートル地帯の面積は124m^{2}となった。そのため、昭和38～47（1963～1972）年の10年間に公共部門で約840億円、企業・家計部門で約140億円の経済的損失があったと試算されている（東京都、1972）。なお、東京の地盤沈下の概要については第4章で述べる。

(2) 地下水揚水規制およびその効果

都内では、工業用水法（昭和31（1956）年施行）、ビル用水法（昭和37（1962）年施行）および公害防止条例（昭和46（1971）年改正施行）に基づき、地盤沈下の原因となる過剰な地下水揚水を削減してきた。削減方法は、一定規模以上の井戸の用水の他の水源への転換規制、条例では法の規制対象地域以外への規制の拡大のほか、既存井戸の用水の使用合理化指導等である。

また、昭和47（1972）年には都自ら江東地区の天然ガスの鉱業権を買収し、地下水の揚水を停止した他、昭和63（1988）年にはほぼ都内全域で石油、可溶性天然ガス採取の禁止措置を実施した。さらに、平成13（2001）年2月には条例を改正し、小規模井戸への規制拡大等を規定した。都の揚水量規制の詳細および新たな地下水保全施策の展開については、今井（2002）の報告を参照されたい。

この規制の結果、都内の地下水揚水量は大きく減少し、昭和45（1970）年（都条例改正直前）と比較すると、平成13（2001）年の揚水量は約1/3となっている。揚水規制による地下水位の回復の結果、都内の地盤沈下状況は大きく改善され、この10数年間は、渇水年であった平成6（1994）年を除くと、2cm以上沈下した地域はない（第4章、図4.2、図4.3参照）。

しかし近年は、条例による用水の使用合理化指導の効果も頭打ちとなり、揚水量は横ばいとなっている（表3.7、図3.37）。また、渇水年には揚水量の増加傾向が見られる。

第3章　東京の地下水・湧水

表3.7　地下水揚水量の推移

単位：千m³/日

	1961	1970	1975	1980	1985	1990	1995	1996	1997	1998	1999	2000	2001
全　　域	1,071	1,496	1,017	837	712	674	658	684	666	646	653	652	554
区　　部	870	624	206	142	118	116	111	110	108	107	105	107	47
多摩地域	201	872	811	695	594	558	547	574	558	539	548	545	507

（注）　1．この表の揚水量は、2000年までは、条例報告対象者の報告揚水量に、1970年に調査した吐出口断面積21cm²未満の揚水量施設の揚水量（推計値99千m³/日）を加えたものであるが、2001年は小口径井戸の揚水量報告が得られたので、この推計値を加えなかった。また、2001年は条例対象井戸だけでなく、法の許可井戸揚水量も加えて集計した。
　　　　2．1961年のデータは、南関東地域地盤沈下調査対策誌（1974年12月南関東地域地盤沈下調査会）による。

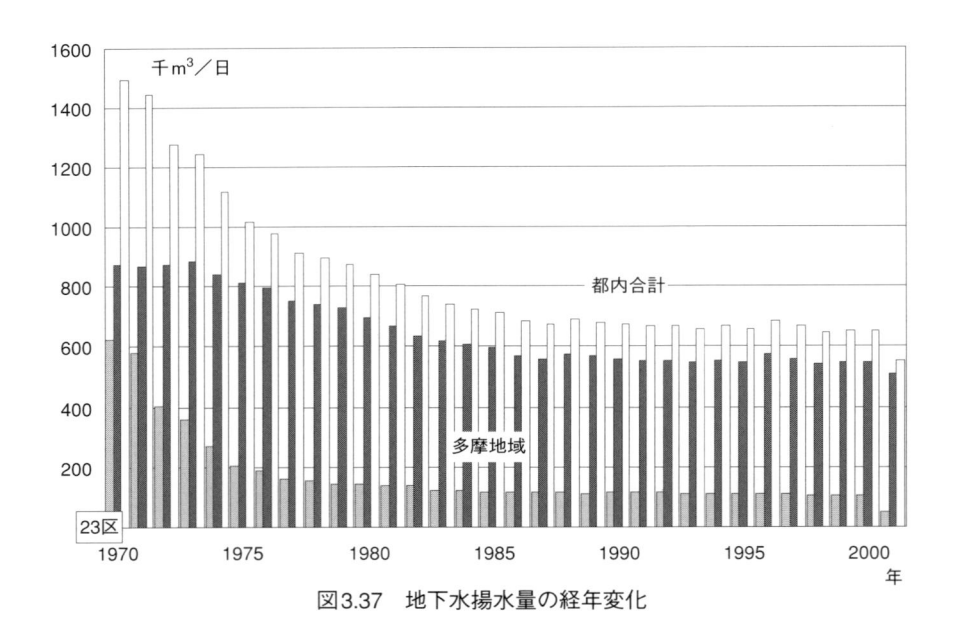

図3.37　地下水揚水量の経年変化

2）地下水はどのような用途に利用されているか

　また、東京都は昭和45（1970）年以来、条例に基づき一定規模以上の揚水施設の設置者に年1回揚水量報告を義務づけ、その結果を集計・解析し、報告書（東京都、2002bほか）にまとめている。平成13（2001）年4月には旧公害防止条例を改め、「都民の健康と安全を確保する環境に関する条例」（以下、「環境確保条例」という）の施行により、揚水量報告対象者は「出力300Wを超える全ての揚水施設設置者」となり、

従来より大幅に拡大された。次に、都内の地下水の利用実態について述べる（2001年の実態）。

(1) 用途別揚水量

東京都では環境確保条例に基づき、**表3.8**に示す用途別揚水量報告を事業者に指導している。平成13（2001）年の場合、都内の用途別揚水量集計結果は**表3.9**、**図3.38**のとおりである。

都全域の揚水量について用途ごとの内訳をみると、揚水量全体の約70％を「飲料用」（上水道、専用水道および一般の事業所内の飲料用）が占める。これ以外の用途では、「製造工程用」および「冷却用」10.5％、「環境用水」（池への補給、農業、植栽等）4.9％、「公衆浴場」3.7％等である。

(2) 業種別揚水量

業種別にも揚水量、その事業所数が細かく集計されている。平成13（2001）年の報告事業所について、その業種別事業所数・揚水量を集計したのが**表3.10**である。また、

表3.8 条例の揚水量報告の用途

用途名		内容説明
製造工程用		製造工程に関するすべての用途（洗浄や清掃等、広範囲に含む）
冷却用		工場の設備や製品の冷却のために使用されるもの
冷暖房用		空調用に使用されるもの
水洗便所用		し尿浄化槽も含め、水洗便所用に使用されるもの
洗車設備用		自動車の洗車に使用されるもの
公衆浴場用		サウナ風呂等の特殊浴場を含め、公衆浴場法に基づく公衆浴場に使用されるもの（旅館、病院等の浴室用は除く）
その他	飲料用	上水道事業、専用水道は必ず記入。厨房を含む
	環境用水	池・水路等への補給水、農業用、植栽用、散水等環境に還元されるもの
	プール等	シャワー、入浴、手洗いを含む
	洗濯	ランドリーを含む
	排水・排ガス処理	し尿処理用希釈水を含む
	釣堀等	生簀（いけす）、動物飼育用を含む
	地下水浄化	汚染地下水の浄化のため揚水した場合
	非常災害用	非常災害用井戸の試験運転等
	その他	上記のどれにも属さないもの。具体的に記入

第3章　東京の地下水・湧水

表3.9　用途別揚水量

揚水量単位：m³/日

用途名		区部	多摩	都全域	割合（％）
製造工程用		2,478	39,731	42,210	7.6
冷却用		1,722	14,416	16,138	2.9
冷暖房用		709	7,420	8,129	1.5
水洗便所用		1,753	11,885	13,638	2.5
洗車設備用		158	887	1,045	0.2
公衆浴場用		16,895	3,406	20,301	3.7
その他	飲料用	9,316	380,911	390,227	71.0
	環境用水	9,301	17,597	26,897	4.9
	プール等	1,495	6,308	7,804	1.4
	洗濯	789	3,242	4,031	0.7
	排水・排ガス処理	76	5,348	5,424	1.0
	釣堀等	1,223	7,815	9,038	1.6
	地下水浄化	16	447	463	0.1
	非常災害用	232	282	513	0.1
	その他	889	7,059	7,949	1.4
合計		47,053	506,755	553,808	100.0

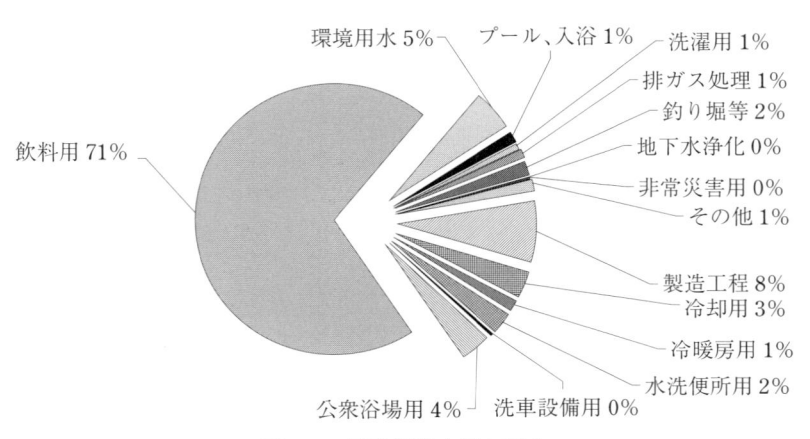

図3.38　用途別揚水量の割合

3.4 地下水利用の推移と実態

表3.10 業種別揚水量

業　種　等	揚　水　量（m³/日）				事業所数
	23区計	多摩計	総　計	比（％）	
一般事務所（官公庁、貸しビルを除く）	167	365	533	0.1	33
貸事務所	2	455	457	0.1	8
百貨店、小売店	1,139	709	1,848	0.3	26
飲食店	56	0	56	0.0	3
運輸関連施設（車庫、倉庫、スタンド等）	89	386	476	0.1	33
宿泊施設（旅館、ホテル、保養所等）	1,629	225	1,855	0.3	35
公衆浴場（サウナ等特殊浴場を含む）	15,858	2,103	17,961	3.2	801
劇場、映画館	0	211	211	0.0	1
公園、遊園in	9,925	6,831	16,756	3.0	32
その他の娯楽、スポーツ施設（釣り堀等）	1,207	4,812	6,020	1.1	48
医療施設（病院、診療所等）	611	7,996	8,607	1.6	71
し尿処理場（下水処理場を含む）	0	3,262	3,262	0.6	8
学校	622	8,752	9,375	1.7	88
研究所、試験所	23	1,421	1,444	0.3	14
官公庁事務所（現業事務所を除く）	740	1,105	1,846	0.3	14
福祉、文化施設（図書館、老人ホーム等）	97	917	1,014	0.2	21
その他（砂利採取業を含む）	52	3,152	3,204	0.6	31
食料品、たばこ製造業	1,150	33,146	34,296	6.2	92
繊維工業（染色、メリヤス業等を含む）	108	330	439	0.1	12
衣服、その他繊維製品製造業	0	251	251	0.0	2
木材、木製品製造業	4	0	4	0.0	1
家具、装備品製造業	0	0	0	0.0	0
パルプ、紙、紙加工品製造業	0	0	0	0.0	1
出版、印刷同関連産業	1,511	111	1,622	0.3	9
化学工業	950	7,166	8,116	1.5	42
石油、石炭製品製造業	0	28	28	0.0	1
ゴム製品製造業	0	2,300	2,300	0.4	2
製革、同皮革毛皮製品製造業	238	6	244	0.0	4
窯業、土石製品製造業	510	3,998	4,509	0.8	38
鉄鋼業	0	0	0	0.0	0
非鉄金属製造業	818	86	903	0.2	5
金属製品製造業（メッキ、塗装業を含む）	105	791	896	0.2	32
一般機械器具製造業	0	595	595	0.1	8
電気機械器具製造業	191	11,467	11,658	2.1	40
輸送用機械器具製造業	23	6,246	6,268	1.1	18
精密機械器具製造業	9	2,133	2,142	0.4	16
武器製造業	0	0	0	0.0	0
その他の製造業	22	1,073	1,095	0.2	29
製造業以外の工場（変電所、現像所等）	334	4,787	5,120	0.9	77
上水道事業（都、市町村水道部）	3,046	364,600	367,646	66.4	27
専用水道（公団、公社、都営住宅、寮等）	3,834	2,025	5,858	1.1	31
農業用、林業用等	296	21,227	21,524	3.9	68
その他	1,640	1,181	2,820	0.5	153
非常災害用	46	505	551	0.1	123
総　　　計	47,053	506,755	553,808	100.0	2,098

そのうち主要業種(揚水量上位7位まで)について分類して整理したのが**図3.39**である。その特徴については、次のとおりである。

事業所数が最も多いのは、公衆浴場(特殊浴場を含む)であり、事業所全体の38％を占める。以下、非常災害用6％、食料品等製造業4.4％、学校4.2％と続く。揚水量別では、公衆浴場は3％、食料品等製造業は6％なのに対し、事業所数では1％に満たなかった上水道事業、専用水道が66％も占めている。なお、**表3.9**の「飲料用」揚水量が**表3.10**の「上水道事業」より多いのは、一般の事業所内の飲料用を含むからであり、**表3.9**の「公衆浴場」が**表3.10**のそれより多いのは、「公園・遊園地」、「その他の娯楽施設」において浴場に利用しているものを含むからである。

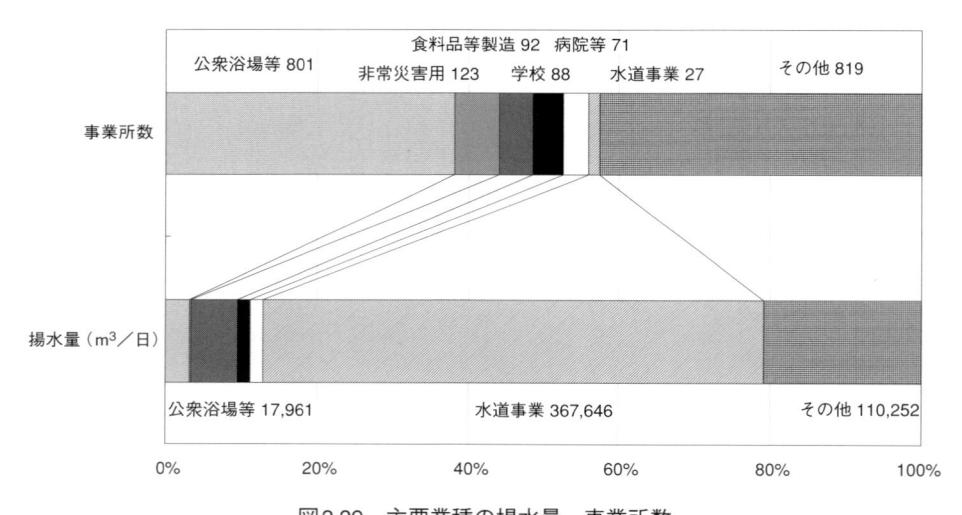

図3.39　主要業種の揚水量、事業所数

表3.11　全国と東京の地下水の用途別使用割合

	工業用	生活用	農業用	養魚用	建築物用	全揚水量 m³/日
全　国	31.0	28.7	25.3	11.0	4.1	3,580.8万
東　京	10.5	76.1	3.9	1.6	7.9	55.4万
表3.9の分類	製造工程、冷却	他用途を差し引いた残り		釣堀等	冷暖房、便所、洗車、公衆浴場	
表3.10の分類			農林業			

(3) 全国と東京の地下水の用途別割合

全国の地下水使用の用途別割合は、国土交通省 (2002) により概略まとめられている。これと東京都の分類とを対応させてまとめたのが**表3.11**である。なお、都の用途別分類は15項目 (**表3.9**) に分かれているので、都の分類を国の分類と対応させるには**表3.9**で、国のそれと同一または類似の項目を用いることとした。ただし、農業用はこの表にないので**表3.10**の値を用いた。また、国の「生活用」は都にはないので、全体から他項目を差し引いた残りをこれに当てた。これから、全国と東京の地下水使用傾向の違いがわかる。すなわち東京では、

① 農業用・養魚用が少なく、建築物用が多く、大都市の特徴を示している。
② 工業用は、法・条例による規制の効果が現れて少ない。
③ 生活用の大部分は上水道用である。

(4) 水道用水の地下水依存率

東京都健康局 (2002b) によると、平成14 (2002) 年度の年間水道用水取水量は、1,746,010千m^3であり、そのうち地下水取水量 (伏流水、浅井戸・深井戸からの地下水) は180,322千m^3であった (島嶼分を除いた数字)。したがって、東京における地下水依存率は10.3％である。なお、「日本の水資源」(国土交通省、2002) によれば、全国平均の地下水依存率は約20％である。様々な事情により東京の地下水取水量は減少しているが、依然としてこれだけの水源が確保されている。地下水は比較的容易に取水でき、水質も良好なため、今後もこの貴重な水源を維持していくことが重要である。

引用・参考文献

貝塚爽平 (1979)：東京の自然史 (増補第2版)、pp.27-87、紀伊國屋書店
東京都 (1990)：東京都総合地盤図Ⅱ、東京都地質柱状図集4、土木技術研究所
中山俊雄・国分邦紀・中村正明・松延隆志 (1998)：武蔵野台地西部の浅層地下水と水文環境、平成10年東京都土木技術研究所年報、pp.211-222
吉村信吉 (1940)：武蔵野台地の地下水、特に宙水・地下水瀑布線・地下水堆と集落発達との関係、地理教育、Vol.32, pp.20-32, pp.271-282、地理教育研究会
吉村信吉 (1942)：地下水、科学新書20、pp.43-61、河出書房
吉村信吉・山本荘毅 (1936)：千葉市西北郊下総台地の地下水、陸水学雑誌、Vol.6, No.2, pp.74-78、日本陸水学会
山本荘毅 (1983)：新版地下水調査法、pp.70-78、古今書院
細野義純 (1978)：市川正巳・椛根勇編著、武蔵野台地の地下水、日本の水収支、古今書院
東京都 (1968)：北多摩幹線排水路流域地下水調査報告書、土木技研資料、pp.42-9、土木技術研究所

第3章 東京の地下水・湧水

新藤静夫（1968）：武蔵野台地の水文地質、地学雑誌、Vol.77, No.4, pp.31-54、東京地学協会
東京都（1977）：東京都総合地盤図Ⅰ、東京都地質図集3、土木技術研究所
土屋十圀・和泉　清（1989）：都内中小河川流量の涸渇化と地下水位変化、平成元年東京都土木技術研究所年報、pp.135-148
国分邦紀・中山俊雄（1999）：武蔵野台地西部の地下水変動解析、平成11年東京都土木技術研究所年報、pp.191-196
中山俊雄・小川　好・石村賢二・金井幸男（1983）：多摩地区の浅層地盤の透水性について、昭和58年東京都土木技術研究所年報、pp.165-176
榧根　勇（1992）：地下水の世界、NHKブックス651、pp.206-207、日本放送出版協会
東京都（2002a）：東京の湧水、平成12年度湧水調査報告書、他各年版、環境局
東京都（1998）：東京都水環境保全計画、環境保全局
日本地下水学会編（2000）：地下水水質の基礎－名水から地下水汚染まで、pp.170、理工図書
小倉紀雄（1987）：調べる・身近な水、講談社ブルーバックス
半谷高久・小倉紀雄（1995）：第3版水質調査法、pp.201、丸善
東京都（2000）：東京の湧水、平成10年度湧水調査報告、環境保全局
東京都（2003a）：東京の名湧水57選・パンフレット、環境局
土屋十圀（1999）：都市河川の総合親水計画、pp.42-49、信山社サイテック
斎藤政雄（1996）：渋谷の湧水池、渋谷区教育委員会
山崎正夫・津久井公昭（1995）：東京都内における水生植物の生育概況（第3報）、東京都環境科学研究所年報、pp.143-148
大野正彦・津久井公昭・和波和夫・古澤佳世子・風間真理・今本信之（1999）：国分寺崖線湧水群の水生生物調査、東京都環境科学研究所年報、pp.100-106
東京都（2003b）：平成14年の地盤沈下ほか、土木技術研究所
東京都（1972）：公害による経済的損失の評価、公害研究所
今井隆志（2002）：東京都における新たな地下水保全対策の取り組み、地下水技術、3月号、pp.14-21、地下水技術協会
東京都（2002b）：平成13年都内の地下水揚水の実態（地下水揚水量調査報告書）、他各年版、環境局
国土交通省（2002）：平成14年版日本の水資源、水資源部編
東京都（2002c）：平成14年版東京都の水道、健康局

第 4 章
地下水障害と汚染

　地下水は水質も良好で身近な水資源であり、経済性にも優れている。このため、現在でもわが国の全水使用量の約13％は地下水である。また、今後の水資源としての地下水の展望についても、災害時や非常時の水源、自然環境保全のための役割が期待されている。

　しかし、その水循環メカニズムを無視したような地下水利用、地下開発を行ったりすると、地盤沈下や地下水汚染、地下水の流動阻害、井戸枯渇、湧水減少などの地下水障害を招く結果となる。また、多くの化学物質を扱う今日、その適切な管理を怠ると土壌・地下水中に汚染物質が漏出し、地下水汚染などにも見舞われる。

　この章では、地下水の過剰揚水による地盤沈下、また逆に、地下水揚水規制の結果が生んだ被圧地下水の上昇、それによる構造物の浮き上がり、地下水の汚染などの地下水障害問題とその対策について紹介する。

4.1　地下水揚水と地盤沈下

　地下水は地層中の間隙、岩盤の割れ目の中を極めてゆっくりと流動し、一部の浅層地下水を除き、長い年月をかけて地層中に貯留されたものである。被圧地下水の場合、その年代測定(環境トリチウムや^{14}Cによる測定)を行うと、比較的浅い被圧地下水で数年～数十年、より深層の地下水だと数百年～数千年に至るものもある(山本、1983)。このような地下水の特質は、揚水に伴う補給涵養が充分に行われない場合、貯留量の減少を招き、地下水位低下による地盤沈下、塩水化などの地下水障害を生じやすい弱点がある。

1）全国の地盤沈下の現状

　地盤沈下は、地下水の過剰揚水により地下水位が低下し、上部加圧粘土層が収縮

（粘土層の圧密沈下が主である）することによって地表面が沈下するものである。そして、いったん沈下した地盤は元に戻らず、建造物の損壊や洪水時の浸水増大などの被害をもたらすことになる。

わが国の代表的な地盤沈下地域は、かつては東京都区部の低地、大阪平野、濃尾平野など大都市の、いずれも軟弱な粘土層が表層に厚く分布する沖積低地であった。これらの地域では、大正時代から昭和初期にかけて沈下が現れ始め、戦後の高度経済成長期に急激に地盤沈下が進行した。

最近のわが国の地盤沈下については、環境白書（環境省、2003）によると、平成9(1997)年度以降、年間4cm以上沈下した地域が認められていない。また、年間2cm以上沈下した地域の数は9地域で、沈下した面積（沈下面積が1km^{2}以上の地域の面積の合計）は28km^{2}となっている（表4.1参照）。そして、かつて著しい地盤沈下を起こした東京区部、大阪市、名古屋市などでは、地下水揚水規制等の対策の結果、地盤沈下の進行は鈍化あるいはほとんど停止している。しかし、千葉県の九十九里平野、山形県米沢盆地、熊本県熊本平野などの一部地域では、依然として地盤沈下が認められている。

また、長年継続した地盤沈下により、多くの地域で建造物、治水施設、港湾施設、農地および農業施設等に被害が生じており海抜ゼロメートル地域では、洪水、高潮、津波などによる甚大な災害の危険性がある地域が少なくない。

表4.1　全国の地盤沈下面積

上段：地域数、下段：面積（単位：km^2）

	平成元	2	3	4	5	6	7	8	9	10	11	12	13
年間2cm以上沈下した地域	16	18	17	19	11	21	14	13	9	9	9	7	9
	285	360	467	525	276	902	21	258	244	250	6	6	28
年間4cm以上沈下した地域	4	5	4	6	1	6	2	4	0	0	0	0	0
	7	14	6	25	>	113	>	22	0	0	0	0	0

注：一部面積を測定していない地域がある。面積は四捨五入の上、1km^{2}単位で表示している。
　　＞＝0.5km^{2}未満を示している。
（出典：環境省「平成13年度の全国の地盤沈下の状況」より）

2）東京の地盤沈下

　東京都内の地盤沈下状況（東京都、2003）については、図4.1の主要水準基標の累計変動量図がその経過をよく示している。江東区では大正時代の初期に、江戸川区および足立区では大正末期から昭和初期にかけて地盤沈下が発生しているのがわかる。そして、第二次世界大戦の末期頃にいったん減少した地盤沈下も終戦後再び激しくなり、沈下量および沈下地域は年々増加し、各地で10cm/年を超える沈下量がみられ、沈下地域は千葉県境、埼玉県境にも及んだ。昭和42（1967）年頃からは、沈下の中心が江東区東部から江戸川区南部にかけた荒川河口付近に移動し、昭和43（1968）年に江戸川区西葛西二丁目で23.89cmの最大沈下量を記録した。

　このような地盤沈下は、昭和47（1972）年末に実施された「水溶性天然ガスの採取停止」、さらに工業用地下水の揚水量減少により急激に減少した。その後も各種の揚水規制により、低地部では昭和48（1973）年からほぼ全域で地下水位が上昇に転じ、地盤沈下は急速に鈍化し、一部の地域では隆起する箇所も出てきた。なお、この間の区部の地盤変動状況を図4.2に示す。

　このように、東京の低地部では有楽町層などの軟弱な粘土層が表層に厚く堆積する沖積低地のため、過剰揚水による地盤沈下が過去にみられた。一方、武蔵野台地部ではこのような軟弱層がみられないが、地域によっては下町低地のような地盤沈下が発生している所もある。多摩地域の地盤沈下は、観測体制が整備した昭和48年頃から明らかになり、図4.3に示すような経緯をたどっている。その特徴は、隣接する埼玉県側の地下水揚水によって、清瀬市や東久留米市などの多摩地域北部で昭和48～49年頃に沈下がみられた。昭和48（1973）年には、清瀬市下清戸二丁目で21.65cmの最大沈下量を記録した。その後、埼玉県各市での各種の揚水規制、水道水源の表流水転換により、また多摩地域でも同様の規制を推進し、地下水揚水量は昭和49（1974）年から減少している。この結果、台地部の地盤沈下も急激に少なくなっている。なお、地下水揚水量の経緯については第3章で述べたとおりである。

　揚水量削減とそれに伴う地下水位の回復を練馬区の例で示したのが、図4.4である。昭和48年頃に比べ、29年後の平成14（2002）年には地下水位が約27mも上昇しているのがわかる。また、平成10～14（1998～2002）年の5年間の地盤変動量は、図4.5に示すように最大でも2cm未満の沈下が3カ所でみられる程度で、わずかに隆起している地域も数箇所あり、沈静化しているといえる。ただし、渇水年に揚水量が増えると沈下が再発する恐れのある地域もあり、今後の継続的監視は必要である。

第4章　地下水障害と汚染

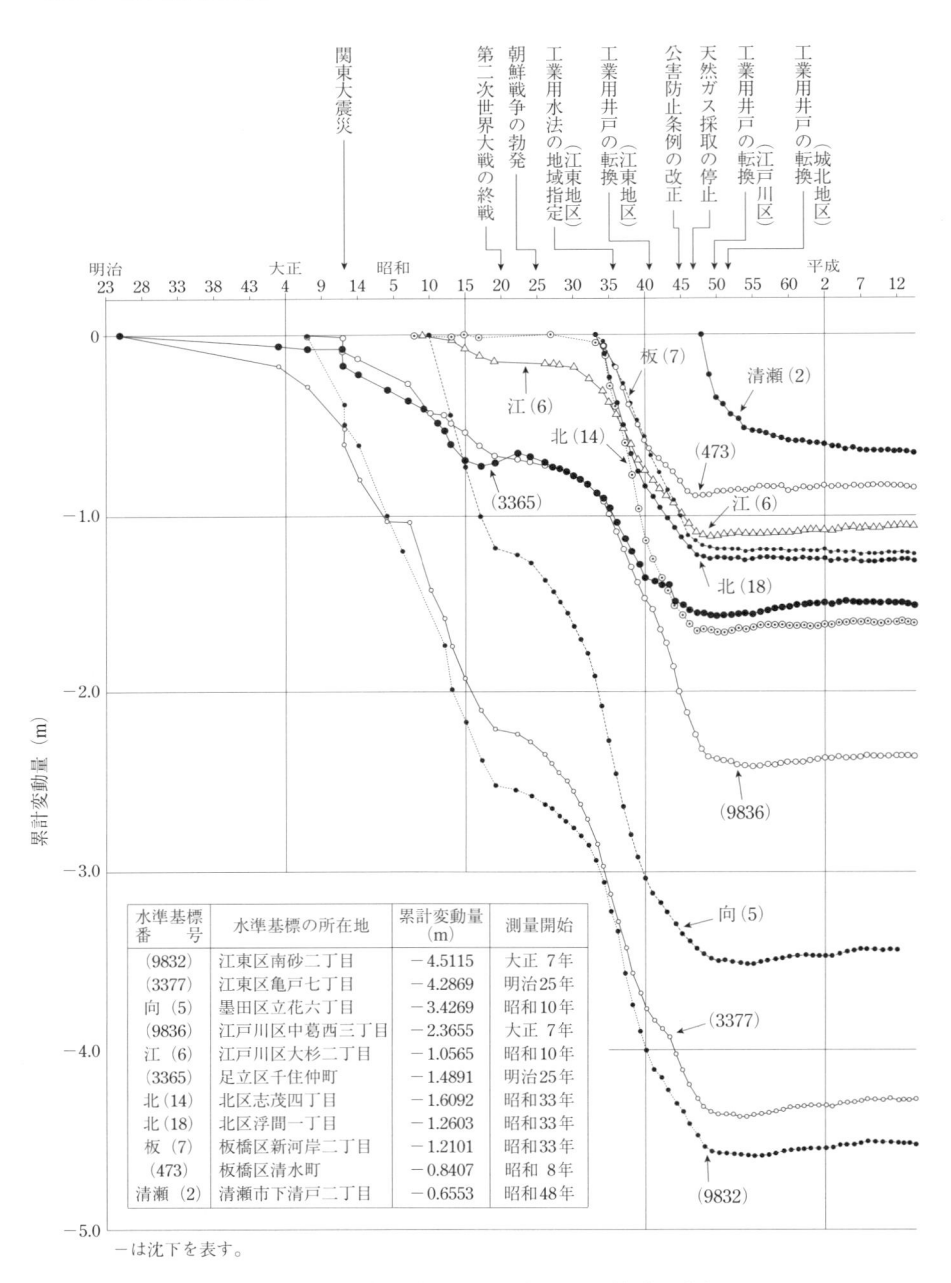

水準基標番号	水準基標の所在地	累計変動量 (m)	測量開始
(9832)	江東区南砂二丁目	-4.5115	大正 7 年
(3377)	江東区亀戸七丁目	-4.2869	明治25年
向 (5)	墨田区立花六丁目	-3.4269	昭和10年
(9836)	江戸川区中葛西三丁目	-2.3655	大正 7 年
江 (6)	江戸川区大杉二丁目	-1.0565	昭和10年
(3365)	足立区千住仲町	-1.4891	明治25年
北 (14)	北区志茂四丁目	-1.6092	昭和33年
北 (18)	北区浮間一丁目	-1.2603	昭和33年
板 (7)	板橋区新河岸二丁目	-1.2101	昭和33年
(473)	板橋区清水町	-0.8407	昭和 8 年
清瀬 (2)	清瀬市下清戸二丁目	-0.6553	昭和48年

－は沈下を表す。

図4.1　主要水準基標の累計変動量図（東京区部）

4.1 地下水揚水と地盤沈下

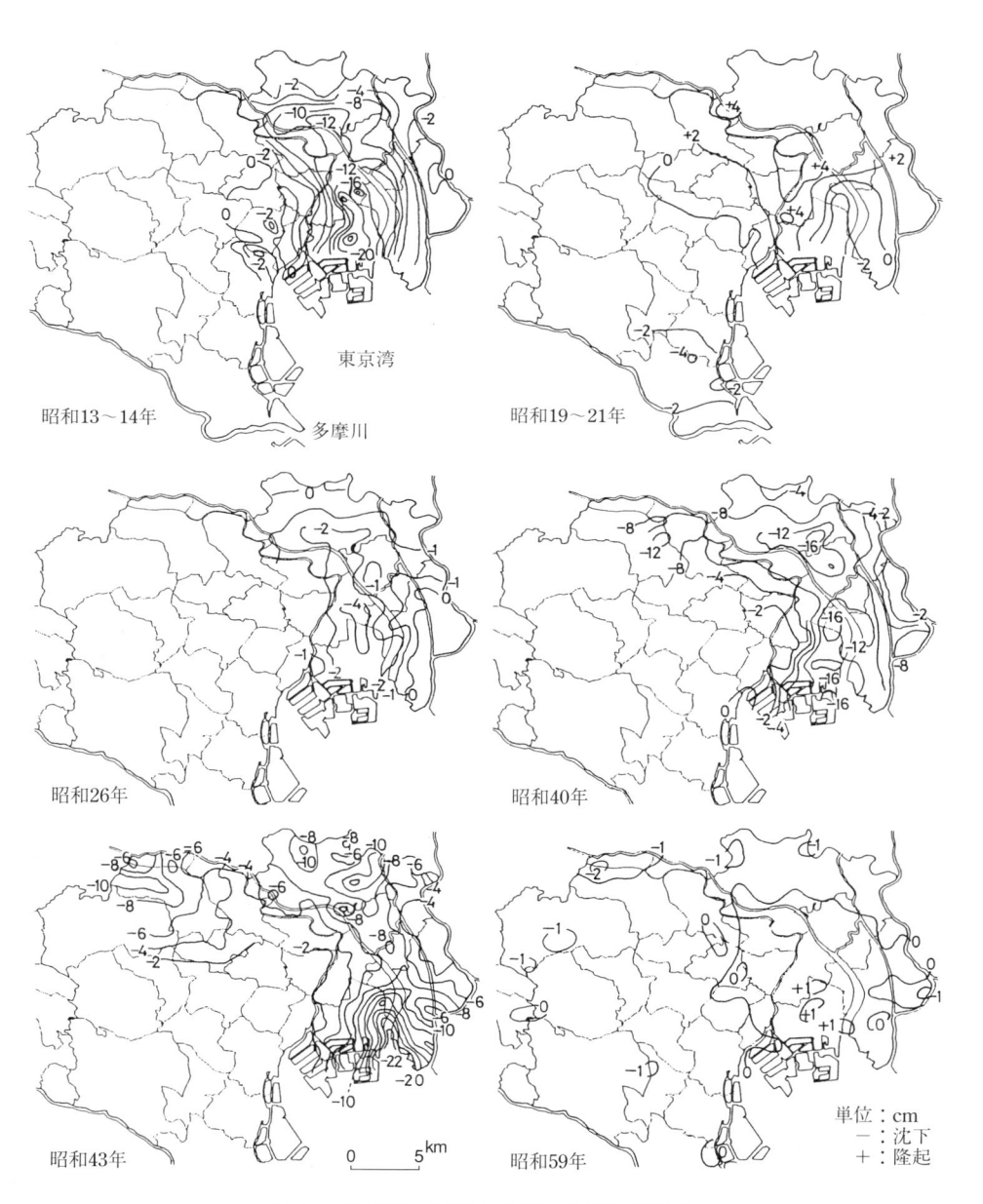

昭和13〜14年　東京湾　多摩川

昭和19〜21年

昭和26年

昭和40年

昭和43年

昭和59年

単位：cm
−：沈下
＋：隆起

図4.2　東京都・区部の地盤変動状況の変遷

第4章　地下水障害と汚染

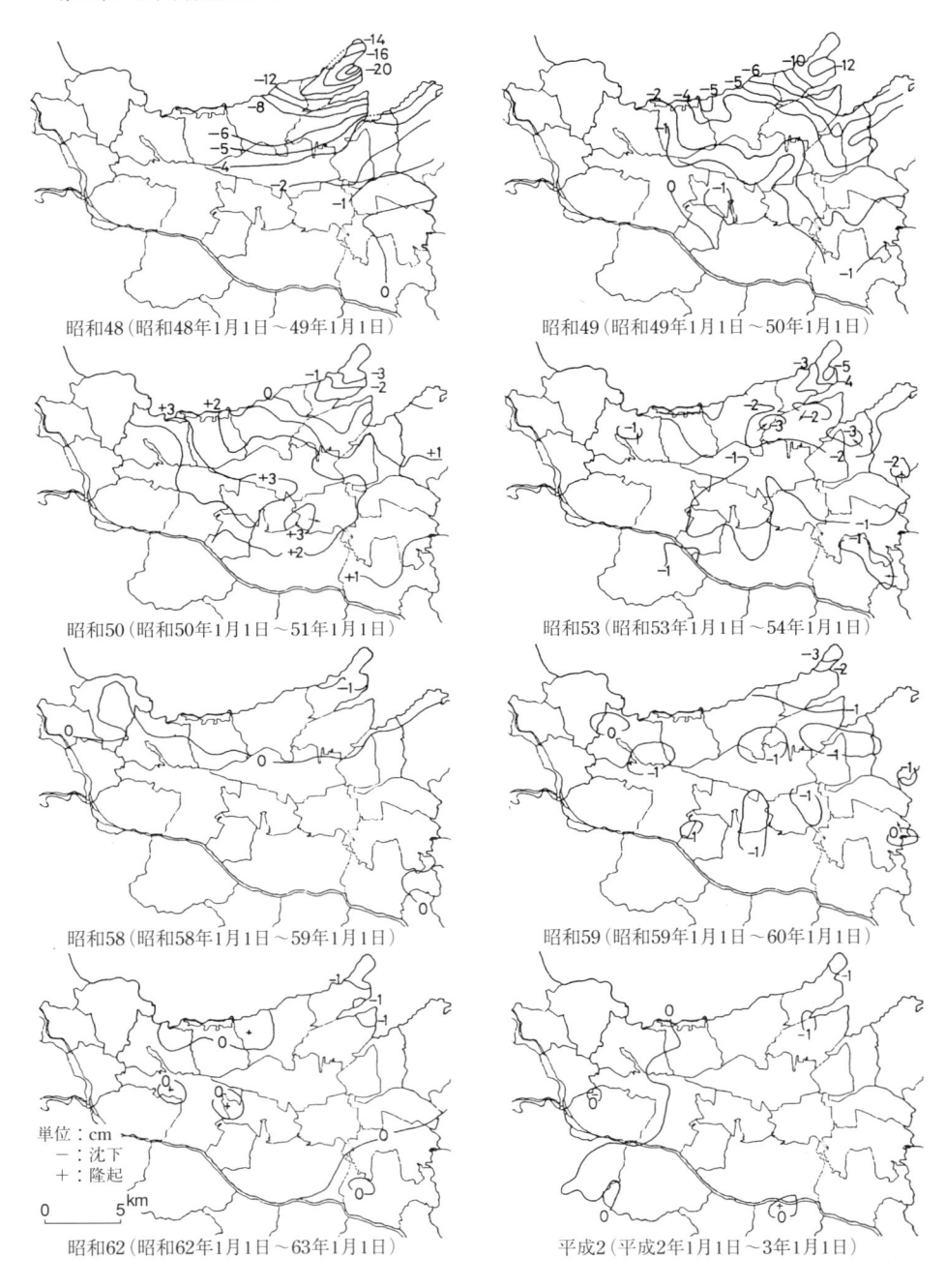

昭和48（昭和48年1月1日〜49年1月1日）　　昭和49（昭和49年1月1日〜50年1月1日）

昭和50（昭和50年1月1日〜51年1月1日）　　昭和53（昭和53年1月1日〜54年1月1日）

昭和58（昭和58年1月1日〜59年1月1日）　　昭和59（昭和59年1月1日〜60年1月1日）

単位：cm
－：沈下
＋：隆起

昭和62（昭和62年1月1日〜63年1月1日）　　平成2（平成2年1月1日〜3年1月1日）

図4.3　東京都・多摩地区の地盤変動状況の変遷

4.1 地下水揚水と地盤沈下

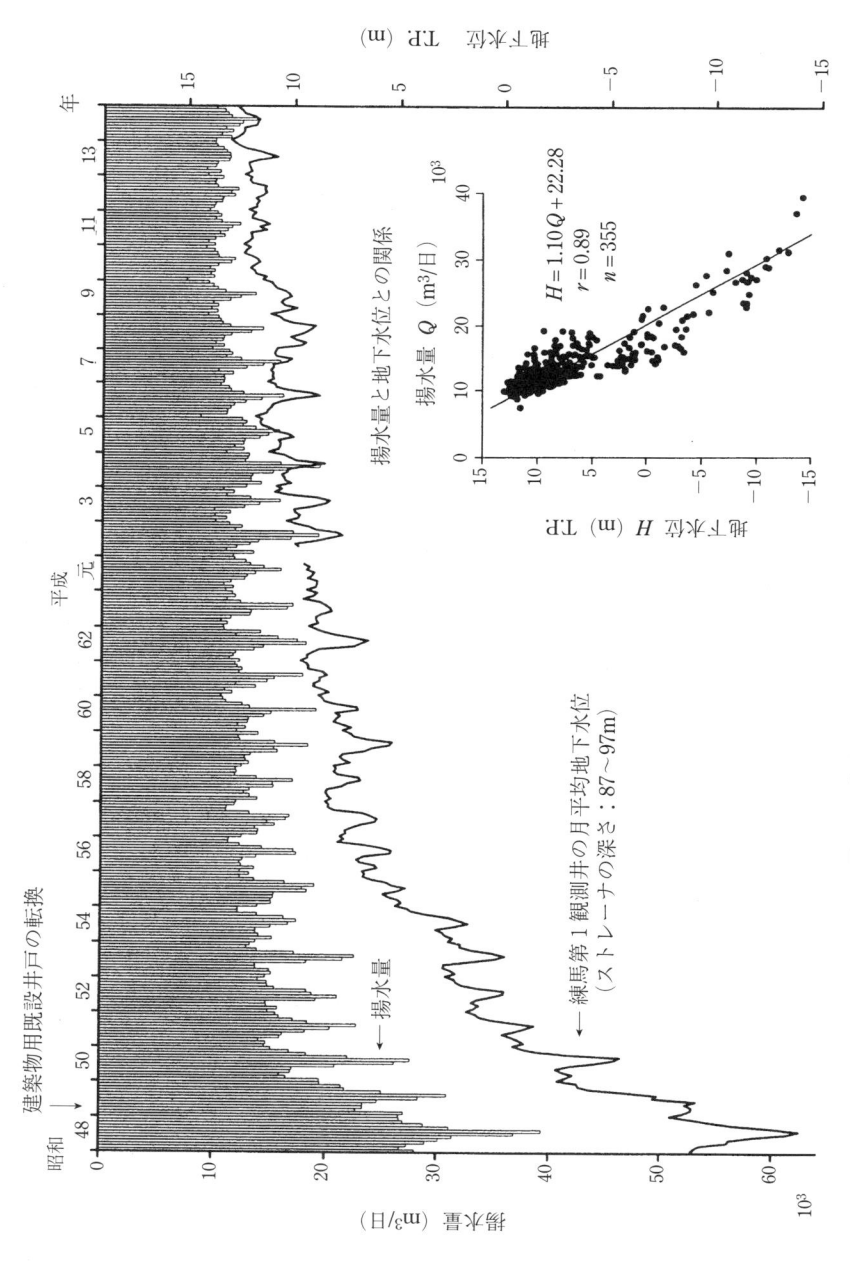

図4.4 東京・練馬区内の揚水量と地下水位の関係

第4章　地下水障害と汚染

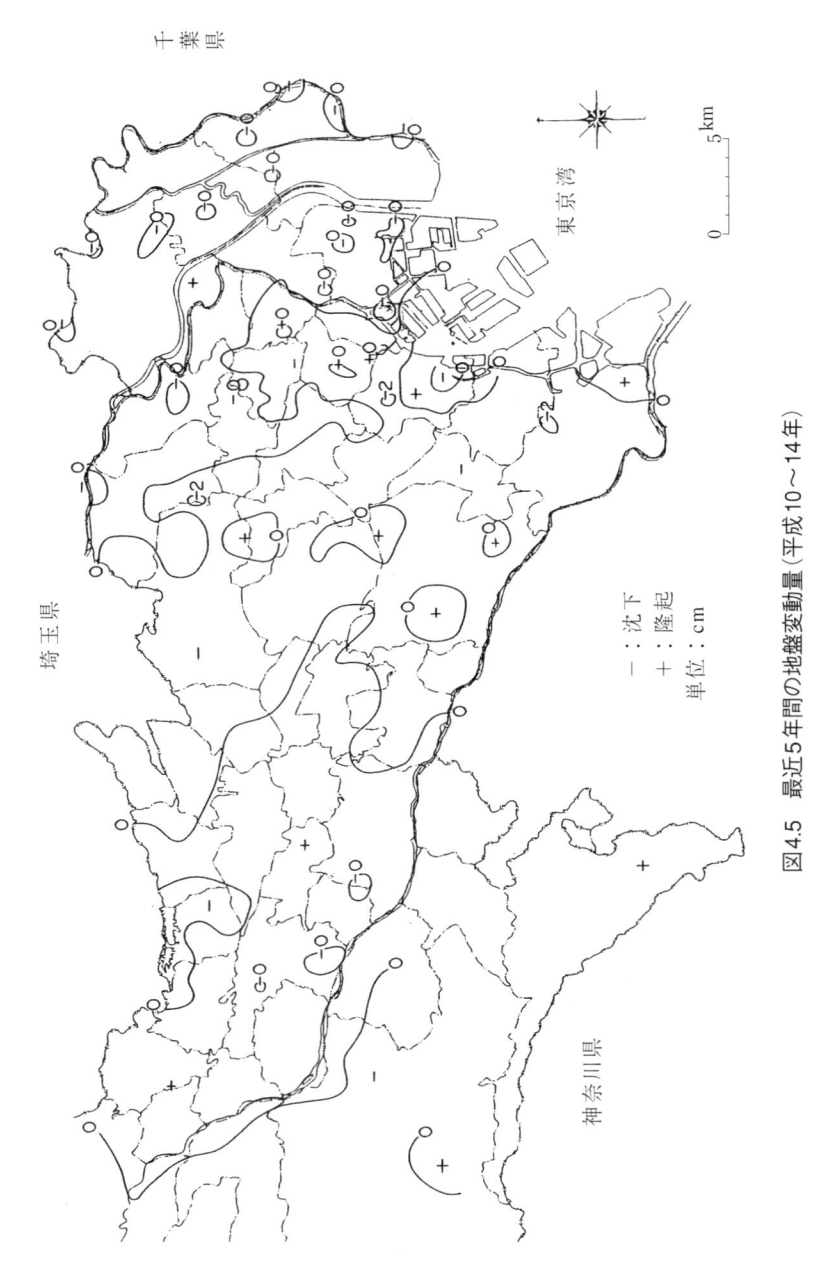

図4.5　最近5年間の地盤変動量（平成10～14年）

このように、地盤沈下は地下水障害の代表的な現象であるが、法規制や表流水への転換により全国的にも沈静化しつつある。なお、原因は被圧地下水の過剰な汲み上げであることがわかっているので、直接的には本書で扱っている自然の「湧水」や「不圧地下水」には影響がほとんどないが、東京の台地部のように段丘砂礫層が上部被圧帯水層に接している地域、あるいは大規模な扇状地の地下水などは、被圧地下水との交流が認められるので、その場合は不圧地下水にも影響がある。したがって、今後も十分な地下水管理と規制は必要である。

4.2　地下水位上昇に伴う構造物への影響

　地盤沈下防止のために地下水の揚水が規制された結果、地下水位はかなり回復したが、その地下水位上昇が地下構造物に新たな災害をもたらしている。また、集中豪雨等による急激な地下水位上昇によっても、同様に地下構造物に災害を及ぼすケースもみられる。
　次に、地下水位の想定外の上昇が地下構造物に揚圧力を与え、その結果変状をきたし、対策を余儀なくされた事例を紹介する。

1）JR東北新幹線・上野地下駅の例

　東京都では、地盤沈下防止のため昭和36（1961）年に工業用水法に基づき揚水規制を開始し、昭和45（1970）年に「東京都公害防止条例」の改正により規制基準の強化を行い、23区の揚水量は大幅に減少した。その結果、地下水位は規制直後から昭和58（1983）年頃までに急速に上昇（回復）し、その後は緩やかに上昇を続けている（図4.6参照）。なお、ここでは（（社）全国地質調査業協会連合会編（2001）および片寄（1996）の資料を参考に解説する。

（1）対策の経緯

　新幹線の上野駅は、地下約30mまで掘削して構築された開削トンネルで、下床版・側壁には地下水による圧力（揚圧力）が作用している。この上野地下駅は昭和53（1978）年に着工され、昭和60（1985）年に完成した。周辺の地質は、地表より約16mまでが東京層の砂層で不圧地下水帯水層である。その下位には厚さ約10mの東京層のシルト層が分布し、下位の被圧地下水層に対する加圧層を形成している。このシルト層の下位には東京礫層および江戸川層（砂層）が堆積し、両層とも豊富な被圧帯水層である

第 4 章　地下水障害と汚染

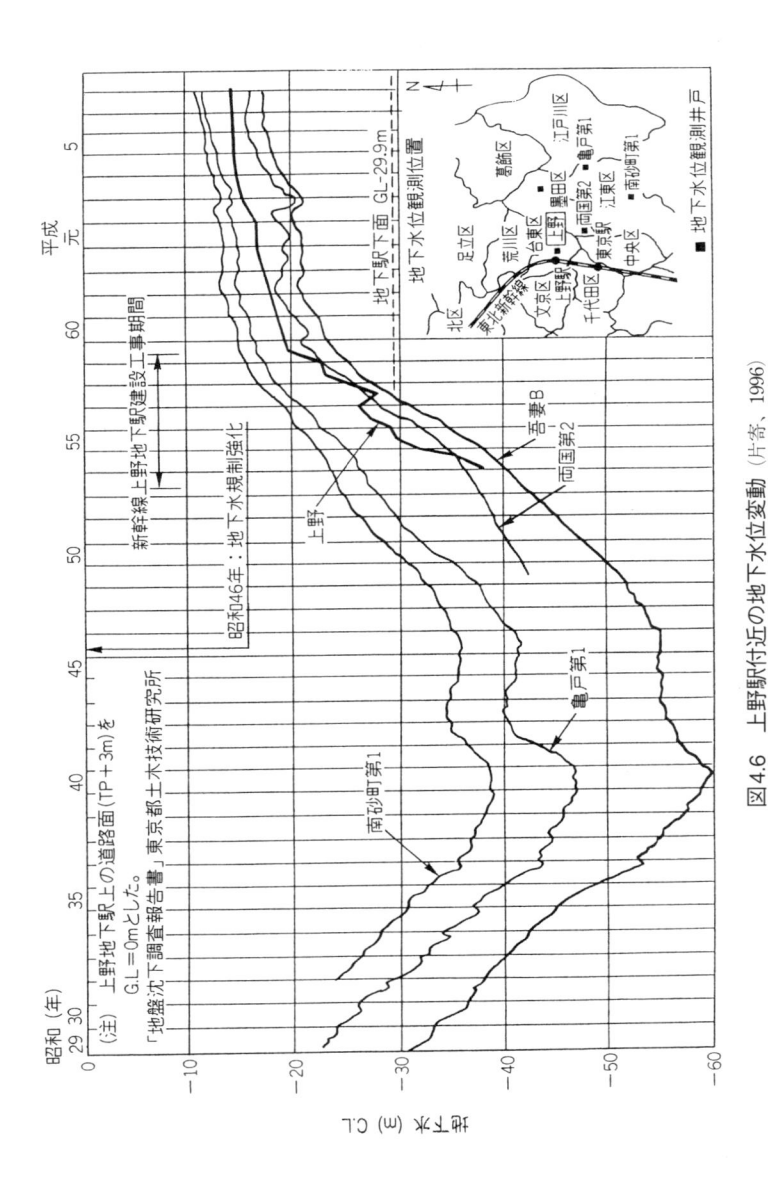

図 4.6　上野駅付近の地下水位変動（片寄，1996）

110

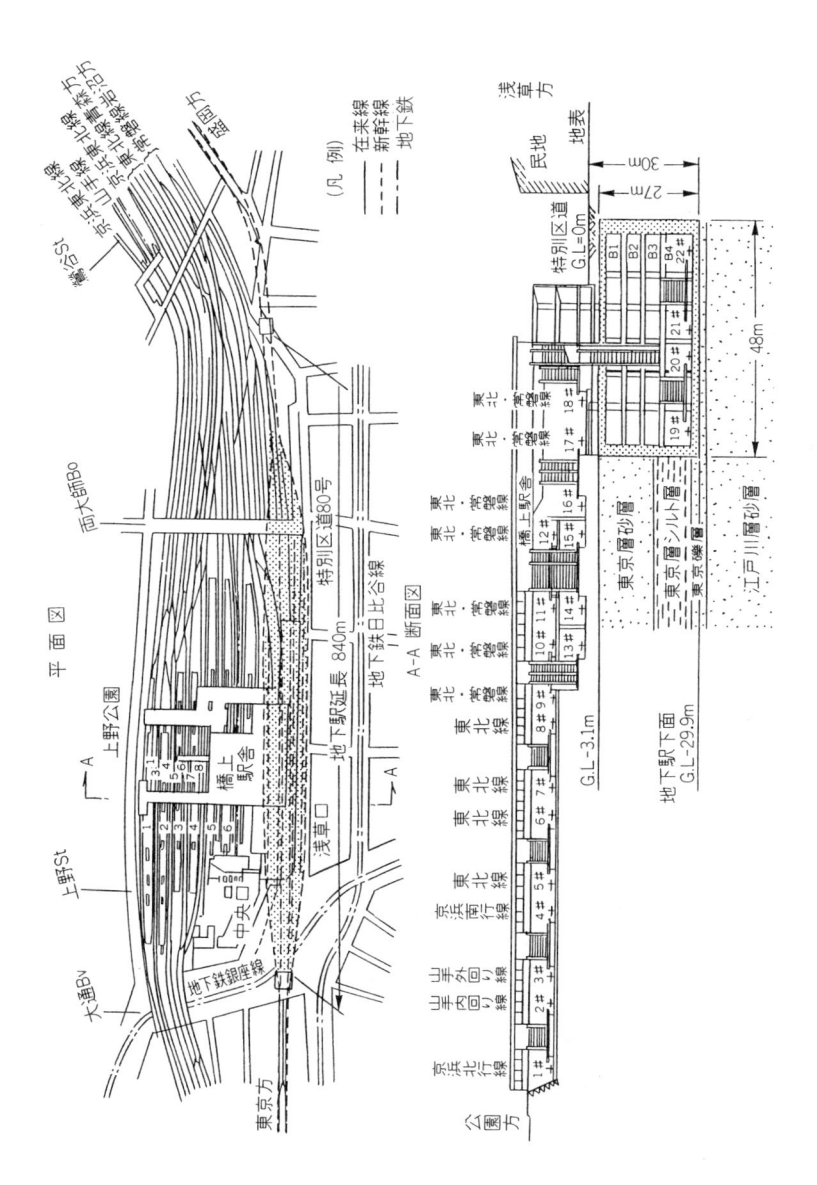

4.2 地下水位上昇に伴う構造物への影響

図4.7 上野地下駅の概要（片寄、1996）

(図4.7)。

上野地下駅の下面はG.L.−29.9mで東京礫層中にあり、着工時には地下水位はG.L.−38m付近にあり、地下構造物下面より約8m位下にあった。ところが、駅完成時にはG.L.−20m付近、駅構造物下面より約10m上の位置に水位が上昇した。地下水位はその後も緩やかに上昇し、平成6(1994)年にはG.L.−15m付近に至った。その結果、東京礫層中の被圧地下水が駅構造物の下床版に揚圧力(浮力)を及ぼしていると想定され、平成6(1994)年5月時点の測定で、約160KN/m²の揚圧力が作用していることが判明した。

その後、様々な検討がなされて地下水位も上昇を続けており、駅構造物の変状をこのまま放置すれば下床版の変形と躯体の浮き上がりが予想され、さらに躯体コンクリートのひび割れ、漏水などによる耐久性低下が想定されるに至った。そこで、地下水位が今後も上昇傾向にあることから、事前に構造物の補強対策を行うことになった。

(2) 補強対策

補強対策として各種の案が検討され、最終的に「カウンターウェイト載荷」案が採用された。カウンターウェイト載荷は、自重の大きい材料(鋼材、重量コンクリートなど)を下床版上に載せることで変形を防止し、同時に躯体重量増加により浮き上がりに抵抗するものである。カウンターウェイトには、施工性と効果を考慮して鉄塊スラブ(約2t/枚を約15,000枚、重さにして約3万t分)が使用されている(図4.8)。

また、施工中の安全確保、水位の異常な上昇に伴う対策として、地下水位や下床版の変位計測、緊急揚水井戸の躯体山側への設置等の計測管理・設備設置を行った。

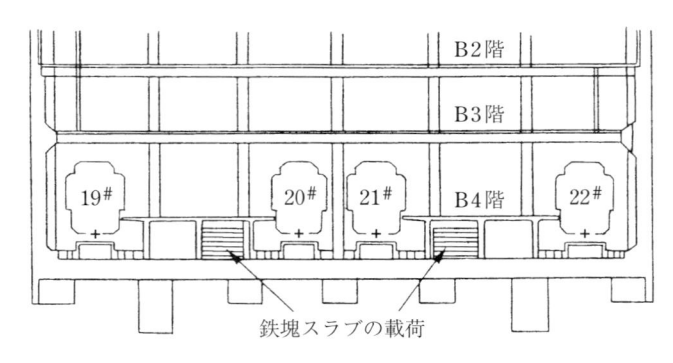

図4.8　カウンターウェイトの載荷　(片寄、1996)

4.2 地下水位上昇に伴う構造物への影響

2）東京地下駅の地下水上昇対策

東京地下駅は、総武快速線が昭和47（1972）年から、横須賀線が昭和51（1976）年から使用開始し現在に至っている。地下駅付近の地下水位は、建設当時はG.L.−35m付近にあったが、平成10（1998）年には約G.L.−15mの位置まで上昇した。

最近の東京駅付近の地下水位の動向は、JR東日本の平成6（1994）年度から平成10（1998）年度までの水位観測結果では年間30cm程度の上昇傾向にあり、このままの上昇を続けると、G.L.−14.3mで東京地下駅の下床版に重大な損傷が生じる恐れがあること、またさらに上昇した場合には地下駅全体の浮き上がりが想定された（図4.9）。このことから、地下水位上昇に対して早急に恒久対策を講ずる必要が生じ、補強対策が実施された。以下、倉澤・宮園（2000）の報告を参考に述べる。

（1）管理限界水位

JR東日本では、平成3（1991）年10月の新小平駅災害の教訓を活かし、平成7（1995）年には類似地下駅構造物の地下水位上昇に対する構造物の安定性について検討している。その結果、東京地下駅については、駅中央付近においてG.L.−14.3mまで地下水位が上昇した場合、下床版耐力を超える断面力が発生することとなり、床版への亀裂発生および異常出水による列車運行抑止へつながる事態が想定される結果となった。

このことから、地下水位上昇の動向について観測する上で管理限界水位値を定めることになり、月間地下水位変動量（30cm程度）および短期の異常地下水位上昇等を考慮し、50cmの許容変動を見込んでG.L.−14.8mを「管理限界水位値」とした。そして、

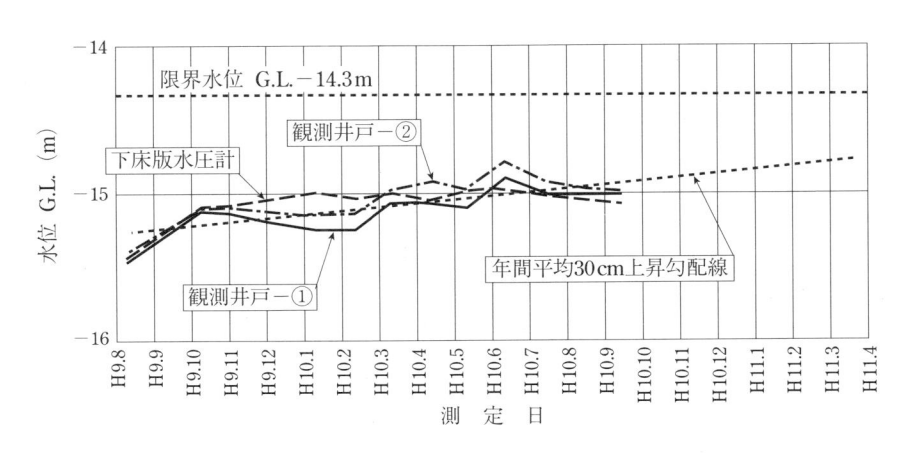

図4.9 東京駅地下水変動実測グラフ（倉澤・宮園、2000）

第4章　地下水障害と汚染

以後水位管理システムで自動計測し、これを超えた場合には観測井戸内に設置してある排水ポンプを作動させ、一時的に地下水位を低下させることにした。

(2) 恒久対策工

　東京地下駅の構造は、全長約740mのボックスラーメン構造である。このうち、駅中央付近はRC床版を有する5層6径間の鉄骨ラーメン構造で、幅（最大）約44m、最深部の下床版部ではG.L.−27mとなっている（図4.10、図4.11参照）。RC床版は厚さ1,500mmで、地下駅両側面には上部帯水層に対する止水および本体利用を目的とした地中壁を用いている。

　また、駅付近の地質構成は、沖積層（シルト層、砂礫・細砂層）および洪積層（シルト層、東京礫層、江戸川砂層）からなっている。なお、下床版部は東京礫層と江戸川砂層の間に位置している。

　東京地下駅の恒久対策案の決定には、検討の結果、永久グラウンドアンカー案が技術開発により、効果・実現性・経済性に優れていることが確認され採用された。これは、永久グラウンドアンカーにより床版部を支持地盤に定着させ、今より1.5mの水位上昇があっても構造物に支障が生じないようにするものである（対策水位：G.L.−12.80m）。工事の概要は、地下水上昇対策範囲の延長約180m、アンカー（PC鋼より線、7本より12.7mm−9本、長さ19.5m、樹脂塗料被覆タイプ）の施工は、対策延長10mあたり最大6本で施工された（**写真4.1**）。

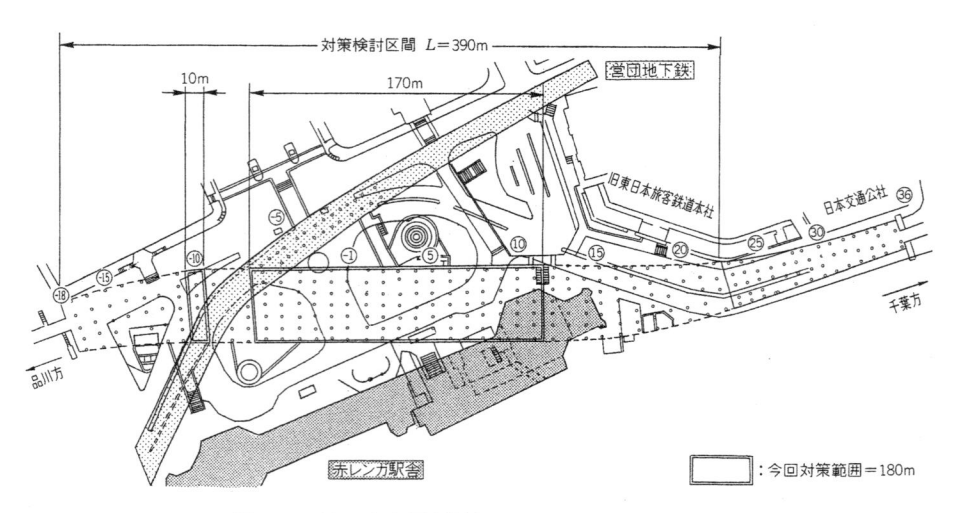

図4.10　地下水上昇対策範囲図（倉澤・宮園、2000）

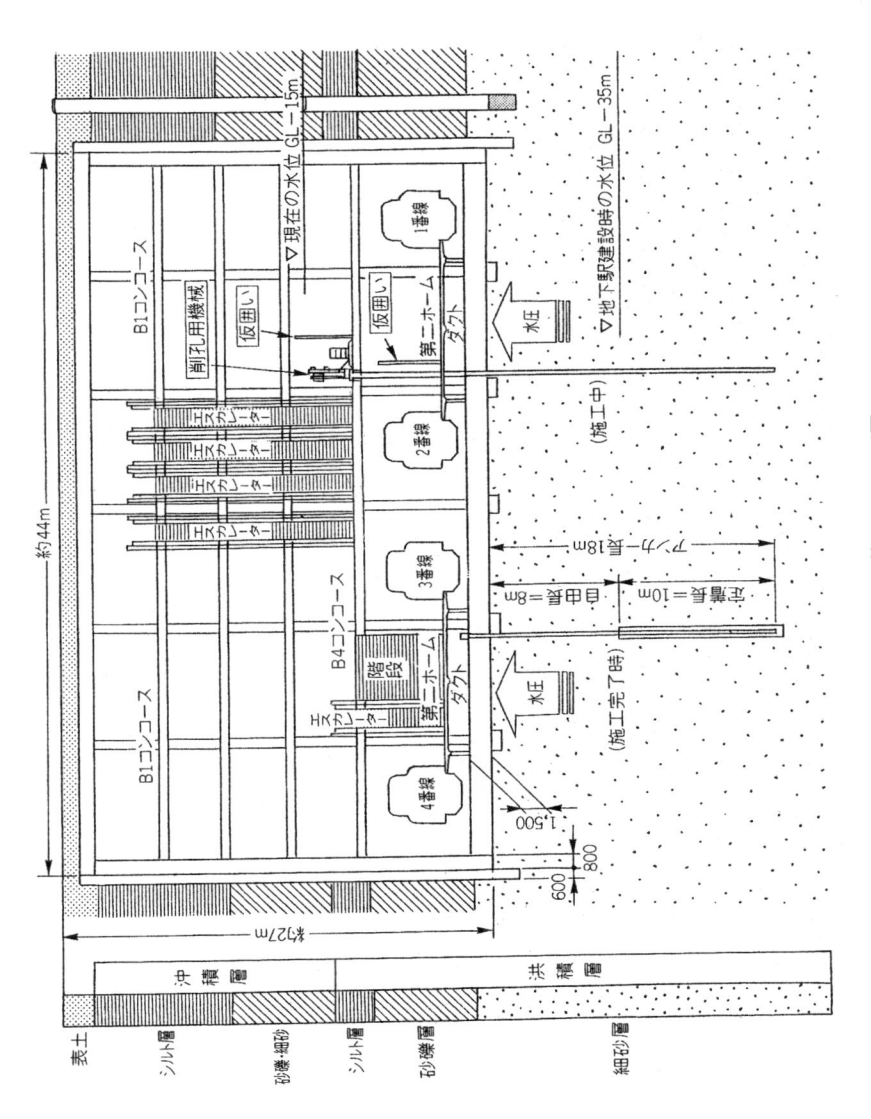

4.2 地下水位上昇に伴う構造物への影響

図4.11 永久グラウンドアンカー施工イメージ図（倉澤・宮園, 2000）

第4章　地下水障害と汚染

写真4.1　グラウンドアンカー用PC鋼より線

3）急激な地下水位上昇による災害

集中豪雨により地下水位が上昇したため、地中構造物が変形して水没する災害となった事例がある。以下に、平成3（1991）年10月のJR武蔵野線・新小平駅の事故例を、全国地質調査業協会連合会編（2001）、金子ら（1992）、東日本旅客鉄道（1992）の資料を参考に紹介する。

（1）災害発生状況

武蔵野線・新小平駅では、平成3年10月11日深夜、それまでの長雨と台風21号の影響による豪雨で災害が発生した。この間の降雨の経緯は、10月6日から降り始めた雨が災害時まで降り続き、連続雨量は227mmに達するものであった。しかも、8月～9月の2カ月の累積雨量も724mmという大雨であった。

新小平駅は両端をトンネルで挟まれた堀割構造（U型擁壁）のため、このような状況下で擁壁背面の地下水位が著しく上昇し、駅部のU型擁壁が地下水の揚力（浮力）により延長100mにわたり最大1.3m隆起した。さらに、隆起により擁壁目地部の上部でも最大70cmの開口が生じ、そこから大量の地下水と土砂が駅構内へ流入し、線路が冠水したものである（図4.12、写真4.2、写真4.3）。その後、2カ月後に復旧が完了するまでの間、旅客および貨物輸送に多大な影響を及ぼすこととなった。当地域の地下水位変動幅は平年ならば5m程度であるが、災害のこの年はわずか2カ月程度の間

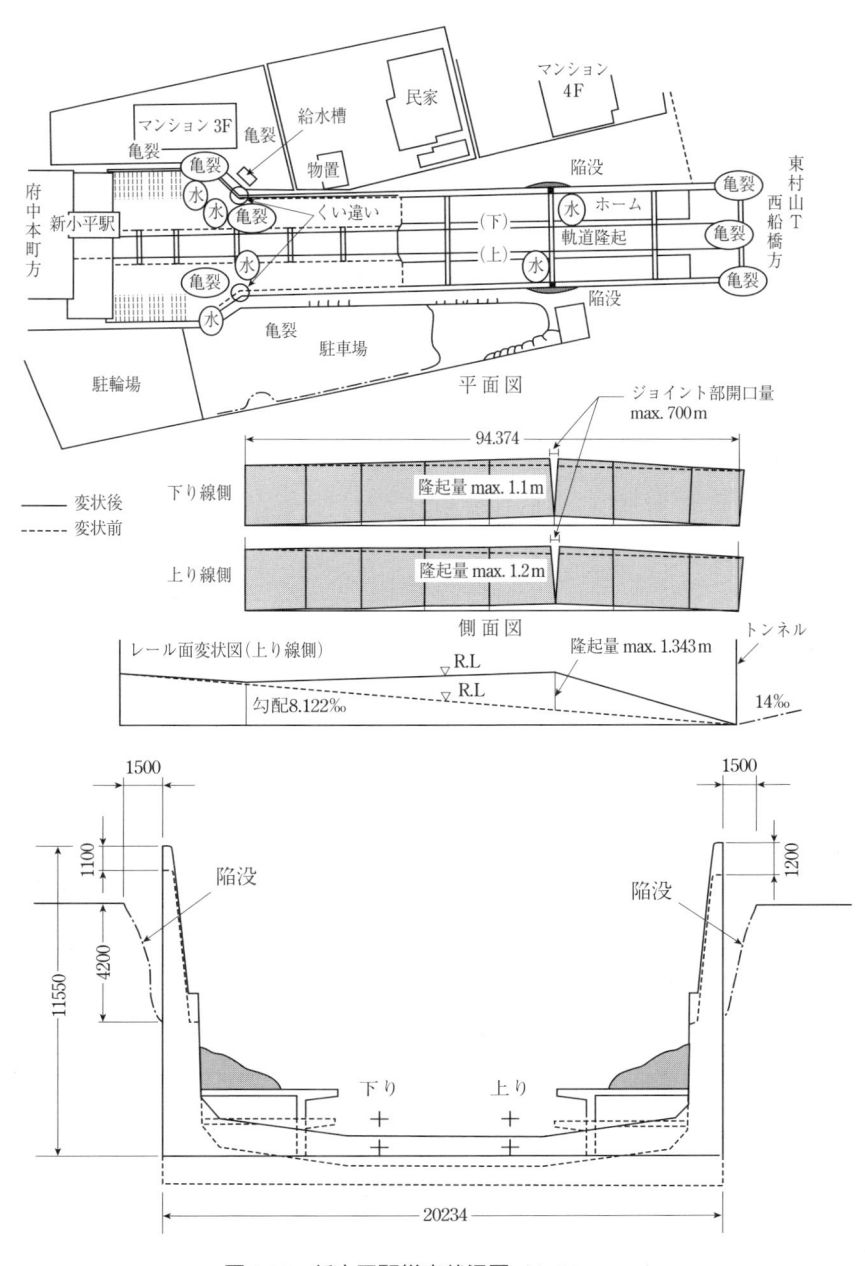

4.2 地下水位上昇に伴う構造物への影響

図4.12 新小平駅災害状況図（金子ら、1992）

第4章 地下水障害と汚染

写真4.2 新小平駅災害状況（1）（東日本旅客鉄道、1992）

に10m近く上昇した（当時の自治省消防科学総合センター、細野義純氏提供の地下水位記録による）。

武蔵野線は、東京より20〜30kmの外郭に山手線を補完する環状の鉄道新線として西船橋〜府中本町間に建設され、新小平駅は昭和48(1973)年に開業している。図4.13に駅付近の地質断面図を示す。当地は武蔵野台地に位置しており、地質は上部を厚さ5mほどの関東ローム層（武蔵野ローム）が覆い、その下位に武蔵野礫層が厚く堆積し、さらに下位には貝殻混じりの粘土と砂礫層が互層で分布している。地下水は武蔵野礫層とその下位の砂層にそれぞれ異なった状態で存在しているが、特に武蔵野礫層は空

写真4.3 新小平駅災害状況（2）
（東日本旅客鉄道、1992）

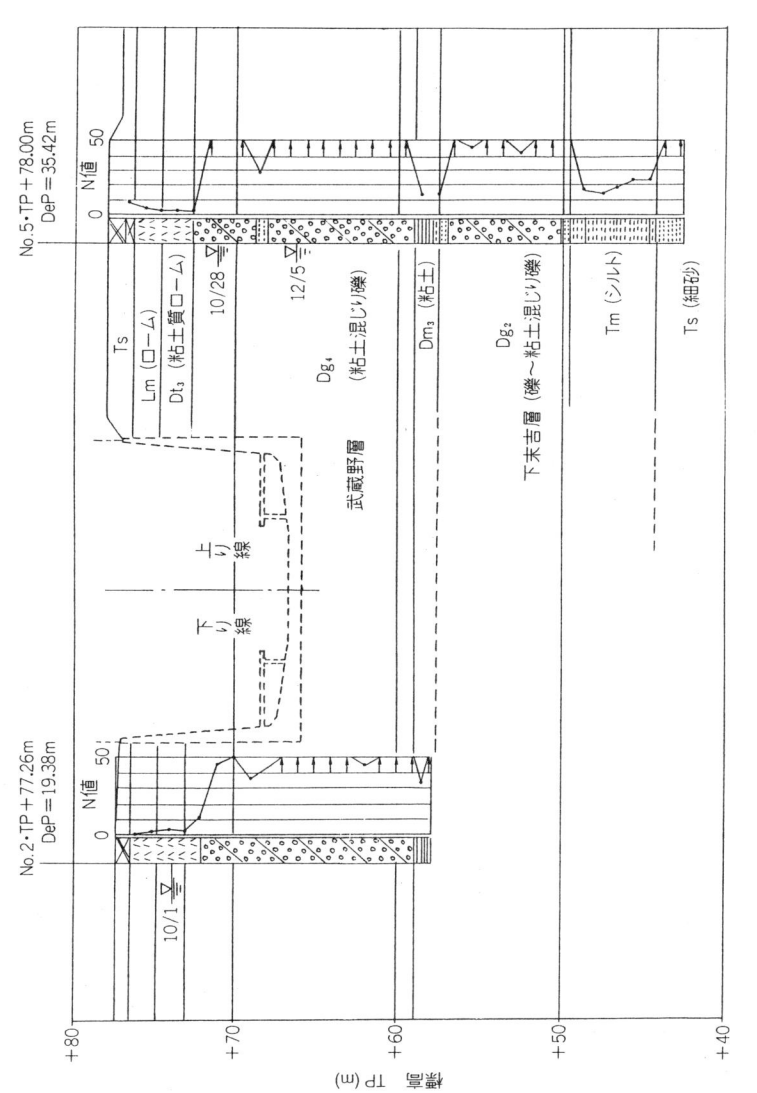

4.2 地下水位上昇に伴う構造物への影響

図4.13 新小平駅地質断面図（金子ら，1992）

隙率、透水性も大きく、多量の地下水を貯留している。しかし、通常ならば地下水位は駅構造物の基底付近にあり、駅構築の施工時には釜場排水程度の開削工事で充分可能であったものである。

(2) 復旧対策工事

復旧対策工については、改築案、躯体降下案、レールレベル変更案などが検討されたが、武蔵野線は貨物輸送の大動脈であり、国民生活の上からも早期に開通させる必要があった。そのため、降下案が採用された。躯体降下方法としては、水位低下により浮力を減少させる方法が早く、ディープウェルによる地下水位低下工法が採られた。さらに、今後の水位上昇に対応し、再び構造物が浮き上がらないよう下床版はアースアンカーで固定されることになり、災害発生後2カ月で開通した。

4.3 地下水の汚染

1) 地下水汚染の現状

(1) 全国の現状

地下水は、温度変化が少なく一般に水質も良好であるため、重要な水資源として広く活用されている。しかし、流速が極めて緩慢で、希釈も期待できないなどの特性を持つため、いったん汚染されるとその回復は非常に困難となる。地下水汚染については、昭和50年代後半からトリクロロエチレン等による汚染が各地域に広がってきた。その後、平成元(1989)年度より水質汚濁防止法(昭和45年法律第138号)に基づき、都道府県知事は地下水質の汚濁の状況を常時監視することになり、都道府県ごとに毎年作成される地下水質測定計画に従って、国および地方公共団体が地下水の水質測定を行っている。

平成13(2001)年度地下水質測定結果では、全国的な状況の把握を目的とした概況調査の結果によると、調査対象井戸(4,722本)の7.2％にあたる341本の井戸において環境基準を超過する項目がみられた(環境省、2003)(**表4.2**参照)。こうした地下水汚染が発見された場合は、周辺井戸の調査を行うとともに、井戸水の使用法の指導や有害物質を使用している事業場に対しての指導などを行っている。

また、平成11(1999)年2月に環境基準項目に追加された硝酸性窒素および亜硝酸性窒素については、5.8％の井戸で環境基準値を超えていた。公共用水域および地下水における硝酸・亜硝酸性窒素の汚染源としては、農用地への施肥、家畜排泄物、工場

表4.2 平成13年度地下水質測定結果（概況調査）（環境省、2003）

物　　質	調査数(本)	超過数(本)	超過率(％)	環境基準
カドミウム	3,003	0	0	0.01mg/l以下
全シアン	2,660	0	0	検出されないこと
鉛	3,362	13	0.4	0.01mg/l以下
六価クロム	3,175	0	0	0.05mg/l以下
砒素	3,422	14	1.3	0.01mg/l以下
総水銀	2,907	3	0.1	0.0005mg/l以下
アルキル水銀	1,075	0	0	検出されないこと
PCB	2,044	0	0	検出されないこと
ジクロロメタン	3,548	1	0.0	0.02mg/l以下
四塩化炭素	3,700	0	0	0.002mg/l以下
1,2-ジクロロエタン	3,316	0	0	0.004mg/l以下
1,1-ジクロロエチレン	3,668	0	0	0.02mg/l以下
シス-1,2-ジクロロエチレン	3,673	5	0.1	0.04mg/l以下
1,1,1-トリクロロエタン	4,290	0	0	1mg/l以下
1,1,2-トリクロロエタン	3,308	0	0	0.006mg/l以下
トリクロロエチレン	4,371	11	0.3	0.03mg/l以下
テトラクロロエチレン	4,374	10	0.2	0.01mg/l以下
1,3-ジクロロプロペン	2,898	0	0	0.002mg/l以下
チウラム	2,506	0	0	0.006mg/l以下
シマジン	2,638	0	0	0.003mg/l以下
チオベンカルブ	2,575	0	0	0.02mg/l以下
ベンゼン	3,324	0	0	0.01mg/l以下
セレン	2,600	0	0	0.01mg/l以下
硝酸性窒素および亜硝酸性窒素	4,017	231	5.8	10mg/l以下
ふっ素	3,558	25	0.7	0.8mg/l以下
ほう素	3,408	14	0.4	1mg/l以下
全　体　（井戸実数）	4,722	341	7.2	

等からの排水、一般家庭からの生活排水があげられており、その対策が緊急の課題となっている。

(2) 東京都の現状

　東京都における地下水汚染の歴史は、生活排水の地下吸い込み処理から始まる。都市化の進行に下水道の普及が間に合わず、河川、水路に流せない地域ではやむなく生活排水を砂礫層まで掘って浸透させたため、広範囲に地下水が汚染された（吸い込みます）。昭和30年代からの汚染は、塩素イオン、アンモニア、硝酸性窒素、大腸菌な

第4章　地下水障害と汚染

どが主役であった。この汚染は下水道の普及とともに減少していったが、より深い井戸を掘って汚染の少ない地下水を求めていく結果となった。

　また、多摩地域では砂利を採掘した後の穴に廃棄物が投棄され、水道用井戸が汚染されて揚水停止に追い込まれた地域もある。瑞穂町では地下水汚染のため都水道に替えられた。東京都による水道一元化は地盤沈下抑制のほか、地下水汚染もその一因である。現在でも有機塩素化合物、重金属汚染（鉛、ヒ素）、硝酸性窒素の汚染とともに、テトラクロロエチレン、トリクロロエチレン等の汚染が一部で見られるなど、改善が進んでいない。府中市内の水道用井戸の一部には、汚染のため廃止となったものもある。なかでも硝酸性窒素は、過去に散布した肥料や生活排水の吸込みの影響が残存しているのと、現在の下水管渠からの汚水漏出も一因として考えられる。

　ダイオキシンの汚染は、燃焼したススが地表に落ちるため地下に浸しにくく、ごくわずかであった。一方、暖房用重油・灯油等の燃料流出による汚染も見られる。これは、燃料を送る地下埋設管の多くが設置後数十年以上経過し、老朽化したことや電触の影響を受けたためである（**写真4.4**）。

　さらに、ジオキサンなど新しい化学物質の汚染も検出されている。平成14（2002）年には東京・立川市内の2カ所の揚水井戸でみられた。ジオキサンが検出された井戸は現在取水停止となっている。

写真4.4　油回収井戸の一例

化学物質の数は非常に多いため、地下水汚染の解決は困難である。地下水の汚染は環境対策の中でも時間と費用のかかる厄介な問題である。特に、汚染者の除去のための負担は莫大なものである。

東京都では地下水の測定計画に基づき、次のような水質測定を毎年行っている。
① 概況調査：山地と島嶼を除く都内を2kmメッシュ337ブロックにわけ、平成10年度から4カ年で全ブロックを一巡するよう調査を実施。
② 汚染井戸周辺地区調査：概況調査を行った結果、新たに汚染が判明した地点の汚染範囲を確認するための調査。
③ 定期モニタリング調査：これまでに行った概況調査および汚染井戸周辺地区調査で汚染が判明しているブロックおよび地点について調査。

平成12、13（2000、2001）年度の東京都の地下水質環境基準の達成状況は**表4.3**のとおりである。また、汚染された地下水の動向を示す定期モニタリング調査における環境基準達成の経年変化は**表4.4**のとおりである。

(3) 土壌環境の汚染

土壌は、水質浄化や地下水涵養機能など水循環の重要な役割を担う構成要素である。したがって、地下水汚染と土壌汚染は厳密には分けて取り扱うことができない問題で

表4.3　東京都の地下水質環境基準の達成状況

調査の種類	平成13年度（達成率）	平成12年度（達成率）
概況調査	89％（77/87） ［超過項目］ 鉛、テトラクロロエチレン、硝酸性窒素および亜硝酸性窒素	89％（77/87） ［超過項目］ トリクロロエチレン、砒素、硝酸性窒素および亜硝酸性窒素
汚染井戸周辺地区調査	78％（56/72） ［超過項目］ 同上	73％（79/108） ［超過項目］ トリクロロエチレン、硝酸性窒素および亜硝酸性窒素
定期モニタリング調査	43％（53/124） ［超過項目］ 四塩化炭素、1,1-ジクロロエチレン、シス-1,2-ジクロロエチレン、トリクロロエチレン、テトラクロロエチレン、硝酸性窒素および亜硝酸性窒素	40％（48/119） ［超過項目］ 鉛、砒素、四塩化炭素1,1-ジクロロエチレン、シス-1,2-ジクロロエチレン、トリクロロエチレン、テトラクロロエチレン、硝酸性窒素および亜硝酸性窒素

（注）1．全ての測定項目で環境基準を達成した地点数の割合
　　　2．（　）内は、全ての測定項目で環境基準を達成した地点数／調査地点数

第4章 地下水障害と汚染

ある。土壌汚染の原因となる有害物質は、不適切な取り扱いによる原材料の漏出などにより土壌に直接混入する場合のほか、事業活動などによる水質汚濁や大気汚染を通じ、二次的に土壌中に負荷される場合がある。また、土壌はその組成が複雑で有害物質に対する反応も多様であり、いったん汚染されると有害物質が蓄積され、汚染状態が長期にわたるという特徴を持っている。

環境省のまとめでは、土壌環境汚染の現状は、農用地の汚染と市街地等の汚染に大きく二分される。

表4.4 定期モニタリング調査における環境基準達成地点数の経年変化

年度(平成)	測定地点数	超過地点数	環境基準達成率(％)
6	110	39	65
7	126	59	53
8	126	54	57
9	126	71	44
10	119	56	53
11	118	65	45
12	119	71	40
13	124	71	43
14	126	78	38

① 農用地の土壌汚染：「農用地の土壌の汚染防止等に関する法律(昭和45年法律第139号)」に基づき、汚染の恐れのある地域を対象に細密調査が実施されており、平成13(2001)年度は10地域1,438haで調査が実施された。これまでの基準値以上検出面積の累計は132地域7,217haとなっている。

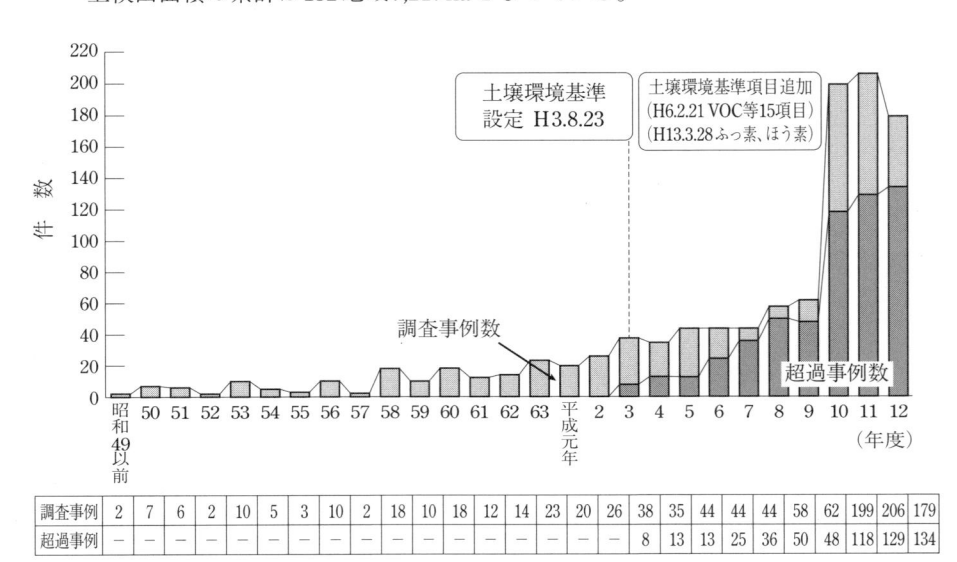

図4.14 年度別土壌汚染判明事例数 (環境省、2003)

② 市街地等の土壌汚染：近年、工場跡地や研究機関跡地の再開発等に伴い、有害物質の不適切な取り扱い、汚染物質の漏洩等による汚染事例が増加している。平成3(1991)年8月に「土壌の汚染に係る環境基準」（土壌環境基準）が設定されて以後、都道府県や水質汚濁防止法に定める政令市が「土壌環境基準」に適合しない土壌汚染事例を把握しており、平成12年度に判明したものは134件に上っている（図4.14）。事例を汚染物質別にみると、鉛・ヒ素・六価クロム・総水銀・カドミウムなどに加え、金属の脱脂洗浄や溶剤として使われるトリクロロエチレン、テトラクロロエチレンによる事例が多くみられる。

2) 地下水汚染の対策

(1) 行政施策

地下水汚染の対策は行政施策が主である。まず、未然防止策については、水質汚濁防止法に基づき、トリクロロエチレン等有害物質を含む水の地下への浸透の禁止、都道府県知事等による地下水の水質の常時監視等の措置がとられている。

地下水汚染問題については、汚染の未然防止に努めることはもとより、汚染された地下水の浄化のための対策が必要であり、水質汚濁防止法により都道府県知事等が汚染原因者に対し、汚染された地下水の浄化を命令することができることとなっている。また、簡易で経済的な地下水浄化技術の開発・普及を図ることにより、事業者の自主的な取組を推進している。

環境基準項目のうち硝酸性窒素および亜硝酸性窒素の地下水汚染については、公共用水域および地下水における硝酸・亜硝酸性窒素の汚染源として、家畜排泄物、一般家庭からの生活排水、農用地への施肥等があげられており、その対策が緊急の課題となっている（表4.5）。このため、水質汚濁防止法による規制に加え、「硝酸性窒素および亜硝酸性窒素に係る水質汚染対策マニュアル」により、都道府県等による汚染原因の把握や負荷低減等対策の実施を推進している（環境省、2003）。

現在の地下水の汚染はかつての汚染と異なり、事故によるものが多い。汚染は拡大する前に除去するのが基本で、油流出の場合は拡散が早いので即除去が必要である。

今後とも、汚染回復には行政が積極的に指導関与していくことが必要である。平成8(1996)年度の水質汚濁防止法の改正で、有害物質により地下水が汚染された場合、汚染原因者に対する浄化の措置命令が規定され、平成9(1997)年4月から施行されている。

表4.5 地下水の水質汚濁に係る環境基準

項　　目	環 境 基 準
カドミウム	0.01mg/l以下
全シアン	検出されないこと
鉛	0.01mg/l以下
六価クロム	0.05mg/l以下
砒素	0.01mg/l以下
総水銀	0.0005mg/l以下
アルキル水銀	検出されないこと
PCB	検出されないこと
ジクロロメタン	0.02mg/l以下
四塩化炭素	0.002mg/l以下
1,2-ジクロロエタン	0.004mg/l以下
1,1-ジクロロエチレン	0.02mg/l以下
シス-1,2-ジクロロエチレン	0.04mg/l以下
1,1,1-トリクロロエタン	1mg/l以下
1,1,2-トリクロロエタン	0.006mg/l以下
トリクロロエチレン	0.03mg/l以下
テトラクロロエチレン	0.01mg/l以下
1,3-ジクロロプロペン	0.002mg/l以下
チウラム	0.006mg/l以下
シマジン	0.003mg/l以下
チオベンカルブ	0.02mg/l以下
ベンゼン	0.01mg/l以下
セレン	0.01mg/l以下
硝酸性窒素および亜硝酸性窒素	10mg/l以下
ふっ素	0.8mg/l以下
ほう素	1mg/l以下

（資料：平成9年3月環境庁告示第10号より）

(2) 地下水汚染の除去・修復技術について

　土壌・地下水汚染は蓄積性の汚染であり、汚染物質を除去・無害化しない限り問題は解決しない。過去には、その対策として、汚染濃度の高い地層の除去、封じ込め、汚染地下水の揚水の継続などのように、回復に非常に長い時間と労力を要している例が数多くある（水収支研究グループ編、1993）。このため、環境省では調査手法を含め汚染物質の除去、無害化技術の開発と評価を行っている。その中の実証試験の技術には、地下水揚水や土壌ガス吸引技術のように、原位置対策技術として普及している技術もある。

4.3 地下水の汚染

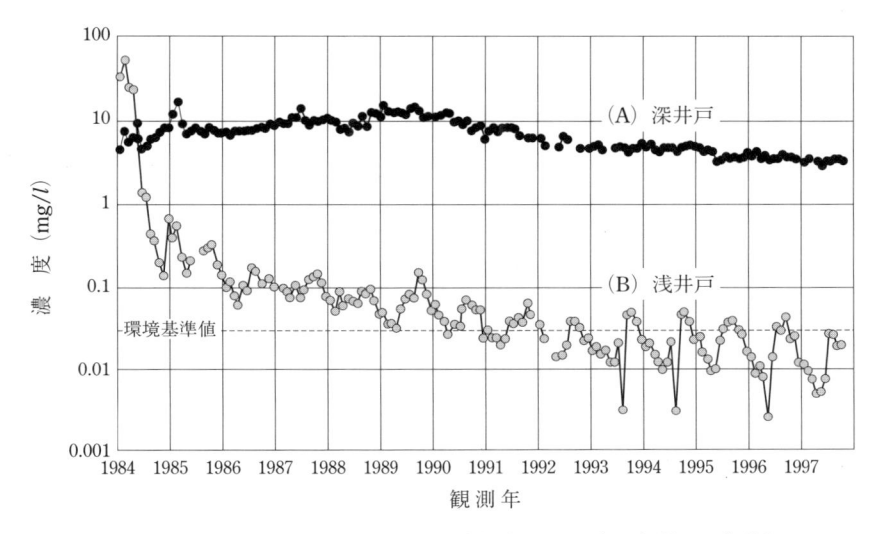

図4.15 汚染土壌除去後に実施された地下水揚水による地下水質の回復状況（平田、2002）

　すでに、わが国で普及している土壌ガス吸引技術などは、米国のスーパーファンド法の下で開発・実用化された技術である。トリクロロエチレンなどの揮発性有機塩素化合物については、土壌ガス吸引（そのアナロジーとして空気を地中に吹き込み、汚染物質の気化を促進するエアースパージング技術）や地下水揚水技術が開発され、すでに実用化されている。図4.15はこの技術を使用した一例で、汚染土壌除去後に継続して実施した地下水揚水による水質（トリクロロエチレン濃度）の回復状況を示している。この事例では、緊急対策として昭和59（1984）年5月に工場建屋下のトリクロロエチレン濃度1 mg/kgを超える汚染土壌を1,007 m^{3}除去した。汚染土壌を除去した結果、確かに浅い地下水中のトリクロロエチレン濃度は2桁近く低下しているが、この時点で依然として環境基準値の0.03 mg/lを上回っており、この浄化のために地下水の揚水の継続を余儀なくされた。これにより、平成10（1998）年3月までに27 tに上るトリクロロエチレンが除去され、その結果、工場敷地内浅井戸のトリクロロエチレン濃度は、年間を通して環境基準値をクリアするまでに回復できた。この間、約15年という長い年月を要している。

　汚染土壌除去や地下水揚水技術などでは、土壌や地下水に含まれる揮発性物質を気化させ、最終的に活性炭で吸着処理を行っている。こうした物理的な修復技術に加えて、最近では原位置で揮発性有機塩素化合物を分解無害化する技術として、バイオレ

メディエーション技術や鉄の還元能を活用した反応性バリア技術が汚染現地で実証試験が進められている。微生物分解を利用したバイオレメディエーション技術には、栄養分のみを注入し現場に生息する土壌微生物を活性化する方法と、栄養分とともに微生物を注入する方法があり、前者についての実証試験はわが国でも行われている。

　ともかく、汚染された土壌や地下水の回復には長い時間と多額の経費を要する。したがって、調査手法も含め適切な修復技術の選択が必要である。また、膨大な数の化学物質が製造されており、その全てが有害でないにしても、将来汚染が懸念される物質が多くある。さらに、汚染の形態は地形・地質や地下水理特性によって一様でない特徴がある。このように、地下水汚染の回復にはまだまだ多くの課題が残されている。

引用・参考文献

山本荘毅（1983）：新版地下水調査法、pp.278-289、古今書院
環境省（2003）：平成15年版環境白書、環境省総合環境政策局
東京都（2003）：平成14年地盤沈下調査報告書、東京都土木技術研究所
(社)全国地質調査業協会連合会編（2001）：日本の地形・地質(安全な国土のマネジメントのために)、pp.104-114、鹿島出版会
片寄紀雄（1996）：復元する被圧地下水から地下駅を守る―東北新幹線上野地下駅、トンネルと地下、Vol.27, No.10、pp.7-14、土木工学社
倉澤徳男・宮園達郎（2000）：東京地下駅の地下水上昇対策工、トンネルと地下、Vol.31, No.10、pp.7-16、土木工学社
金子静夫・井上寿男・新堀敏彦（1992）：武蔵野線新小平駅災害復旧工事、トンネルと地下、Vol.23, No.8、pp.7-14、土木工学社
東日本旅客鉄道㈱（1992）：新小平駅災害復旧工事誌、東日本旅客鉄道㈱東京工事事務所
平田健正（2002）：地下水汚染の現状と対策、基礎工、Vol.30, No.4、pp.19-21、総合土木研究所
水収支研究グループ編（1993）：地下水資源・環境論―その理論と実践、pp.162-179、共立出版

第5章
地下水の水収支および地下水・湧水の保全

5.1 地下水解析・水収支検討事例

1）広域地下水収支——東京都全域

東京都環境保全局（現環境局）は過去2回、昭和55（1980）年と平成4（1992）年に東京都における地下水の水循環と水収支の実態を解明し、地盤沈下対策や湧水保全・回復等を図る目的で「地下水収支報告書」をまとめ発表している（東京都、1980；1992）。

第1回目の水収支調査では、自由地下水の収支から垂直涵養量を求め、平面二次元被圧地下水シミュレーションを行って揚水量と地下水位、地層収縮量の計算まで行っている。調査地域は、西部山間部と町田市付近を除くほぼ東京都全域である。対象地域を2kmのメッシュで区切り244個のブロックに分け、それぞれの単位ごとに自由地下水の水収支項目を調査して垂直涵養量を算出しているのが特徴である。水収支計算は昭和43（1968）年と昭和52（1977）年の計算を行っている。

第2回目の地下水実態調査においても、同様なメッシュごとの雨水浸透量調査、地表面の水収支、地盤沈下シミュレーションまで行っている（なお、水収支の対象期間は昭和60～62（1985～1987）年、このときのメッシュは1km）。また、平成9（1997）年度にも、地表面の水収支のみであるが水収支調査を行っている（対象期間は、区部が平成3（1991）年、多摩地区が平成4（1992）年）。

これらの地表面水収支結果をまとめたのが表5.1である。なお、調査対象面積が水収支年度により若干異なるので、数字は全て降水量の単位mmを使用している。被覆率（建物や舗装道路の面積率）の変化をみると、区部で80％を超えていて、多摩地域でも大幅に被覆率が上昇している。このため雨水浸透量が明らかに減少している。実際に、昭和43（1968）年と平成3（1991）年を比較すると、区部も多摩地域も雨水浸透量は半減している。図5.1は雨水浸透量と地下水揚水量、水道漏水量の経年変化を表したものである。なお、雨水浸透量の将来値は、現在の被覆率が今後も直線的に増大す

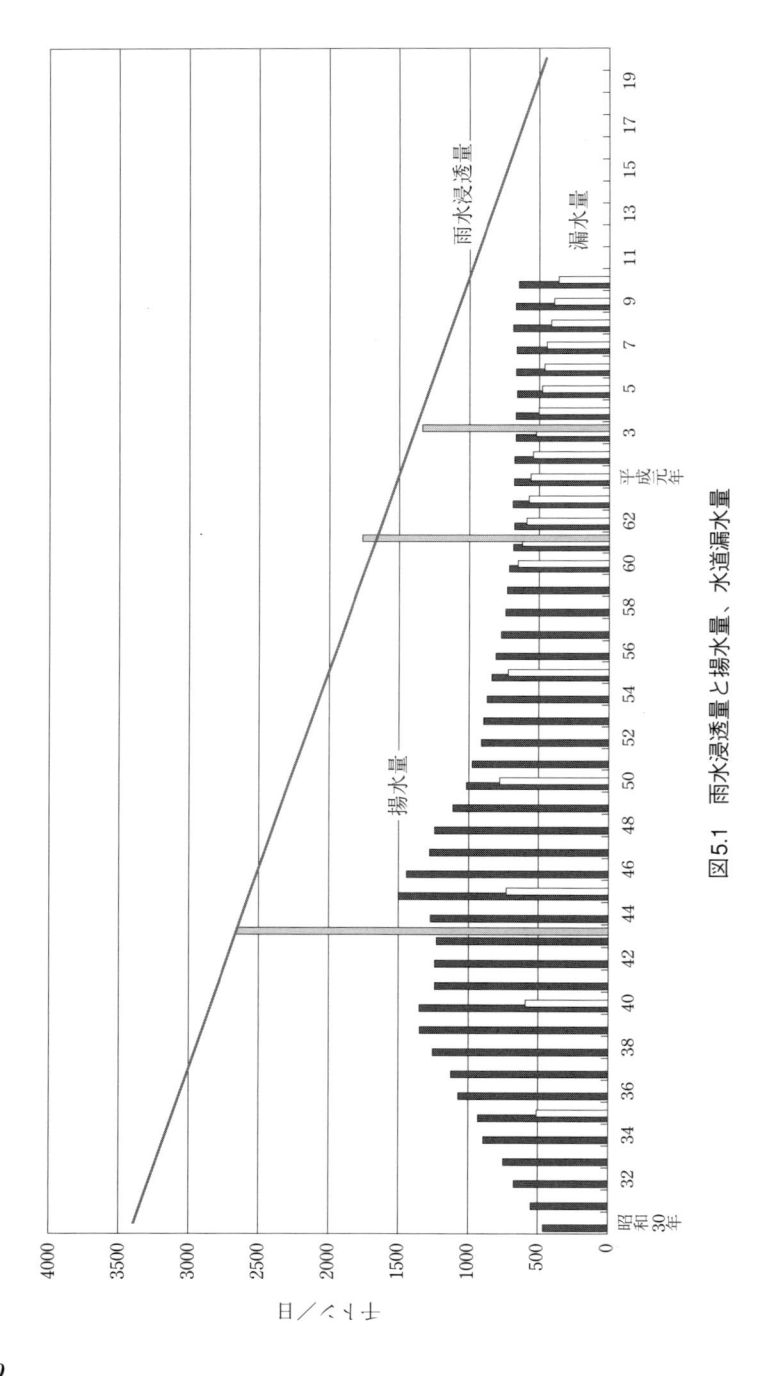

第5章 地下水の水収支および地下水・湧水の保全

図5.1 雨水浸透量と揚水量、水道漏水量

表5.1 東京都の被覆率と地表面水収支結果

上段の数字（単位：mm/年）、下段：被覆率

	区　　　部			多　摩　地　域		
	昭和43年	昭和61年	平成3年	昭和43年	昭和61年	平成3年
被覆率	73.9%	79.3%	81.8%	29.6%	49.0%	52.5%
降水量	1,530 100%	1,430 100%	1,405 100%	1,570 100%	1,440 100%	1,405 100%
蒸発散量	370 24.2%	330 23.1%	281 20.0%	499 31.8%	420 29.2%	409 29.1%
直接流出量	920 60.1%	919 64.3%	991 70.5%	360 22.9%	570 39.6%	646 46.0%
地下浸透量	240 15.7%	180 12.6%	133 9.5%	710 45.2%	459 31.9%	350 24.9%

注：多摩地域は、日の出町、旧五日市、奥多摩町、檜原村を除いた範囲

るものとして予測したものである。したがって、今後の雨水浸透施策が重要である。

　蒸発散量についても被覆率の増加の影響で減少傾向をみせている。その結果、直接流出量が増加、ヒートアイランド化の促進を招いている。図5.2は、戦後の東京における各年の最高気温および真夏日、熱帯夜の日数をグラフ化したものである。都市化とともに最高気温が年々上昇し、ヒートアイランド化が進行している様子がわかる。

　東京都では雨水浸透ますを設置して雨水涵養を進めているものの、都全体で高々約20万基であり、都全体の水収支に影響を及ぼすほどではない。東京都環境局の調査では屋根面積を50m^{2}とし、集水した雨水の80%が浸透するものと仮定して計算すると、浸透ます1基当たり年間で約60m^{3}の雨水を地下浸透できるとある（東京都、1998）。千代田区大手町の年降水量の平年値は1,467mmであるから、都全域に降る降水のうち浸透ますで地下浸透可能な率を概算すると約0.4%に過ぎない。

　また、都市部では人為的な水収支項目として水道漏水を無視できない場合が多い。前回、昭和60～62（1985～1987）年の調査では区部で299mm/年、多摩地域で71mm/年、全域では173mm/年の水道漏水量があり、これは年降水量の約13%に相当する量である。しかし、その後水道の漏水防止対策が進められた結果、昭和45（1970）年の73万m^3/日が平成10（1998）年36万m^3/日へと減少が続いている。その他、下水管、地下鉄等への浸出量が、昭和60～62（1985～1987）年の調査では区部で141mm/年、多摩地域で69mm/年、全域では101mm/年の値を示し、地下水涵養にはマイナス要因

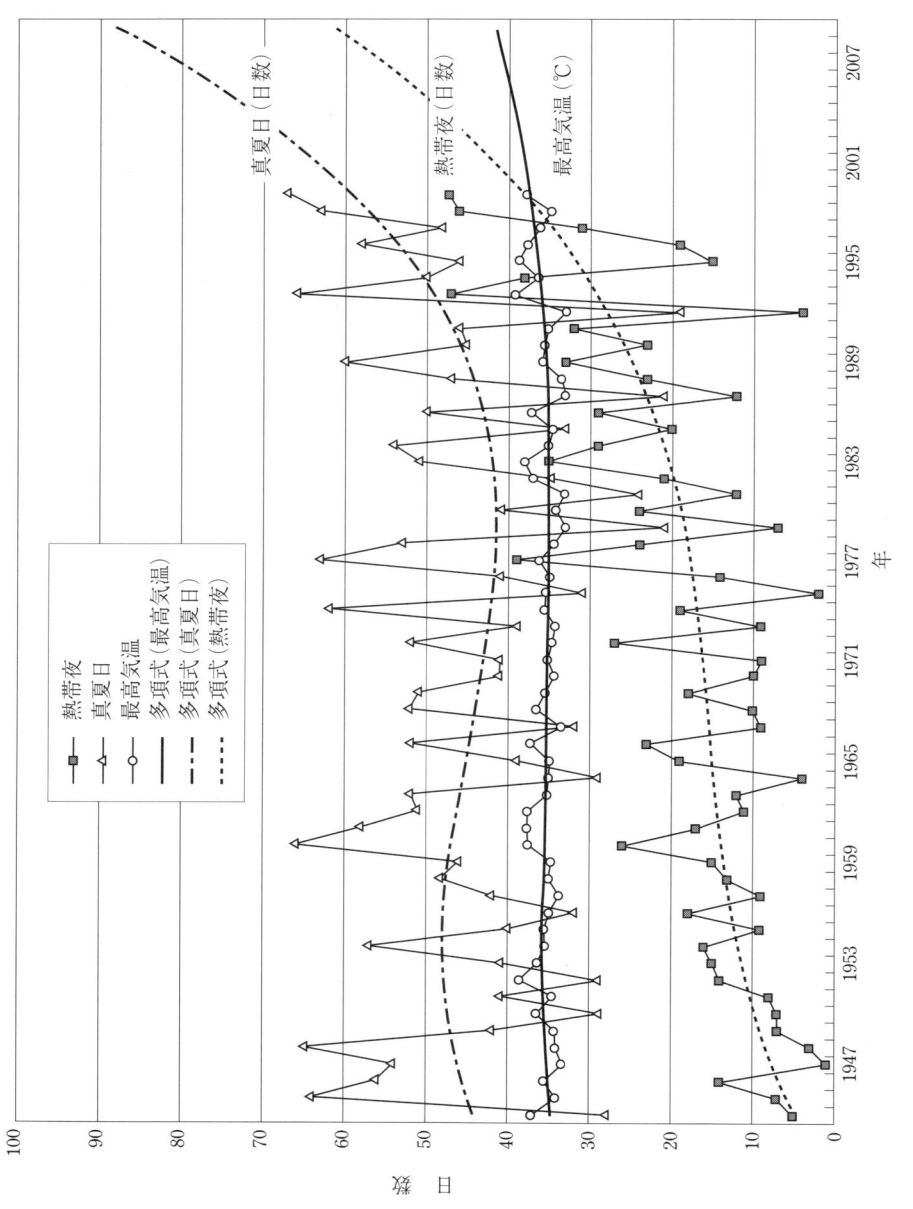

第5章　地下水の水収支および地下水・湧水の保全

図5.2　東京の熱帯夜等の推移

となっている。

このように、東京都全域でのマクロな水収支をみると、被覆率の増加が地下水涵養に対して負の要因となっている。地下水涵養の減少は、地下水位の低下、ヒートアイランド化、湧水の涸渇、河川水量の減少などにつながり、影響が大きい。各戸雨水浸透事業のなお一層の拡大が望まれる。

2）北多摩地区の浅井戸の地下水位解析

不圧地下水の水位変動記録を地形・地質や帯水層などの条件を考慮に入れながら、降水や河川との関係に着目して整理すると、不明であった地下水理特性も次第に明らかとなってくる。以下に述べる例は、東京、北多摩地区の地盤沈下観測所内に併置されている4カ所の浅井戸観測井の水位変動特性を整理し、タンクモデルによる不圧地下水の水収支シミュレーションを行った事例である（国分・守田、1982；国分、1984）。図5.3に位置図、図5.4には地質柱状図と井戸構造を示す。

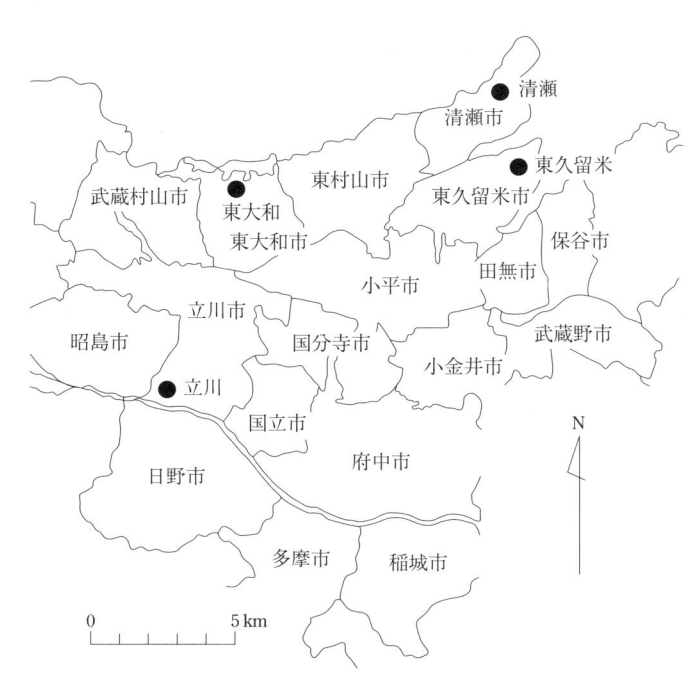

図5.3　観測井位置図

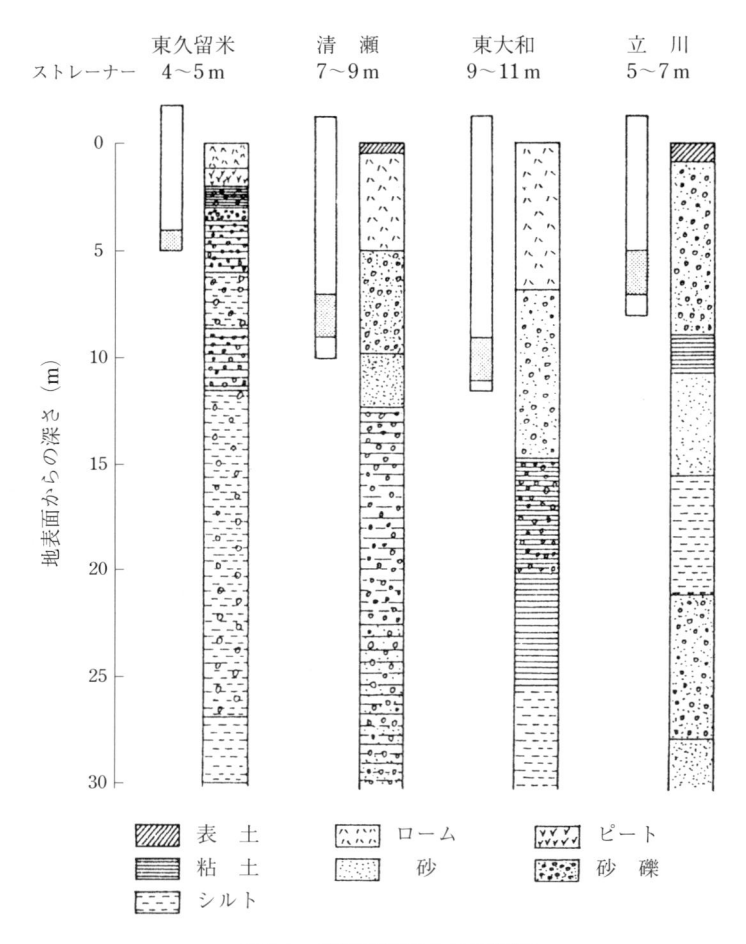

第5章 地下水の水収支および地下水・湧水の保全

図5.4 地質柱状図と井戸構造

（1）水位変動特性

各井の主帯水層は武蔵野礫層などであり、ストレーナー位置は4〜11mにある。各井戸の季節変動を示したのが図5.5で、一般に1月〜3月に水位が低く、9月〜11月に水位が高い。東久留米観測井は、降雨に敏感に反応した水位の動きを示し、水位の上昇、下降が早い。これは、帯水層が極めて浅く降雨が浸透しやすいことと、しかも観測井のすぐ近く（約10m内の距離）を黒目川と落合川が流れ、帯水層が河床砂礫層と同じためである。これは、図5.6の地下水位と河川水位の関係をみれば明瞭である。

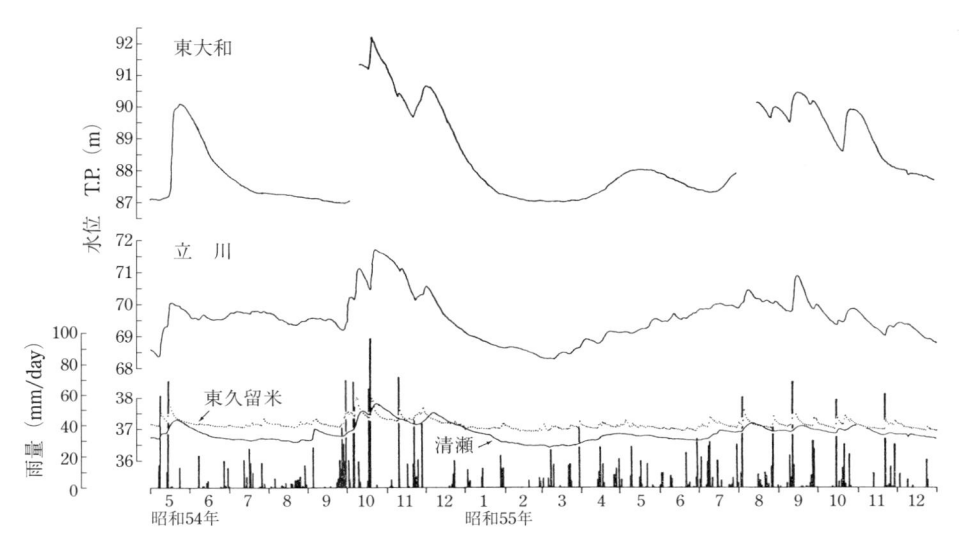

図5.5　観測井水位変動図

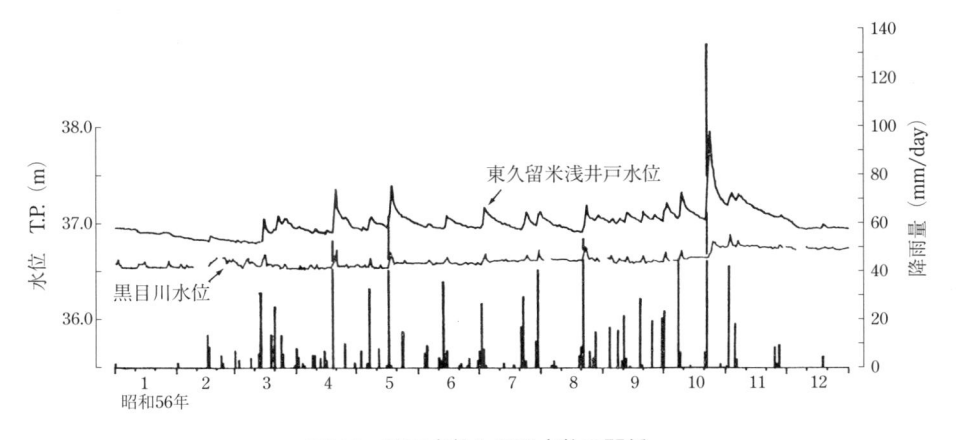

図5.6　地下水位と河川水位の関係

年間を通し、地下水位の方が常に河川水位より30～50cm高く、地下水が河川水を涵養している。黒目川と東久留米浅井戸地下水との関係は、第2章の図2.12の得水河流の関係といえる。清瀬および東大和の浅井戸は、降雨に伴う水位変化が比較的緩慢で、少量の降雨では4～7日の時間遅れがみられる。これは、地表からの降雨浸透が遅く、帯水層の位置も深いことによるとみられる。また、不飽和帯である上部の関東ローム

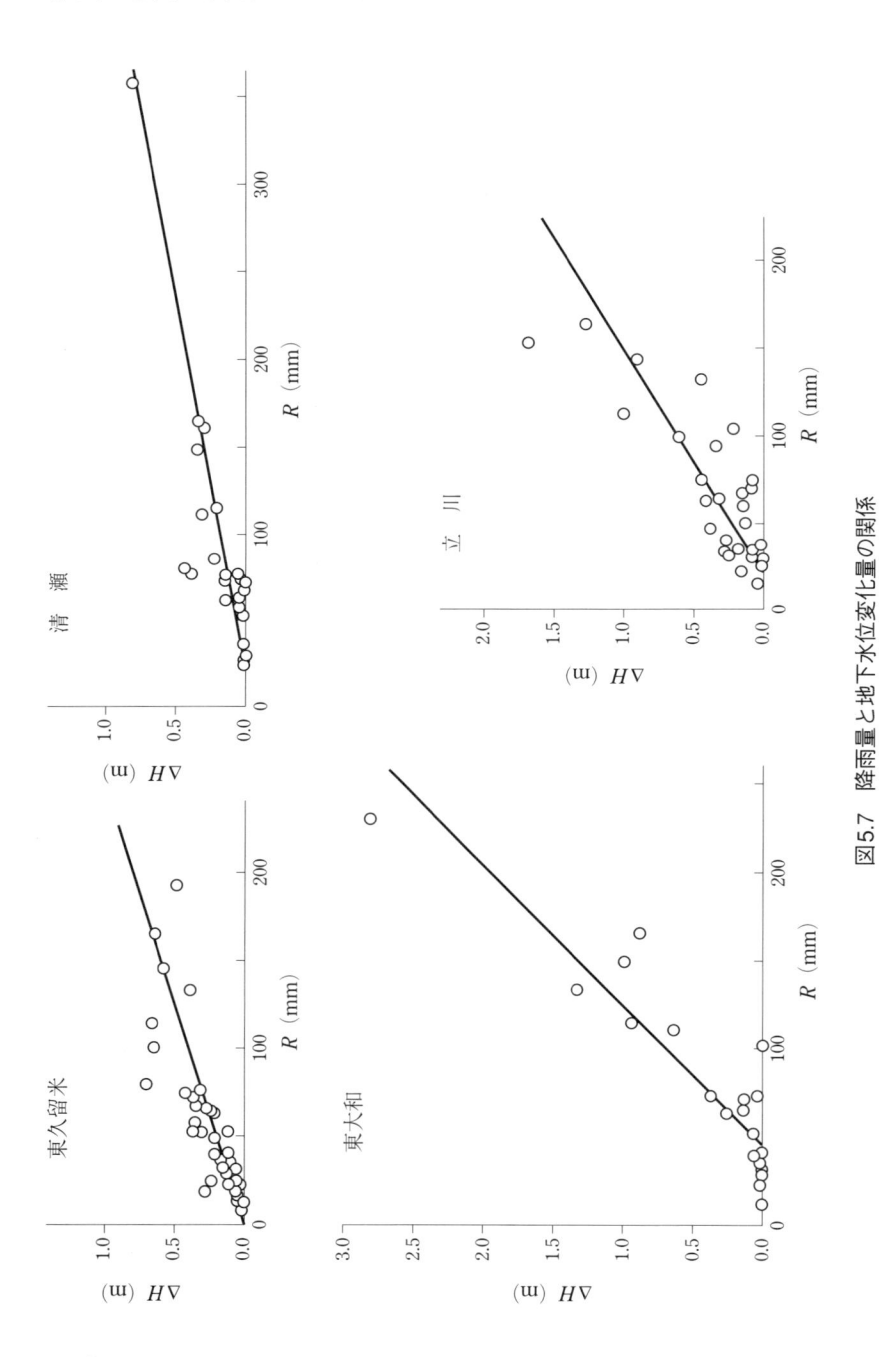

第5章 地下水の水収支および地下水・湧水の保全

図5.7 降雨量と地下水位変化量の関係

136

層の存在が影響を及ぼしているとも考えられる。関東ローム層は空隙率が65〜85％と大きく、楯根らの報告(楯根ら、1980)では、約6mのローム層中に数年分の土壌水が滞留するほど保水性が良いとされているからである。

一方、東大和浅井戸の水位変動は、豪雨時の水位上昇が極めて大きい。この現象についての解釈は、不圧地下水の一時被圧化説、大間隙水みち説、など諸説あり議論が分かれる。我々の調査では、このタイプの変動をする井戸は帯水層上部に関東ローム層が厚く堆積していて、地下水位が地表から深い井戸に多くみられる。

降雨量(一連の累計降雨量)と地下水位変化量の関係を整理したのが図5.7で、雨量係数$P(P = \Sigma R/\Sigma \Delta H$で定義)は、東大和0.15、立川0.19、東久留米0.23、清瀬0.52である。このように降雨量Rと地下水位変化量ΔHは直線的関係にあり、

$$\Delta H = a \cdot R - b \tag{5.1}$$

で表すことができる。ここで、aは降雨の地表面流出率fや帯水層の有効間隙率P_aに関係すると考えられ、表面流出した残りの降雨すべてが浸透し、地下水位上昇に寄与すると仮定すれば、

$$a = (1 - f) / P_a \tag{5.2}$$

と表現でき、ここで、$f ≒ 0.3$としてP_aを求めると、東久留米0.18、清瀬0.28、東大和0.06、立川0.09である。しかし、実際にはここで浸透した水分の何割かが土湿不足を補い、あるいは蒸発したりで、地下水位上昇に対して無効となるため、実際の有効間隙率はこれより少し小さくなると予想される。また、(5.1)式の右辺bは初期土壌容水量によって異なり、次式で表すことができる。

$$b ≒ (M_n - M_0) / P_a \tag{5.3}$$

ここで、M_nは圃場容水量(または平常保水量)、M_0は初期保水量である。

図5.7から、$(M_n - M_0) ≒ 20〜40$mmにある。ここで$M_0 = 5$mmと仮定すれば、$M_n = 15〜35$mmである。圃場容水量は、十分な降水・給水後、土壌水分の下降運動がほとんど停止したときの水分量で、ロームなどのM_n状態は通常40〜50mm程度の降雨後1〜2日の場合である(金子、1978)と言われている。その後、無降雨状態が続くと土湿減少が進行して、ついには平衡水分量M_sの状態になるが、それは冬季で無降雨状態20日、夏季で10日程度から現れるとされている。したがって、対象観測井戸付近

137

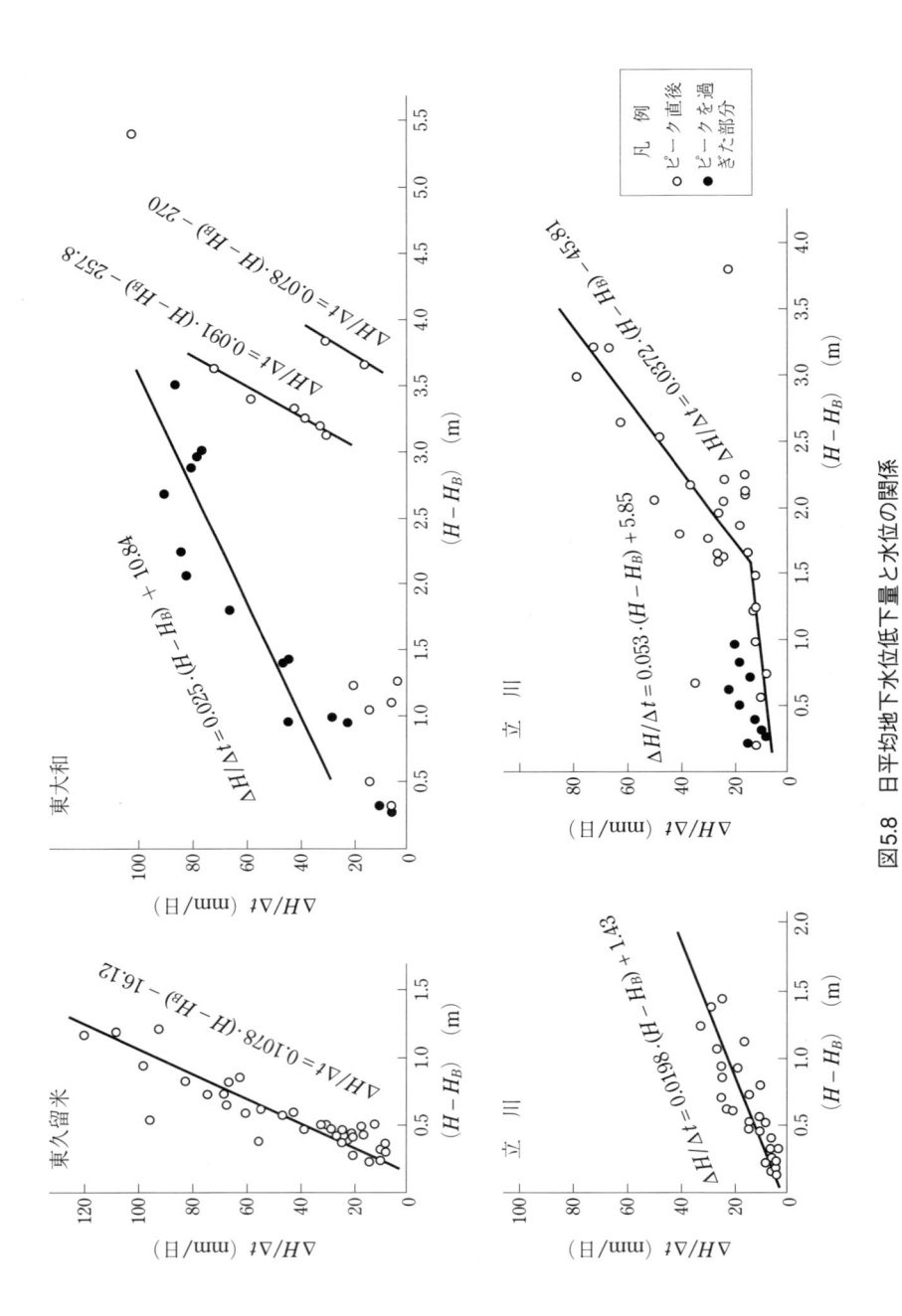

第5章　地下水の水収支および地下水・湧水の保全

図5.8　日平均地下水位低下量と水位の関係

138

では平均約25mm/日の降雨がないと地下水涵養はないことになる。

(2) タンクモデル・パラメーターの推定

井戸地下水位低減部の解析は、地下水タンク係数の概略推定にも役立つ。図5.5の地下水位変動図をみてもわかるように、地下水位の低減状態は一般的に水位の高い状態で低減が大きく、低い状態で低減が小さい。地下水位は時間と共に指数関数的に低減する。これを式に表すと、

$$H = H_B + (H_0 - H_B) \cdot e^{-ct} \tag{5.4}$$

ここに、H：時刻tにおける地下水位、H_0：初期地下水位、H_B：基底地下水位、c：地下水位の低減係数である。さらに、水位の時間的変化は、

$$dH/dt = -c(H_0 - H_B) \cdot e^{-ct} = -c(H - H_B) \tag{5.5}$$

となるから、dH/dtと$(H - H_B)$の関係を整理して、これから低減係数cを推定できる（図5.8参照）。その結果cは、東久留米0.11、清瀬0.02、東大和0.01で、立川が$(H - H_B) \geqq 1.6$mで0.04、1.6m未満で0.005であった。

実際の降雨流出現象では、地表面貯留や表層土の土湿不足解消のために雨量の一部が費やされ、いわゆる降雨損失R_Lが存在する。したがって、日雨量が$R_L$mm以下の日は表面流出がないものとしてすべての降雨成分を土壌タンクに入れて計算し、逆に日雨量が$R_L$mm以上の計算は表面流出を除いた降雨成分、すなわちその日の降雨に$(1 - f)$を乗じた量を土壌タンクに入力して計算することにする。今回の対象地の降雨損失については、他流域で求めた値約15〜20mm（大栗川流域）（国分、1981）を参考に、一律に20mmとした。

蒸発散量は、まず過去の経験値などから年蒸発散量を700mmと決め、実測蒸発計蒸発量に対する比（ここでは0.65）を観測実蒸発量に乗じて補正、計算に使用した。ただし、10mm/日以上の降雨日は蒸発散を0と扱った。また、対象地付近の水道漏水量については、観測井の設置環境から4観測井とも無視できるため計算対象外とした（都市の水収支では水道漏水を要素として無視できないことが多い）。

土壌タンク高さは、不飽和帯の最大容水量から推定する方法がよくとられる。ここでは、一般的な表土（埴質残積土流域）の最大保留量（金子、1978）を参考に、一律に150mmとした。浸透孔については圃場容水量を考慮した底上げ構造とし、タンク内水位がこれを越えて初めて地下水涵養が生じるようにした。また、豪雨時の地下水位

急上昇が大間隙水みちによって起きると仮定し、タンク底にもう1個別の浸透孔を設け、40mm/日の地下水涵養が生じた際に稼働するようにした。

地下水タンクの高さは、平均帯水層厚に有効間隙率を乗じて推定した。その結果、東久留米430mm、清瀬1,300mm、東大和470mm、立川720mmの地下水タンク高となった。その他の流出孔、浸透孔の孔定数、高さについては、過去の経験値などから初期値を与えた。なお、タンクモデルの構成は菅原のモデル(第2章の図2.15)を用いている。

(3) タンクモデル計算結果

日単位シミュレーション結果を図5.9に示す。渇水期に計算値が低くなる時期があるものの、全体的には満足できる結果である。同定されたパラメーター結果は図5.10

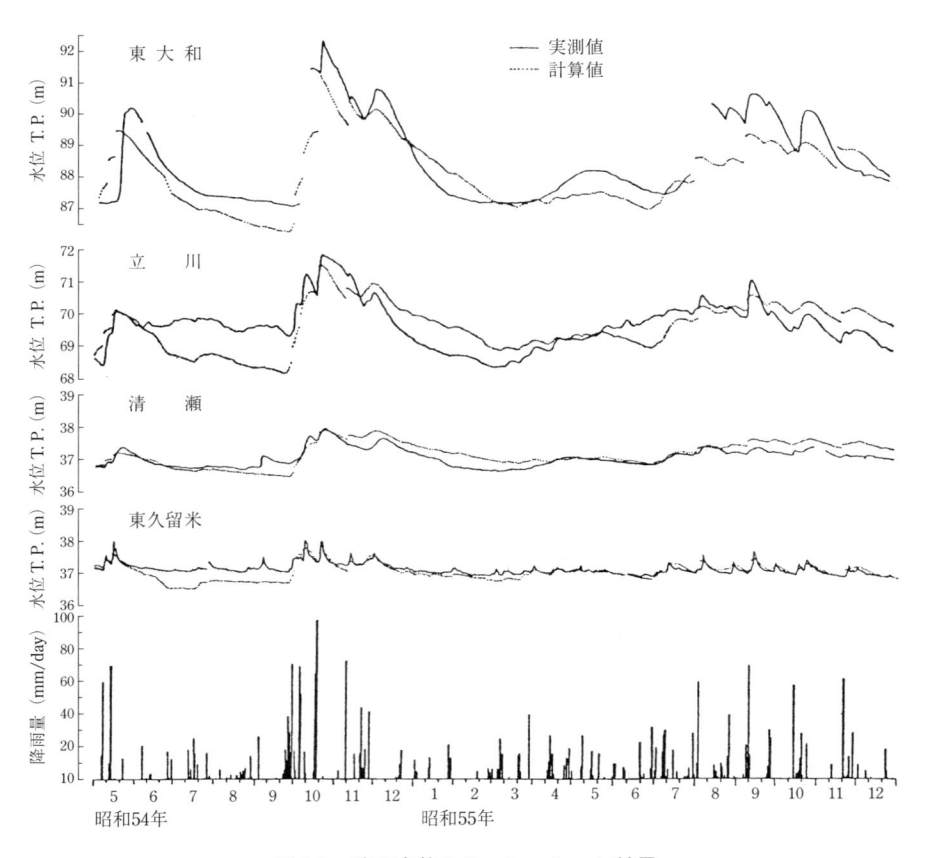

図5.9 地下水位シミュレーション結果

5.1 地下水解析・水収支検討事例

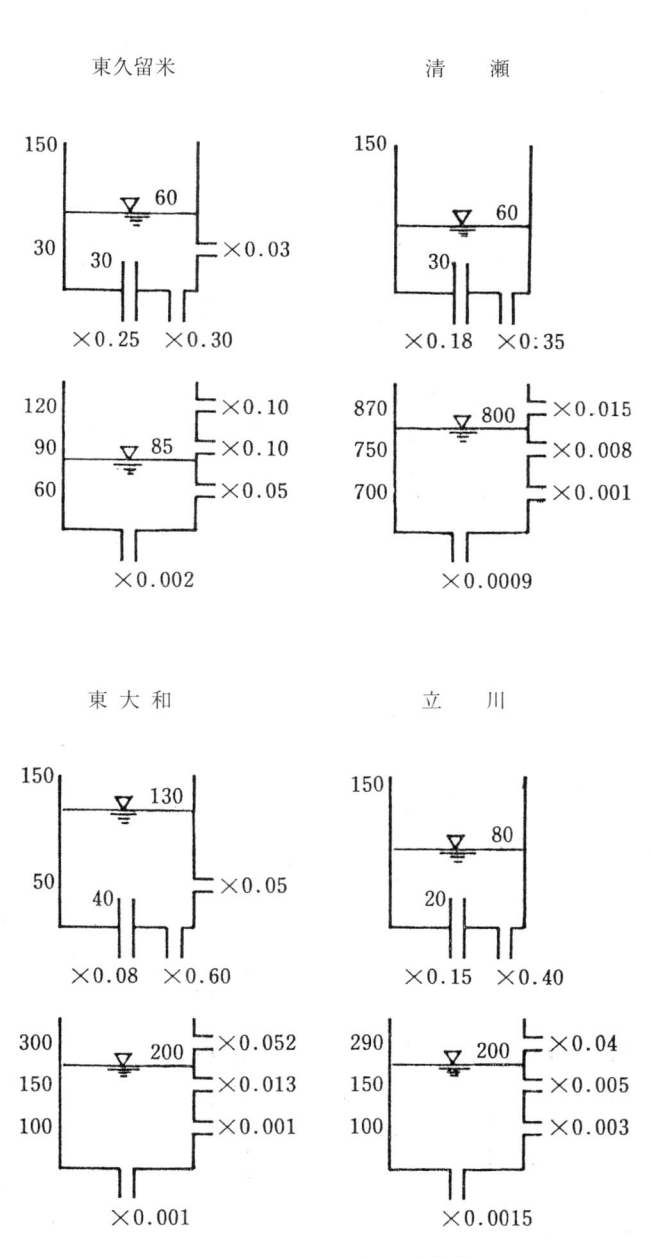

図5.10 タンクモデル定数結果

第5章 地下水の水収支および地下水・湧水の保全

のとおりである。

地下水位解析の結果、明らかにされた事実をまとめると次のようになる。

① 降雨量と地下水位変化量の関係から推算した帯水層有効間隙率は、地下涵養分が全て地下水位上昇に有効となるとしたもので、実際はこれより小さくなる。試算結果、求めた有効間隙率の約47〜78％の値を使用して水位の適合度が良くなった。

② 豪雨時地下水位急上昇が大間隙水みちによると仮定し、土壌内亀裂からの浸透孔を別途タンクに設けて試算したが、計算値が実測値より小さい時期は依然みられた。

③ 地下水タンクの上の二つの流出孔は河川の中間流出を表し、一番下の流出孔からの流出が河川基底流出量を表すと考えられる。最下孔からの計算流出量は0.50〜1.25mm/日の範囲にあり、これは同時期の野川や大栗川の基底流量が約0.6〜1.8mm/日あるのと比べてもほぼそれに近い。

④ 被圧地下水へ転化（深部浸透）が予想される地下水量は、平均約0.39mm/日である。年量にすると140mm前後になるから決して無視できない量である。多摩地域の台地部が地下水の主涵養域であることを示唆する結果となった。因みに、貝塚もその著書の中で、「武蔵野に降る年約1,500mmの降水量のうち、自由地下水になる量は、およそ年間300mmと推定されており、さらにそのうち200mm余が被圧地下水になるのではないかという推定がされている」と記述している（貝塚、1979）。

不圧地下水の水収支にタンクモデルを使用した例は多く、石崎らは、埼玉県の荒川と利根川に挟まれた面積57km^{2}の扇状洪積台地を対象地とした地下水収支を行っている（佐合ら、1979；石崎ら、1979）。この解析では、各タンクのパラメーターを決めるのに単に試行錯誤でなく、物理的に説得力のあるアプローチで推定しているのが特徴である。また安藤らは、東京都八王子市の多摩丘陵内の小試験流域（A = 4.4ha）を対象に、地下水流出メカニズムを表層タンクおよび地下水タンクの2段モデルで解析している（安藤・虫明、1980；安藤、1981）。この地下水流出システムについては、地下水流出量の低減式が地下水貯留量の貯留関数で表示されることを地下水貯留量と流出量の実測値の整理から理論的に導き出し、地下水タンクの各係数について推定している。

3）地下水位変動の周期性・相関性

　地下水位変動も一種の不規則な波と考えることができる。不規則な変動を、位相や振幅がそれぞれに異なる種々周期の正弦波の混合として表す概念として、スペクトル解析がある（日野、1969；1977；大崎、1983）。これを使えば、数値計算によって特定周期の波成分を取り出すことができる。東京・多摩地区の不圧地下水位についてのスペクトル解析実施例を以下に紹介する（国分・守田、1985）。その結果、不圧地下水位の周期性、相関性がより明らかになった。

　図5.11は日平均地下水位のスペクトルである。日平均地下水位は長周期流出入成分に大きく影響され、そのスペクトルは2～3日の短周期成分が少なく、長周期成分の占める割合が多い。東大和、立川、清瀬の各井戸の長周期成分割合が多く、地下水涵養が長期間持続していることを伺わせる。これは、図5.12に示す相互相関の関係を見ると一層明らかである。椀伏せ型の緩やかな動きを示す井戸では、相互相関係数の減少も緩やかな一方、降雨に敏感な鋸歯型の井戸では、相互相関の変動が急である。時間遅れが1～2日で地下水位は相関が最大になるが、井戸によっ

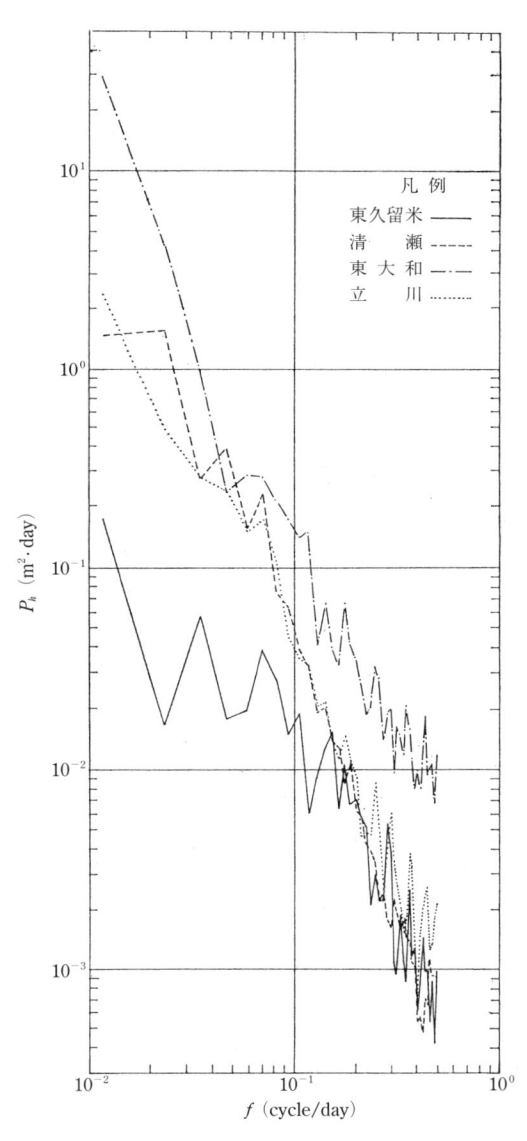

図5.11　日平均不圧地下水位のスペクトル

第5章　地下水の水収支および地下水・湧水の保全

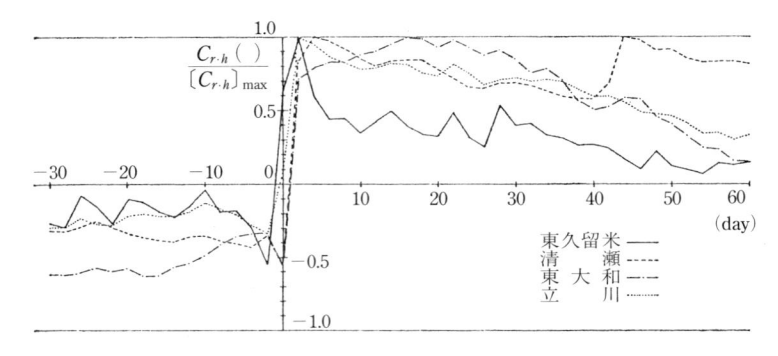

図5.12　日降水量と日平均不圧地下水位の相互相関

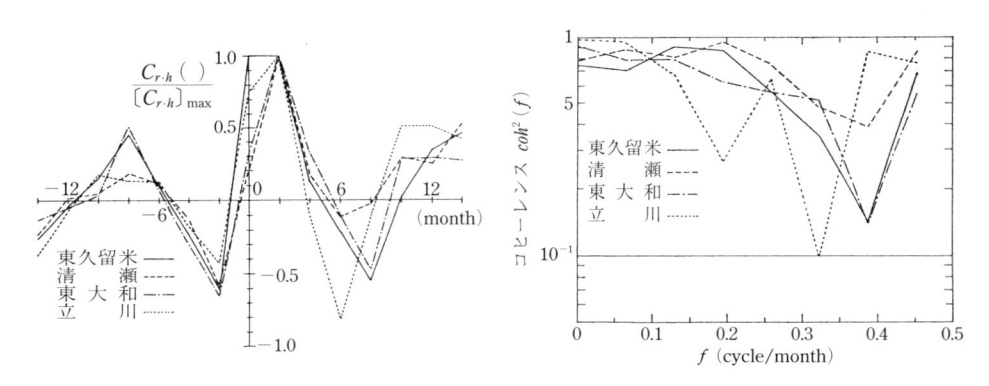

図5.13　月降水量と月平均不圧地下水位の
　　　　相互相関

図5.14　月降水量と月平均不圧地下水位の
　　　　コヒーレンス

ては10～20日後まで降水の影響があることがわかる。

　次に、降雨の地下水位に対する長期的影響をみるために、月単位の降水量と地下水位の関係を相互相関係数とコヒーレンスで整理したのが図5.13～図5.14である。

　いずれの観測井でも、月降水量と月平均地下水位は約1～2カ月遅れで相関性が高くなっており、1～2カ月前の降水の影響が地下水位に及んでいることがわかる。

　このように不圧地下水位の変動は、長期的にみると、個々の降水に対する数日遅れの影響と数カ月前の降水の累積によると考えられる影響の、2種類の影響が複雑に重なり合っていることを想像させる動きである。このことは、平田も指摘している（平田、1971）。

4）豪雨時の地下水変動記録に関する考察

豪雨時の地下水変動特性を整理、分析した結果について紹介する（国分・中山、1999）。地下水位の降雨に対する時間遅れは数日遅れが通常である。ところが、ある規模以上の集中的な豪雨時には、短時間で予想外の急激な水位上昇がしばしば観測される。

豪雨時の地下水位変動形態は図5.15のように模式的に示すことができる。通常、降雨の降り始めからある時間を経て水位が上昇し始める。この間の時間遅れが「上昇開始時間遅れT_A」である。水位が上昇を始めてやがてピークH_Pに達するが、初めのうち急上昇していた水位もある時点H_Vを境に上昇速度が鈍り、緩やかな上昇曲線を示す時期がある。これを変曲点と名付ける。

この事実は、降雨のピークR_Pに対応する地下水位の真のピークは実は変曲点H_Vであり、変曲点から見かけの地下水位ピークH_Pに至る緩やかな上昇部は、通常の緩やかな鉛直方向浸透成分と帯水層方向の水平方向涵養成分によって形成されていることが推測できる。またここで、降雨のピークR_Pと水位のピークH_Pの時間遅れをT_B、降雨のピークR_Pと変曲点H_Vの時間遅れをT_Cとする。

図5.16、図5.17および表5.2は、東京での日降水量が統計史上2位259.5mmを記録した時の、18カ所の井戸の水位記録と分析結果である（平成8(1996)年9月21日～22日の台風17号豪雨）。なお、水位変動図はほんの一部の例である。また、表に示した椀伏せ型タイプの井戸の水位上昇量ΔHは平均約1.58mである。

一方、降雨量と地下水位変化量の関係から導かれた概略の有効間隙率は、椀伏せ型の場合、最大約0.12であった。そこでこの場合、妥当な有効間隙率として0.1に割り引いて扱う。すると計算される地下水涵養は158mmである。対象降雨206mmのうち158mmだから77％である。表面流出した残りの降雨全てが地下浸透し、地下水位の上昇に寄与したとしても大きい。なお、地下水位のピークは、この場合、平均して降雨後約29日に現れた。保水性がよく、亀裂による水みちも発達したローム層厚が平均10mあることは、涵養機構を考える際の重要な鍵と考えられる。

また、水位上昇時間遅れT_Aと地下水位面までの深さの関係を整理すると、図5.18のように、かなりバラツキがある。地下水位の深さ10mの場合は約7時間ということになる。ここで、地表面から地下水面までの深さをT_Aで除し、最早浸透速度V_iと定義する。このV_iは、単位は透水係数と同じcm/secである。いま、深さ10mの地下水の場合、$V_i = 3.97 \times 10^{-2}$cm/secである。これは、砂礫層の透水係数に近い大きな値で

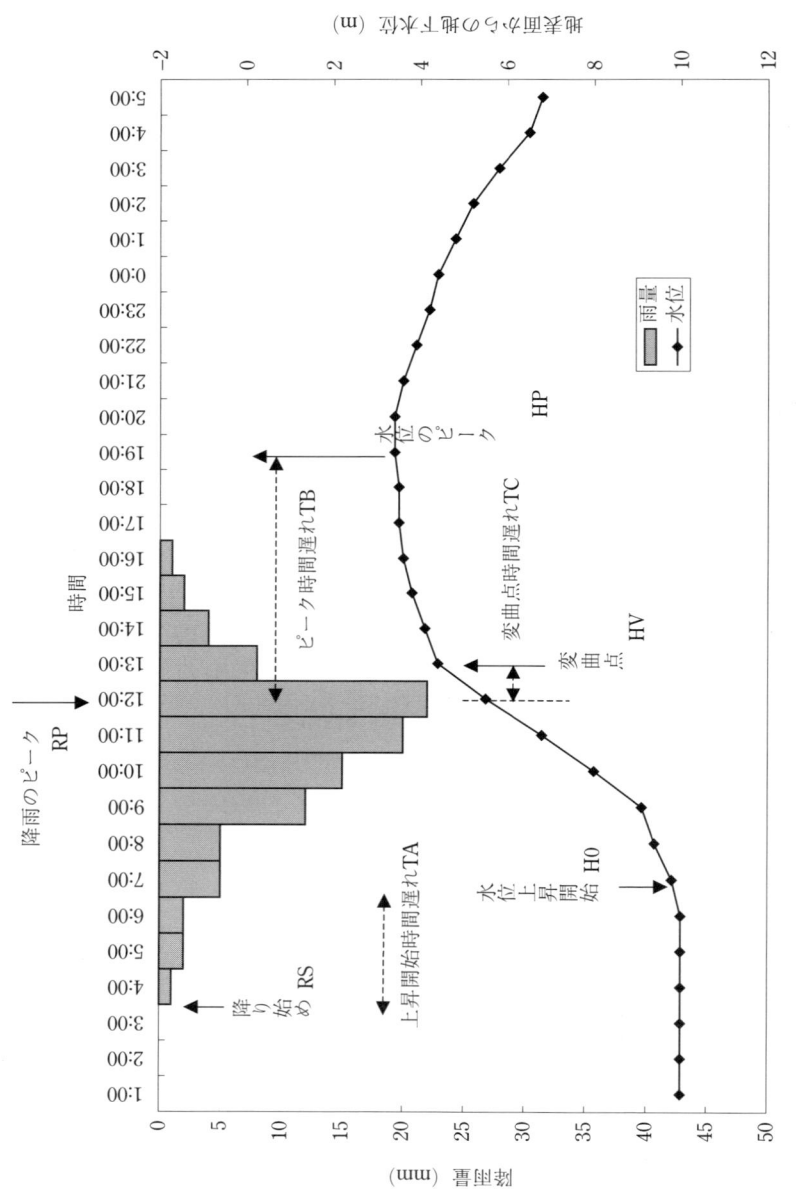

第 5 章 地下水の水収支および地下水・湧水の保全

図5.15 豪雨時の地下水位変動形態

146

5.1 地下水解析・水収支検討事例

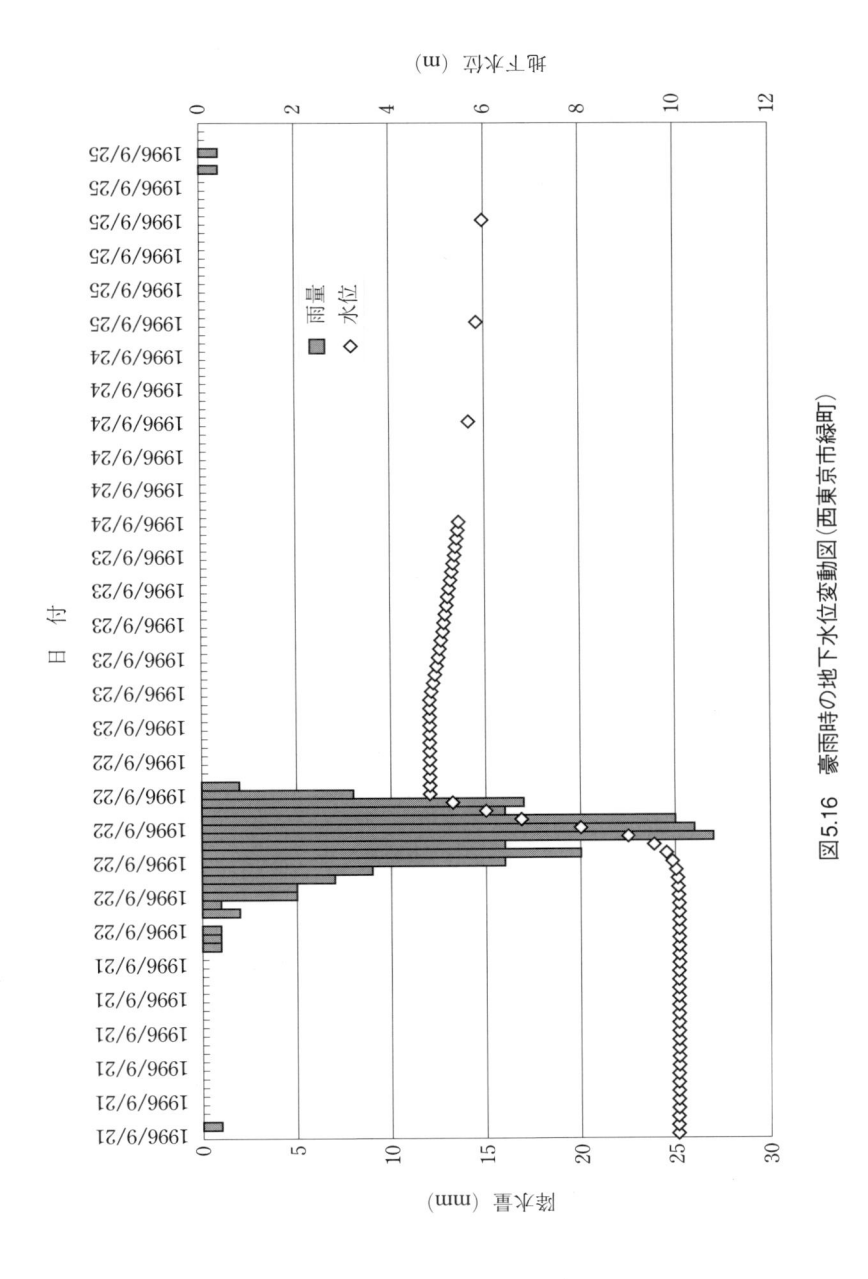

図5.16 豪雨時の地下水位変動図(西東京市緑町)

147

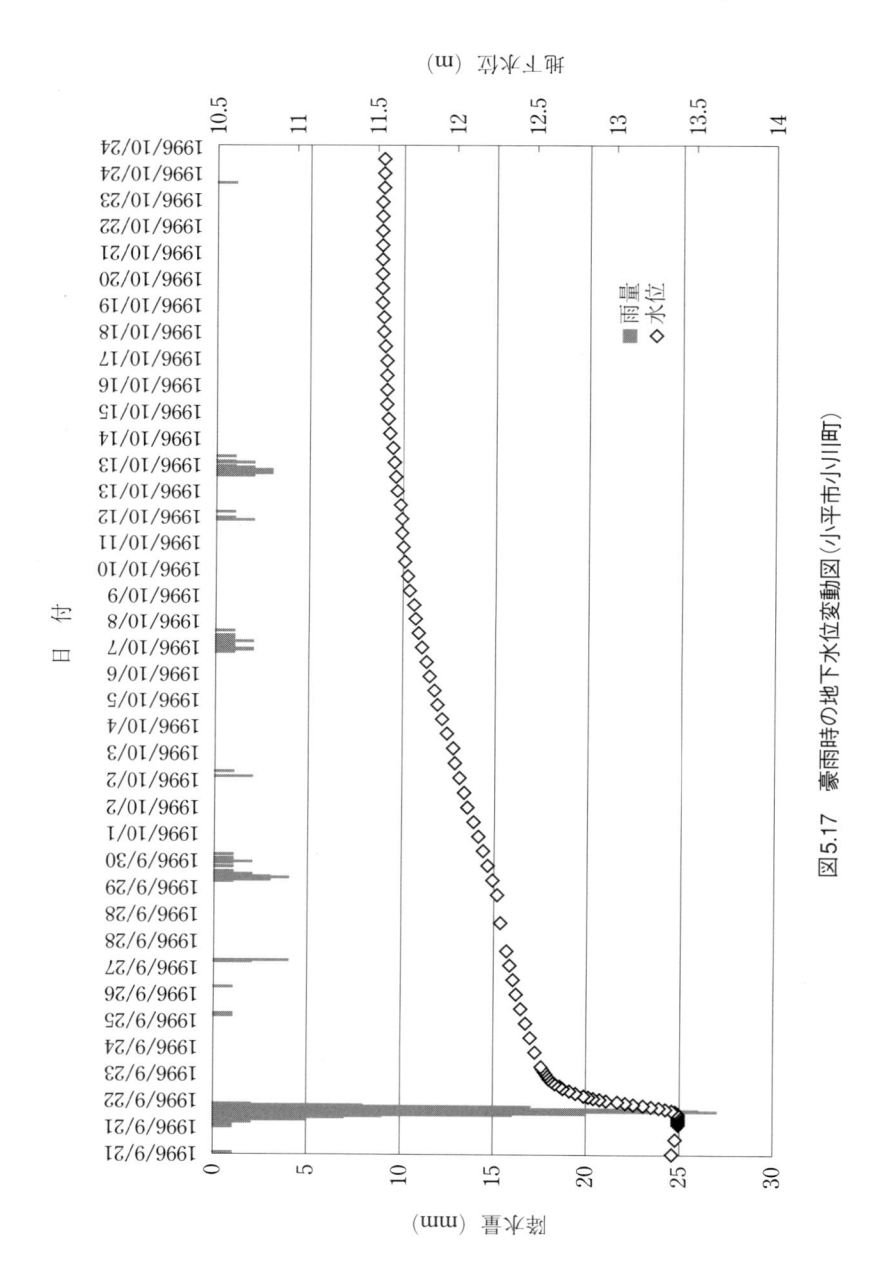

第5章 地下水の水収支および地下水・湧水の保全

図5.17 豪雨時の地下水位変動図（小平市小川町）

5.1 地下水解析・水収支検討事例

表5.2 豪雨時の地下水位上昇の分析結果

井戸番号	開始水位 H_0 (m)	ピーク水位 H_P (m)	変曲点水位 H_V (m)	T_A (hr)	T_B (hr)	T_C (hr)	水位上昇量 ΔH (m)	最早浸透速度 V_i (cm/sec)
6	10.06	4.82		6	5	0	5.24	0.046574074
4	10.91	9.76	9.79	4	925	19	1.15	0.075763889
2	16.27	14.5	16.04	6	673	13	1.77	0.075324074
3	13.4	11.53	12.62	12	649	25	1.87	0.031018519
1	—	12.27	—	0	613	0	—	—
5	15.78	14.26	15.21	11	625	33	1.52	0.039848485
11	6.72	5.82	5.94	1	17	7	0.9	0.186666667
9	9.35	7.64	8.3	9	49	6	1.71	0.028858025
14	4.11	3.19	3.48	10	11	5	0.92	0.011416667
16	3.76	1.1	1.58	8	7	3	2.66	0.013055556
ＫＫ氏	5.46	2.81	2.95	5	12	6	2.65	0.030333333
ＴＯ氏	8.37	6.01	6.38	13	13	7	2.36	0.017884615
ＩＮ氏	8.83	4.85	5.31	6	13	8	3.98	0.04087963
ＫＲ氏	4.6	2.76	2.99	6	49	13	1.84	0.021296296
ＳＩ氏	9.15	7.6	7.74	4	18	12	1.55	0.063541667
ＡＲ寺	3.56	2.45	2.56	4	23	14	1.11	0.024722222
ＫＩ神社	10.18	8.81	9.01	3	14	8	1.37	0.094259259
ＴＡ氏	7.25	5.62	5.79	5	8	6	1.63	0.040277778

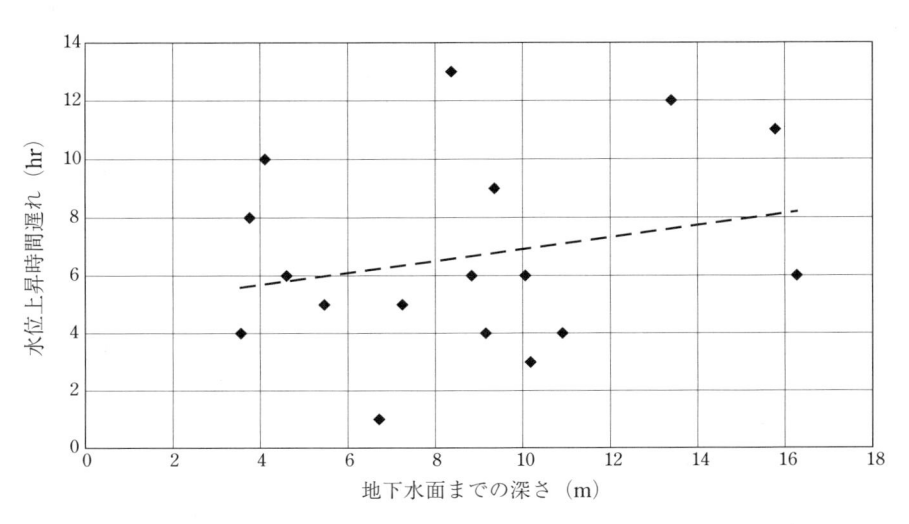

図5.18 地下水面までの深さと水位上昇時間遅れ

149

ある。実際の土質は、表層から数m厚の関東ローム層が堆積しているので、これほど大きな透水係数を示すことはないはずである。したがって、ローム層などの地下水涵養機構は、二重構造涵養（大間隙）説やピストン流モデル説（山本、1983）などを考える必要がある。

5）雨水浸透ます設置地域の水収支

水辺環境の復活を目指す様々な取り組みの中で、雨水浸透ます設置による地下水涵養・湧水保全事業が各地で行われている。個人住宅1軒ごとに雨水浸透ますを設置していくもので、1基当たりの浸透能力は時間降雨規模で10mm程度と小さい。一般に集水屋根面積が小さいので、設置に多くの時間、労力を要し、数多く設置しないと効果が薄い面があるが、一方で治水面の期待もあることから、都内でも各地で実施されてきている。ここで紹介するのは、東京都練馬区の土支田・大泉地区の地下水涵養効

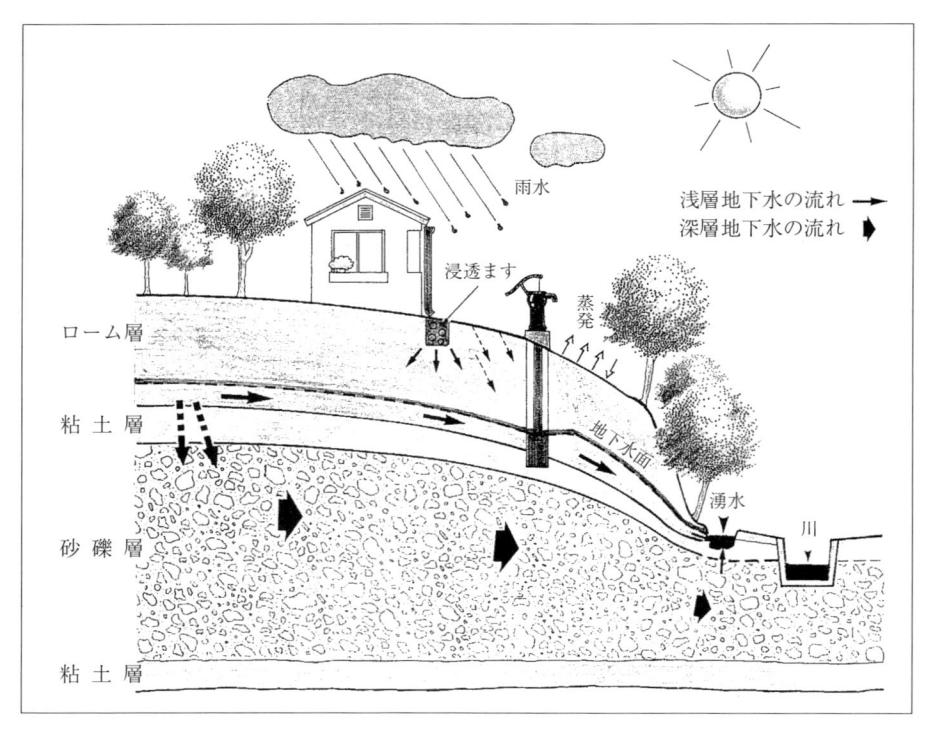

図5.19　雨水浸透ます設置による湧水保全のイメージ（練馬区、1994による）

果検討事例である(国分ら、2000；国分・土屋、2003)。なお、当地域では平成5〜6(1993〜1994)年度、民間住宅を対象に計180基の雨水浸透ますが設置されている(図5.19)。

(1) 調査地域

調査地域は、図5.20に示すように武蔵野台地面に位置する。地質層序は、最上位を新期のローム層(立川・武蔵野ローム層、層厚約5m)が覆い、その下位に凝灰質粘土層(下末吉ローム層、層厚約2〜4m)、そして段丘砂礫層である武蔵野礫層(平均層厚約5m)、東京層群(粘性土・砂質土・砂礫)と続いている。調査地域北東部の白子川河道沿いに稲荷山や清水山の湧水が見られ、それらを取り巻く雑木林は住民の憩いの森となっている(湧水涵養域は面積約$0.418km^2$で、図5.20に示す一点鎖線で囲んだ地域)。浅層地下水の主要帯水層は、武蔵野ローム層(平均層厚約4m)および武蔵野礫層(平均層厚約5m)である。

(2) 降雨量と地下水位、湧水量の関係

地下水位、湧水量はほぼ降水量に支配されて変動している。通常、降雨後1〜5時間で地下水位の上昇が始まり、湧水量は若干(0〜1時間)遅れて増加が開始する。また、湧水量のピークも地下水位のそれより6〜12時間遅れる。これらの変動について、図5.21に平成8(1996)年9月21〜22日にかけての台風17号時の例で示す。また、図5.22は地下水位・湧水量の長期変動を示したものである。

図5.23は降雨量(一雨降雨量)と地下水位、湧水量それぞれのピーク時間遅れの相関図である。降雨と地下水位のピーク遅れは1〜6日で、降雨量が100mmを越える豪雨の場合、地下水位のピークは2日以内である。一方、降雨と湧水量のピーク遅れは0〜8日の範囲にあり、地下水位のピークより早くピークが現れる場合もあるが、一般に湧水量のピークは地下水位のそれより後に現れることがわかる。

図5.24は、練馬区・稲荷山湧水(写真5.1)での地下水位(標高)と湧水量との相関関係を整理したものである。井戸と湧水地点は直線距離で約180mと近接していて、井戸地盤標高は約T.P. 41.00m、湧水地点標高は約T.P. 30.00mで、比高差11.00mである。しかも、井戸は湧水地点の上流側に位置するため、この井戸地下水位の動きは湧水に対して影響を与えていると考えられる。湧水量の単位は涵養域面積で除して降雨量と同じ単位にしている。また、地下水位、湧水量は、原則として降雨後5日経過した日のデータである。これは、5日間経過するとほぼ地下水位・湧水量のピークが現れるからである。一般に、地下水貯留量Sと地下水流出量(湧水量mm/日)qは線形関係に

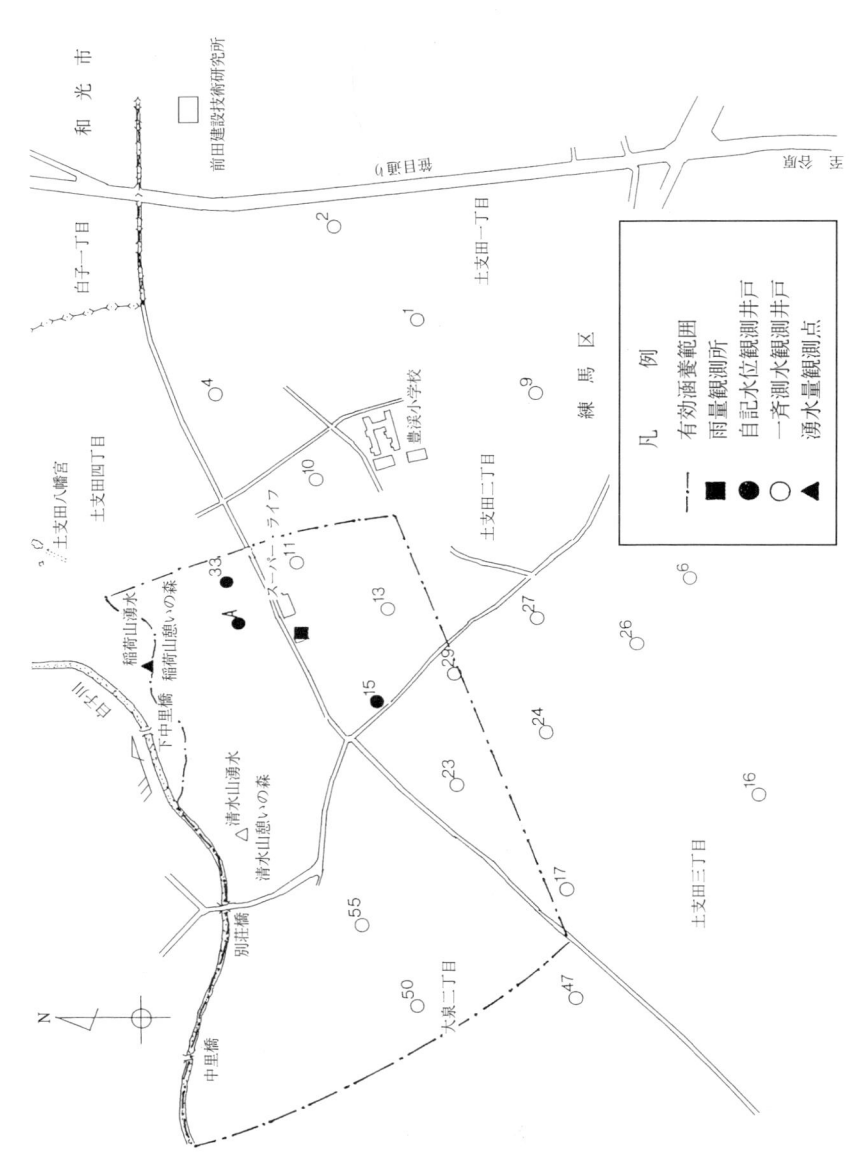

第5章 地下水の水収支および地下水・湧水の保全

図5.20 調査地位置（練馬区土支田）

5.1 地下水解析・水収支検討事例

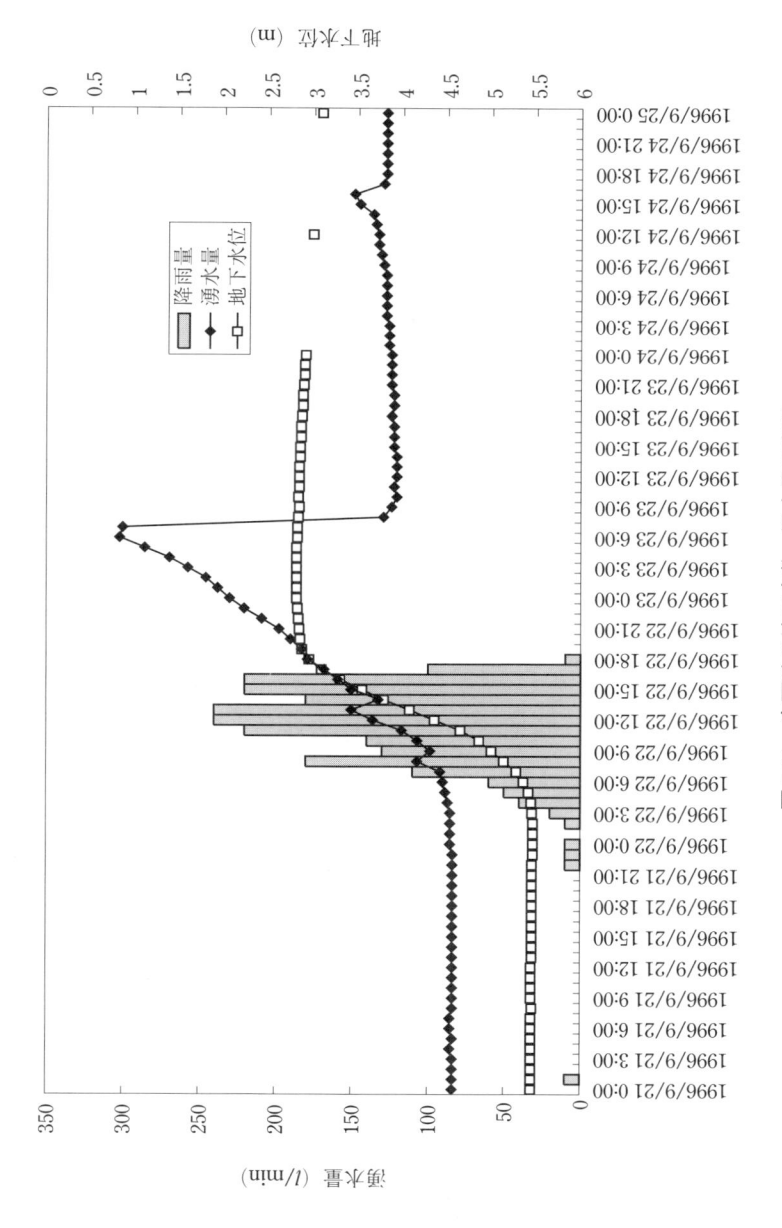

図5.21 豪雨時の地下水位・湧水量の変動

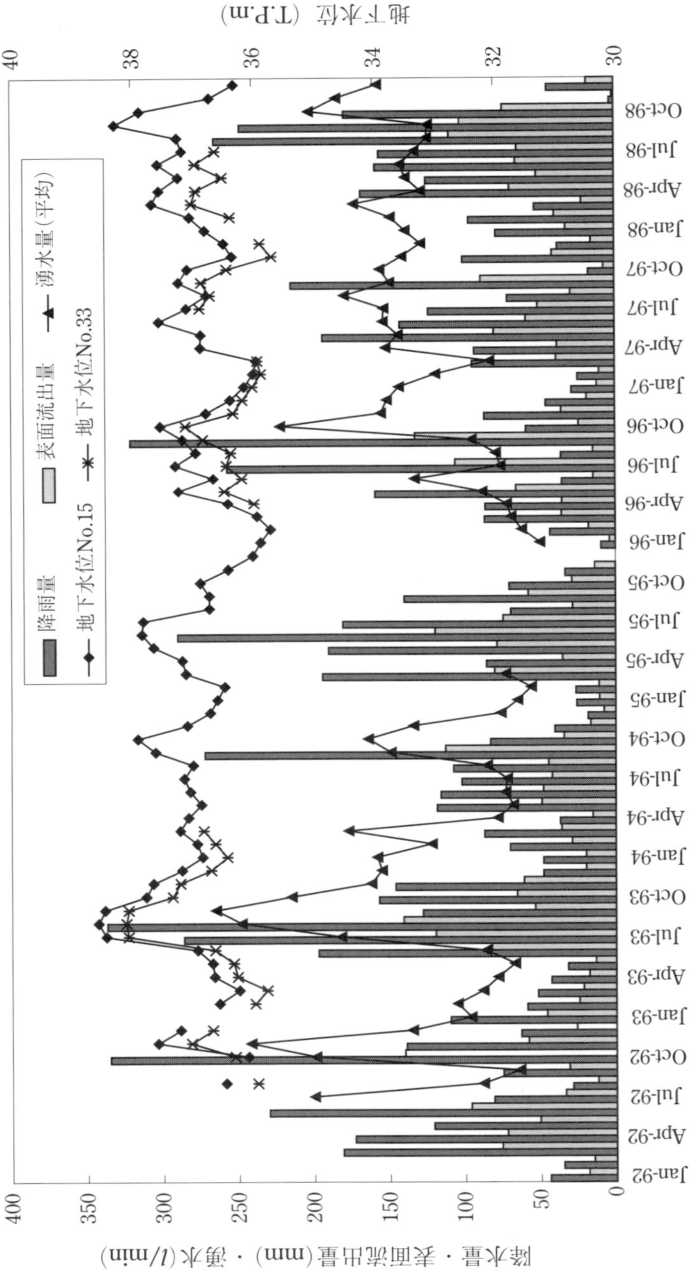

第5章 地下水の水収支および地下水・湧水の保全

図5.22 地下水位・湧水量の経年変化

※降水量、表面流出量は月合計値、湧水量・地下水位は月平均値である。

5.1 地下水解析・水収支検討事例

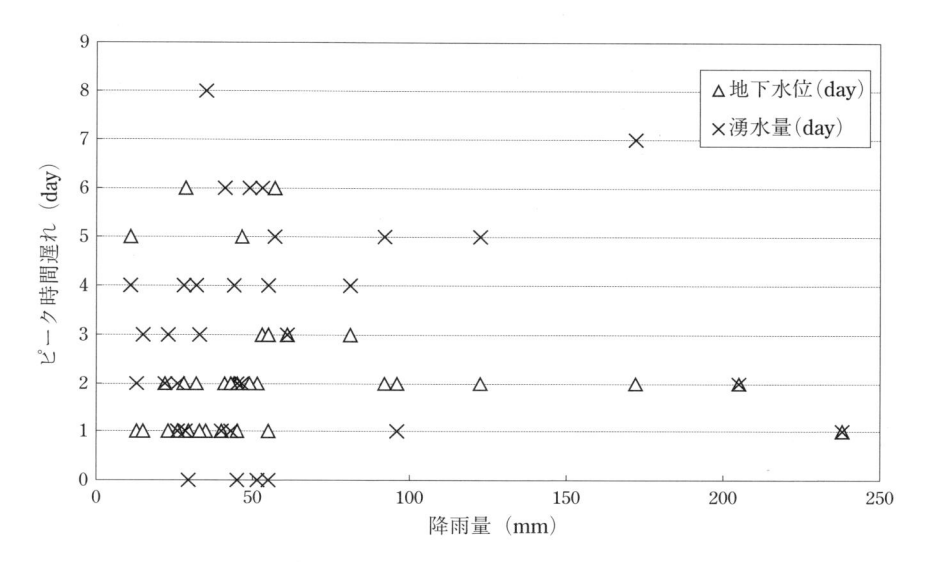

図5.23 降雨量と地下水位・湧水量のピーク時間遅れ

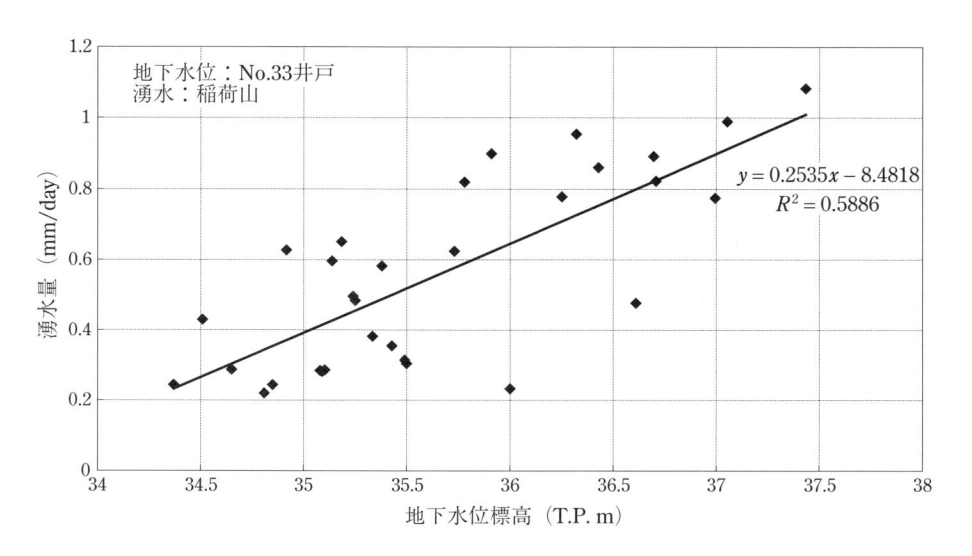

図5.24 地下水位と湧水量の相関

第5章　地下水の水収支および地下水・湧水の保全

写真5.1　練馬区・稲荷山湧水

ある（三宅、1978）。湧水量 q（mm/日）と地下水位標高 H_g（T.P. m）もほぼ一次線形近似が可能で（相関係数 $r = 0.77$）、当地域では次のような回帰式である。

$$q = 0.25 \cdot H_g - 8.48 \tag{5.6}$$

図5.24および式（5.6）から類推すると、湧水枯渇が予想される地下水位は約T.P. 33.4mである。このことから、この地域では余程の渇水が起きて地下水位がこの水位以下に下がらないかぎり、稲荷山等の湧水枯渇には至らないのではなかろうか。

(3) 地下水位のシミュレーション

ます設置による地下水・湧水への影響予測を検討するため、地下水タンクモデルによるシミュレーションを行った。タンクモデルは菅原のモデル（第2章の図2.15）を用いて、同定された定数結果を図5.25に示す。タンクモデルの使用パラメーターについては、実測地下水位の水位下降低減率やローム層厚、地下水帯水層厚、帯水層の有効間隙

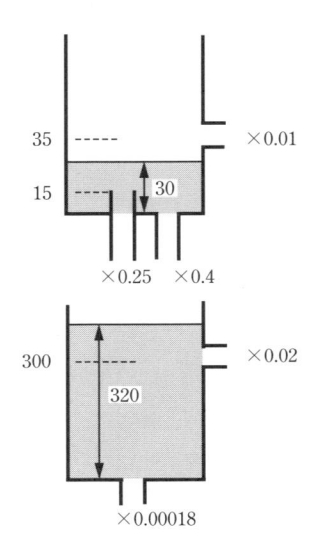

図5.25　タンクモデルの定数結果

5.1 地下水解析・水収支検討事例

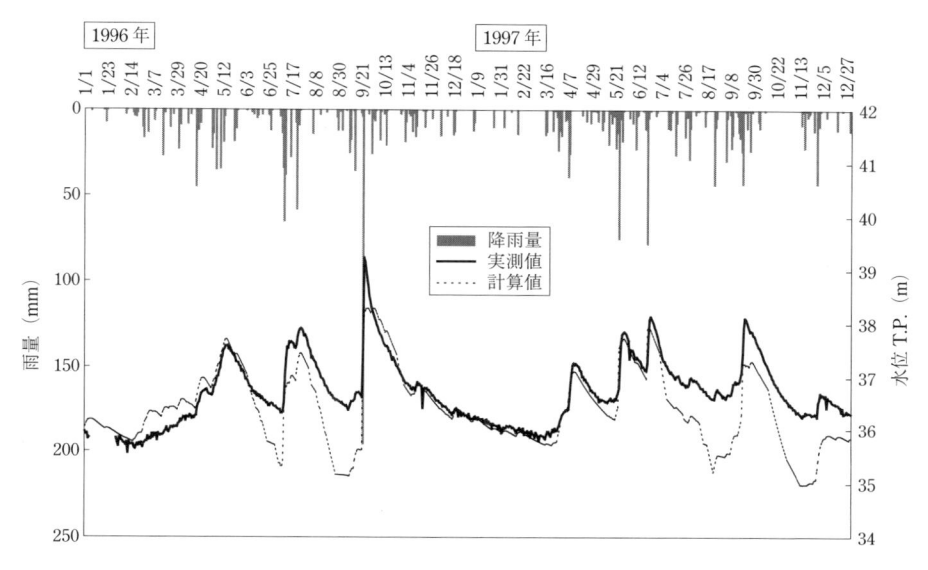

図5.26 日単位シミュレーション結果

率等を考慮しながら初期値を設定した(菅原ら、1986)。

図5.26は、平成8～9(1996～1997)年の2年間の日単位シミュレーション結果である。図でわかるように、地下水位ピーク値を合わせることを優先した結果、地下水位低減部で計算値が低く実測値とのズレが出てしまった。理由の一つに、夏期の地下水位が低く、蒸発散量の算定が過大であったとも考えられる(蒸発散量の算出はソーンスウェイト式によった。ただし、一般的に夏期に過大、冬期に過小となる傾向があるため季節補正は行った)。また、年間水収支の結果(平成8(1996)年と平成9(1997)年の2年間の平均値)は図5.27のとおりで、当地域の水循環の特徴がわかる。

ここで、雨水浸透ますについては少し補足説明をする。浸透ますの1基当たりの浸透能力は、平成5(1993)年の練馬区の現地調査によると8.4mm/hrである。一方、この年の実績降雨のうち、8mm/hr未満の降雨は約71％であり、計算上は年間降雨量の単純に約7割はこの雨水浸透ますにより地下浸透可能という結果になる。なお、対象地域に設置された雨水浸透ますは180基と述べたが、ますは1軒当たり1～2基で、1基当たりの受け持ち屋根面積は約28m^2であった(((社)雨水貯留浸透技術協会、1995)。対象地域には浸透ます未整備の民間家屋面積が未だ約120,000m^2あるので、仮に28m^2に1基のますを残り全てに設置するとして、4,000基弱の雨水浸透ますが設置可能であ

157

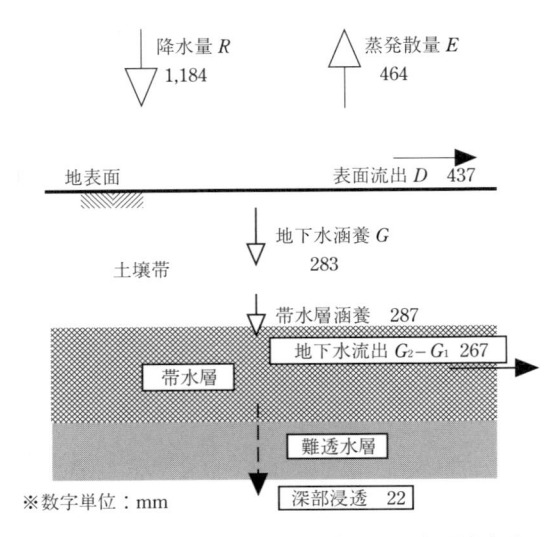

第 5 章　地下水の水収支および地下水・湧水の保全

図5.27　練馬区、土支田・大泉地区の年間水収支

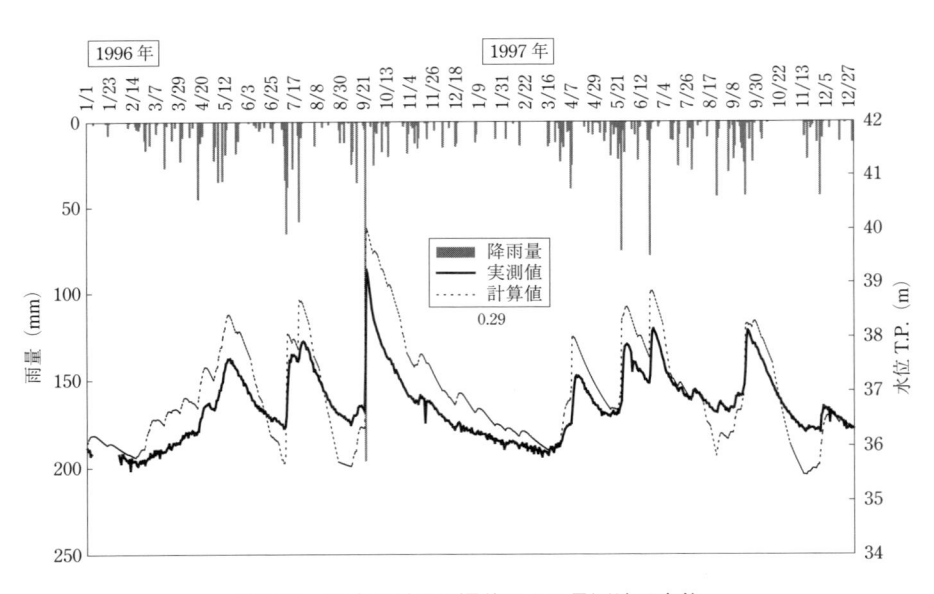

図5.28　雨水浸透ます涵養による予測地下水位

る。しかし、民間住宅が対象となるため、実際の設置には住民の理解・協力、補助金、設置後の維持管理をどうするかなど解決しなければならない問題があり普及が進まないが、現時点（1997年末時点）での180基という数字はかなり少ない浸透ます数である。

図5.28はシミュレーション結果を用いて、地域の全家屋に雨水浸透ますが設置されたと仮定した試算結果である。この場合、流出率は現状の0.41から0.26へ低減し、地下水涵養量は現状の約1.5倍、年に約430mmと増加。湧水量は約1.5倍の年409mm、地下水位もピーク時の水位が約50cm上昇するという計算結果が得られた。

6）本郷台、白山地域の不圧地下水収支

平田は、東京・文京区の本郷台、白山地域において、土壌水分観測、気象観測を長期間、綿密に行い、これを水収支手法で解析して不圧地下水の涵養機構を明らかにした（平田、1971）。特徴的なのは、中性子水分計による詳細な土壌水分の観測結果から、これまでどちらかといえばブラックボックスとして扱ってきた土壌帯の水分の動きを水収支で解明している点にある。なお、観測地の白山は標高約25mの平坦な山の手台地上にあり、地質は図5.29に示すように、表層に関東ローム、その下に山の手粘土層を挟んで東京砂礫層となっている。

(1) 地下水位変化特性

平田は、ある時期の地下水位が、それ以前に降った降水量に重みを付けて時間的に積分したものと考えた。昭和37（1962）年以後の3年間の地下水位、降水量データをフーリエ解析し、重価平均法により地下水位に影響する降水の重み$\varphi(x)$の分布を求めたのが図5.30である。図から、$\varphi(x)$は1～2カ月をピークとして約7カ月まで漸次減少していることを指摘し、地下水位には約半年間の降水の累積が影響し、特に1～2カ月前の影響が大きいとしている。一方、個々の降雨に対応した水位変化も認められるので、日単位で短周期の解析を行った（図5.31）。これを見ると、約8日前の降水が最も地下水位に影響しているのがわかる。

以上のことから、ある時期の地下水位の高低（絶対

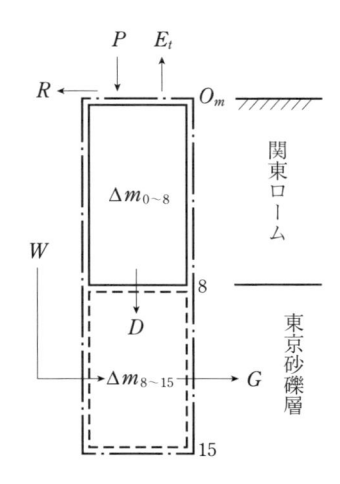

P：降水量
E_t：蒸発散量
R：表面流出量
$\Delta m_{0～8}$：深さ0～8mの土壌中の水分変化量
G：地下水流去量
W：人工的涵養量
D：自然涵養量

図5.29　水収支計算モデル
　　　　（平田原図、山本加筆）

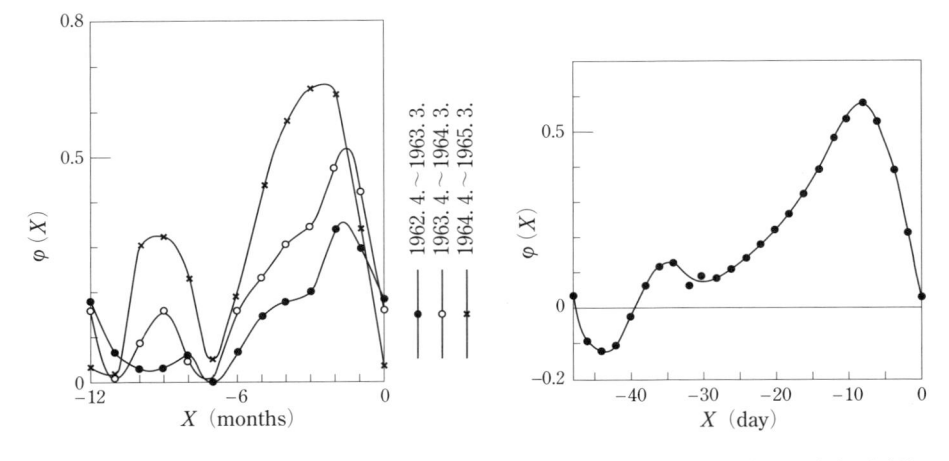

第5章 地下水の水収支および地下水・湧水の保全

図5.30 降水の重みφ(x)の分布(月単位)　図5.31 降水の重みφ(x)の分布(日単位)

値)は、それ以前の長期間(1〜2カ月間)の降水の積算値によって決定され、短期間の水位の変動は個々の降水の大きさに対応しているとしている。

(2) 水収支解析

地表から東京層のシルト層までの水の動きを捉えるため、図5.29に示すように深度15mまでの単位面積の土柱について、次の水収支式を考える。

$$P + W = E_t + R + \Delta m_{0\sim 15} + G \tag{5.7}$$

この土柱は、構成物質の性質から上部の関東ローム層、山の手粘土層の部分(0〜8m)と下部の山の手砂礫層、東京層の部分(8〜15m)とに分けられ、深度8mまでの土柱については、

$$P = E_t + R + \Delta m_{0\sim 8} + D \tag{5.8}$$

深度8〜15mの土柱については、

$$D + W = \Delta m_{8\sim 15} + G$$
$$D' + W = \mu \cdot \Delta H + G \tag{5.9}$$

のどちらかが成立するとした。ここで、P:降水量、E_t:蒸発散量、R:表面流出量、Δm:土壌水分変化量、G:地下水流去量、W:主帯水層への人工的涵養量(上下水道

160

表5.3 本郷台、白山の水収支計算結果

(Unit：mm)

	period		1967 3/24 ~ 4/29	4/30 ~ 5/27	5/28 ~ 6/25	6/26 ~ 7/29	7/30 ~ 8/31	9/1 ~ 9/23	9/24 ~ 10/28	10/29 ~ 11/26	11/27 ~ 12/30	1967 12/31 1968 1/27	1/28 ~ 2/25	2/26 ~ 3/30	Total
	days		37	28	29	34	33	23	35	30	33	28	29	34	373
1	Precipitation	P	111.4	46.1	86.0	113.7	67.3	128.8	227.2	50.9	43.4	9.5	48.0	67.5	1,001.8
2	Effective precipitation for recharge	P'	47.8	−24.9	1.7	−3.1	−4.8	45.5	119.1	26.5	30.0	3.8	23.2	26.6	291.4
3	Evapotranspiration & Surface runoff	$E_t + R$	63.6 (1.72)	71.0 (2.54)	86.3 (2.98)	116.8 (3.44)	72.1 (2.18)	83.3 (3.62)	108.1 (3.09)	24.4 (0.82)	13.4 (0.41)	5.7 (0.20)	24.8 (0.86)	40.9 (1.20)	710.4 (1.90)
4	Evapotranspiration	E_t	43.2 (1.17)	63.2 (2.26)	66.2 (2.28)	95.2 (2.80)	62.2 (1.89)	56.6 (2.46)	46.9 (1.34)	14.2 (0.47)	5.2 (0.16)	5.7 (0.20)	12.5 (0.43)	29.2 (0.86)	500.3 (1.34)
5	Soil moisture change	$\Delta m_{0 \sim 15}$	34.4	−36.6	−11.1	−20.7	−24.5	29.0	86.1	−6.5	−3.4	−22.0	1.1	4.5	30.3
6		$\Delta m_{0 \sim 8}$	29.2	−44.2	−19.2	−35.1	−26.2	18.1	45.7	−4.2	18.2	−2.3	16.9	14.5	11.4
7		$\Delta m_{8 \sim 15}$	5.2	7.6	8.1	14.4	1.7	10.9	40.4	−2.3	−21.6	−19.7	−15.8	−10.0	18.9
8	Change of ground water	$\mu \cdot \Delta H$	2.0 (0.05)	6.5 (0.23)	7.8 (0.27)	12.3 (0.36)	8.0 (0.24)	14.5 (0.63)	37.5 (1.07)	−2.6 (−0.08)	−15.5 (−0.47)	−15.5 (−0.55)	−11.8 (−0.41)	−9.3 (−0.27)	34.0
9	Outflow of ground water	G	54.0 (1.46)	41.4 (1.48)	44.7 (1.54)	55.0 (1.62)	56.0 (1.70)	41.8 (1.82)	71.5 (2.04)	66.0 (2.20)	69.7 (2.11)	55.5 (1.98)	54.0 (1.86)	59.5 (1.75)	669.1 (1.79)
10	Artificial Recharge	W	40.6	29.7	31.9	37.4	36.3	25.3	38.5	33.0	36.3	29.7	31.9	37.4	408.0
11	Recharge to the aquifer	D	18.6 (0.50)	19.3 (0.69)	20.9 (0.72)	32.0 (0.94)	21.4 (0.65)	27.4 (1.19)	73.4 (2.10)	30.7 (1.02)	11.8 (0.36)	6.1 (0.22)	6.3 (0.22)	12.1 (0.36)	280.0 (0.75)

( )：average daily value, mm/day.

の漏水量から浅井戸の揚水量を差し引いた値)、D, D'：関東ローム層下底から主帯水層への自然涵養量、ΔH：地下水位変化、μ：地下水位変化部分の有効間隙率である。

　以上の水収支式により、昭和42(1967)年3月から1月単位で1年間の水収支計算を行った結果が表5.3である。降水量約1,000mmのうち、710mmが蒸発散および表面流出として失われ、地下水自然涵養量は280mmである。これに水道漏水等の人工的涵養量約410mmが加算されて全涵養量は690mmとなる。これは想像以上の水量である。

　このように、都市部の地下水収支では、場合によっては漏水等の新たな水収支要素を考慮しなければならないことを示す一例である。

5.2　雨水浸透施設による湧水保全事業

1)　湧水の涵養域調査

　湧水は、その湧出量と湧出のメカニズムを把握できれば対策を講じることができる。東京都環境局では都内全域で34カ所、ほかに練馬区、板橋区、世田谷区が各湧水の涵養域調査を行っている(表5.4)。調査内容は次のとおりである。

　①　地下水の流向、湧水量の連続測定
　②　域内、周辺井戸の水位測定
　③　ボーリングデータの収集および解析

　涵養域調査の結果、地下水面図、涵養域の境界(地下水流域界)、帯水層、地質などがわかり、どこに涵養すれば効果的かがおおよそ把握できた。浸透の考え方としては、緑地の少ない東京では、屋根に降った雨水を浸透ますから地下浸透させる手法が考えられる。平成3(1991)年の秋には、一時的ではあるが、涸渇した神田川の源泉である井の頭池や石神井川の三宝寺池でも湧水が復活した。この年は雨量が多く、地下水位が上昇したからである(因みに、平成3年の東京・大手町の年降水量は2,042mmで、9月、10月の降水量はそれぞれ445mm、533mmと多かった。平年値が1,467mmであるから約600mm多い)。

2)　湧水保全の試み

　全国で初めて湧水の涵養保全モデル事業を行ったのは東京都である。名水百選の一つである国分寺市の「お鷹の道・真姿(ますがた)の池湧水群」の涵養域に、雨水浸透ます2,018基を平成2(1990)年度から平成4(1992)年度にかけて、市民の協力を得て各家庭の庭

5.2 雨水浸透施設による湧水保全事業

表5.4 涵養域調査箇所一覧

No.	湧水名	所在地	涵養面積 (km²)
1	駒場野公園	目黒区駒場	0.11
2	洗足池公園	大田区南千束	0.68
3	善福寺原寺分橋	杉並区西荻北	2.8
4	神田川水源	杉並区清水	0.8
5	名主の滝公園	北区岸町	0.02
6	白子川（八の釜憩いの森）	練馬区東大泉	0.68
7	大泉井頭公園下	練馬区東大泉	2.4
8	石神井公園（三宝寺池）	練馬区石神井台	3.7
9	石神井川の水源	練馬区関町北	3.5
10	小宮公園	八王子市大谷町	0.21
11	矢川緑地保全地域	立川市羽町	6.7
12	立川高等職業技術専門校わき	立川市羽町	7.9
13	井の頭公園	三鷹市井の頭	8
14	野川公園	三鷹市大沢	1.8
15	仙川丸池	三鷹市新川	7.5
16	御滝神社	府中市清水が丘	0.01
17	拝島公園	昭島市拝島町	0.32
18	諏訪神社	昭島市宮沢町	0.15
19	深大寺	調布市深大寺	合わせて2
20	都立水生植物園	調布市深大寺	
21	芹が谷公園	町田市町田	1
22	愴浪泉園の湧水	小金井市貫井南町	0.55
23	貫井神社	小金井市貫井南町	1.5
24	黒川清流公園	日野市東豊田	1.9
25	中央図書館下	日野市東豊田	0.53
26	秋津公園	東村山市秋津町	0.03
27	日立中央研究所	国分寺市東恋ヶ窪	5
28	姿見の池	国分寺市西恋ヶ窪	0.24
29	東京経済大学（新次郎の池）	国分寺市南町	0.68
30	谷保の城山歴史環境保全地域（ママ下湧水）	国立市谷保	1.3
31	南養寺	国立市谷保	0.18
32	南沢緑地保全地域	東久留米市南沢	3.9
33	落合川	東久留米市八幡町	0.16
34	二宮神社	秋川市二宮	0.88

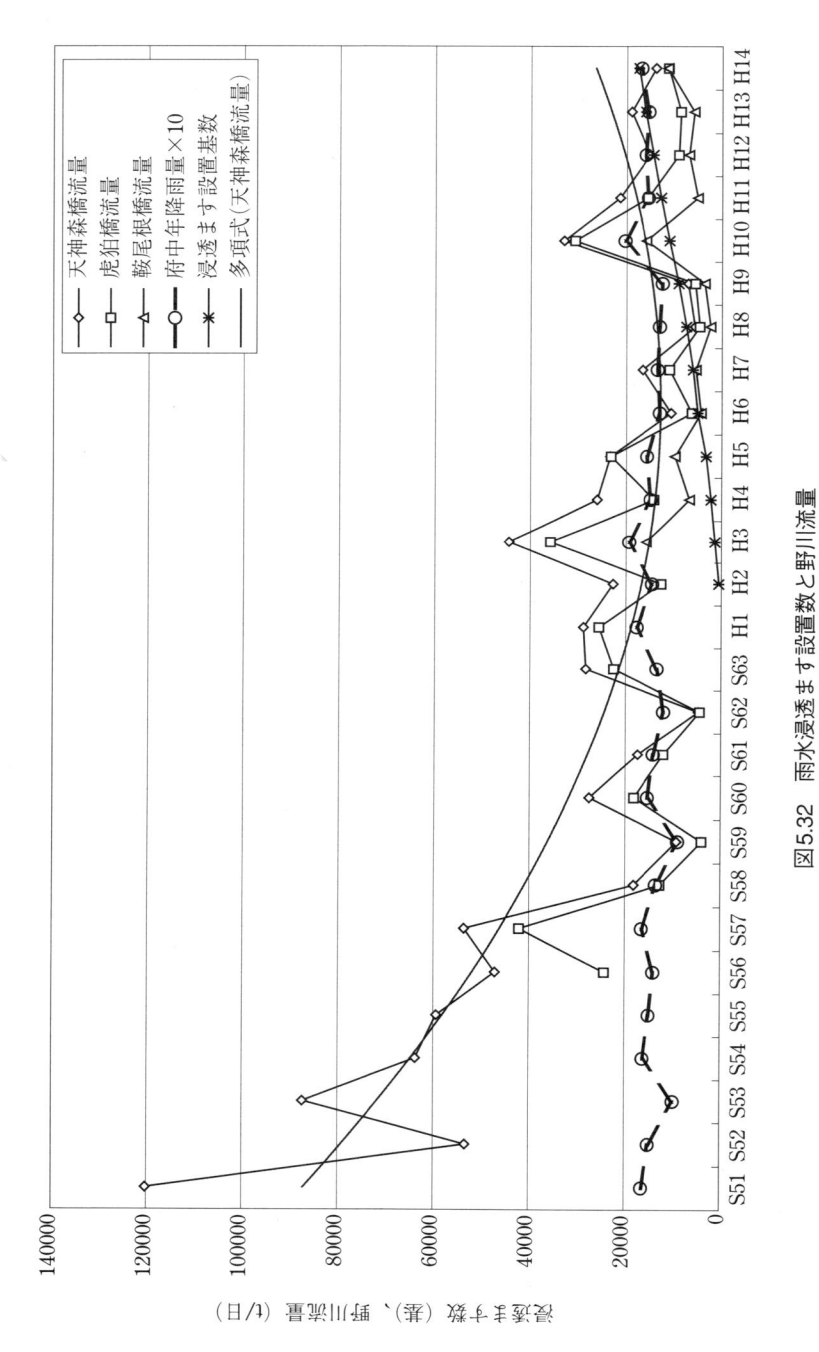

第5章　地下水の水収支および地下水・湧水の保全

図5.32　雨水浸透ます設置数と野川流量

に設置した。この結果、「真姿の池」は現在まで湧水の涸渇はみられない。同様に、野川支流の仙川・丸池には4,000基の浸透ますを平成4(1992)年度から設置している。その結果、仙川の上流部も涸渇の心配はなくなった(図5.32)。

野川流域は、元来、国分寺崖線沿いに湧水の多く見られる地域である。特筆すべきは、この流域の国分寺市、小金井市、三鷹市、調布市、世田谷区の全てで、雨水浸透ますを積極的に設置していることである。その総数は、これら5区市だけで約89,000基余(平成14年度末現在、聞き取り調査による)に達する(小金井市と三鷹市で約87％を占める)。これだけの数は全国にも例がないと思われる。少しずつではあるが、野川の下流域では平常時の河川流量が増えているようであり、歓迎すべきことである。さらに、後述するが、野川上流域の「姿見の池」にJR武蔵野線のトンネル湧水が平成14年3月から導水され始めたことにより、野川の水環境が改善の兆しをみせている。その他、練馬区、板橋区、日野市等でも湧水保全のために雨水浸透事業を熱心に行っている。

3) 都会では雨水の浸透を

前節の冒頭にも述べたように、市街化が進んだ都心では雨水の浸透域がほとんどみられない状況にある。実際、水収支の結果でも、23区内では水道漏水量の方が雨水の浸透量より多い結果となっている。しかし、水道の漏水は給配水管の老朽化が原因で起きているもので、これはその後の漏水防止化が効果を上げ、急速に減少している。道路や建物など、コンクリート・アスファルトに覆われた市街地で地下水の低下を防ぎ、地下水涵養を維持する残された手段は、屋根雨水の地下浸透しかないと考えられる。ただし、雨水浸透の際に地下水を汚染することのないよう、①きれいな内に、②地表近くから、③分散し少量づつ浸透、の3原則を徹底する必要がある。台地などでは、砂礫層など帯水層へ直接浸透させることは避け、その上のローム層などの不飽和帯へ涵養するのがよいだろう。

4) 雨水浸透施設の設置に当たって

雨水・貯留浸透施設の設置、技術的な基準については、各種の浸透実験結果から多くの指針、基準が出されており、また自治体・担当部署によっては独自の基準を制定しているところもある。

雨水浸透施設技術指針(案)((社)雨水貯留浸透技術協会、1995)によれば、浸透施

設の設置に当たっての目安として、

① 地形・地質からの判断：適地として、台地・段丘・扇状地・自然堤防・丘陵地など。不適地は、沖積低地・人工改変地・切土面・地滑り防止区域・急傾斜危険区域など
② 土質からの判断：透水性のよくない土質（透水係数が10^{-5}cm/secより小。間隙率10％以下。粒度分布で粘土分が40％以上）を避ける
③ 地下水位からの判断：地下水位の高い地域は浸透能力が減少するので不適。地下水位と浸透施設底面の距離が0.5m以上必要
④ 周辺環境への影響からの判断：土壌汚染区域で、浸透によって汚染物質の拡散、汚染の予想される区域は除外

表5.5 雨水浸透施設の浸透量（東京都、1991による）

施設名	浸透層の地質	設計浸透能	説明	備考
道路浸透ます	新期ローム黒ぼく	1.8m³/(m·hr)	横型（現在は横型のみ使用されている）浸透トレンチ（1×1m）部分の値浸透トレンチ部分の延長1m当たり	A
	砂礫	2.3m³/(m·hr)		
浸透トレンチ	新期ローム黒ぼく	0.7m³/(m·hr)	浸透トレンチ（0.75×0.75m）の標準寸法の値浸透トレンチ延長1m当たり屋根の雨水を対象とすることが好ましい	B
	砂礫	1.0m³/(m·hr)		
浸透ます	新期ローム黒ぼく	0.7m³/(m³·hr)	底面積（砕石部分）1m²当たりの値ます内の水位を1mとする屋根の雨水を対象とすることが好ましい	B
	砂礫	1.0m³/(m³·hr)		
透水性舗装	新期ローム黒ぼく	20mm（歩道）：2m³/100m²	貯留量とする。駐車場では50mmの貯留量とする：5m³/100m²	C
透水性平板		20mm（歩道）：2m³/100m²	貯留量とする	C
浸透U型溝		0.1m³/(m³·hr)	延長1m当たり	B
浸透井浸透池	新期ローム黒ぼく	$1.0×10^{-4}$cm/sec	透水係数に相当する	B
	砂礫	$1.0×10^{-2}$cm/sec		

（注） 1．浸透施設の計画には、上記の浸透能力一覧表を参考とする。
　　　2．注入試験等により、浸透能が確認できたものについては上記によらなくてもよい。
　　　3．上記の値は目詰まり等の能力減を考慮した値である。
　　　4．備考欄の説明
　　　　　A：ごみ除去フィルター並びに分流施設をもつ。ピークカットを想定した値
　　　　　B：ベースカットを想定した値
　　　　　C：3〜5年に1回の割合で洗浄をし、目詰まり等による能力減の回復を図るための維持管理を前提とした値

⑤ 土地利用からの判断：自治体で定められている土地利用計画で開発禁止区域、または開発が予想されない区域は除外

の5項目を検討項目としてあげている。いずれにしても、実際に浸透施設を造る場合は、原則として現地浸透試験を行って土壌の浸透能力を測定することが必要である。なお、現在まで実施された数多くの浸透実験・観測成果、および他機関の調査結果を総合的に判断して求められた浸透施設の浸透量について、**表5.5**に参考値を示す（東京都、1991）。

雨水浸透施設には数多くの種類があり、目的・規模などによって使い分けされている。東京では、民家の屋根に降った雨水を家庭の庭先に浸透させる施設が最も多く普及していることから、ここではこの種の施設について概略述べることにする。

(1) 浸透施設

対象が民家の屋根雨水なので小規模の浸透施設が多い。種類は次のようなものである。

① 浸透ます：ますの底面、側面を砕石で充填し、集水した雨水を地中に浸透させるもの
② 簡易浸透ます：上記浸透ますの側面浸透部分が省かれたもの
③ 集水浸透人孔：人孔（マンホール）の底面、側面を砕石で充填し、集水した雨水を地中に浸透させるもの。
④ 地下浸透管：掘削した溝に砕石を充填し、この中に浸透管を埋設、これに雨水を導いて地中に浸透させるもの。

ほぼこのような施設が各戸に造られる。浸透ますや簡易浸透ますには屋根から雨樋の先が直接つながれる場合が多く、通常このタイプの浸透ます設置がほとんどを占める（図5.33）。集水浸透人孔および地下浸透管は、敷地や建物の関係で浸透ますで処理できない場合に用いられるようである。なお、国や東京都、各

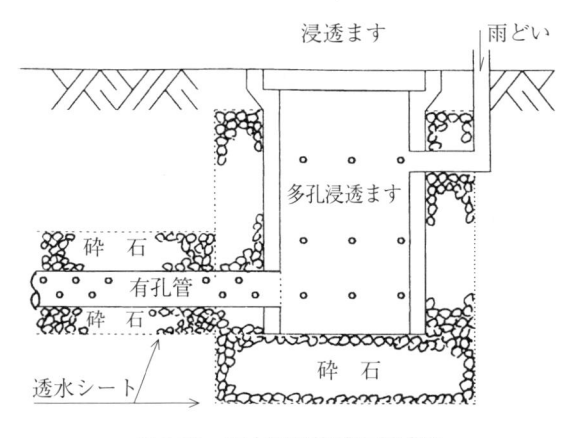

図5.33 雨水浸透施設の模式図

自治体は、個人がこうした浸透施設を設置する場合に補助金を出して援助している。

(2) 施設の設置区域

所定の浸透能力を持つ土壌でさえすれば浸透施設は設置できるが、実際は設置が禁止されている区域がある。それは、①宅地造成等規制法に係る区域、②急傾斜地、③法面の安全性が損なわれる区域、④自然環境を害するおそれがある区域、などとなっている。したがって、崖地などでは斜面の高さ（H）の2倍、つまり法先・法尻から$2H$の距離の範囲の家庭にはこうした浸透施設を造ることができない。これは致し方ないことであるが、湧水の保全・復活にとっては残念なことである。すでに述べたように、湧水箇所が自然の段丘崖線に多くみられるからである。東京の小金井市では、総数で45,000基以上（平成15（2003）年7月末現在）という膨大な数の浸透ますを設置しているが、野川のハケ（国分寺崖線）沿いの段丘上部には浸透ますができないのである。

(3) 雨水浸透施設の設置と流出変化

前述したように、東京の野川流域は最も雨水浸透施設が普及している地域である。とりわけ、東京の小金井市は湧水の復活・保全に向けて昭和63（1988）年度から雨水浸透事業に取り組んでいる。なお、同市では昭和56（1981）年に下水道100％普及を達成している。このため、屋根に降った雨は全て公共下水道に取り込まれて処理場の負担が増大し、分流区域では短時間で河川に流出するため氾濫の危険性が増加した。こういった背景のもとに雨水流出抑制、地下水涵養、湧水復活等の目的のため雨水浸透事業が進められている。

図5.34は昭和62（1987）〜平成10（1998）年までの小金井市流域の下水道処理量（図では流入水量とあるもの）、推定雨水流出量、雨水浸透量の経年変化を表したものである。なお、単位はすべて降水量の単位（mm）に統一してある。下水処理量は野川処理区の流末（成城調整所計測）処理量で、汚水・雨水両方の合計量である。推定雨水流出量も同地点での推定量で、雨水浸透量は計算で求めた量である。すなわち、小金井市の浸透ます設置家屋の一戸当たりの平均屋根面積は98m^{2}であり、各年次ごとの浸透ます設置家屋軒数はわかっている。また、浸透ますは1基当たり20mm/hr以下の降雨に対応でき、これは年間降雨の97％に当たるという。よって、年降水量に一戸当たり屋根面積、設置家屋軒数、ますの処理能力率97％を掛け合わせて求めたものである。図をみてわかるように、推定雨水流出量は都市化によって不浸透域が増え、増大が予想されるにもかかわらず経年的に大きな増加がみられない。一方、雨水浸透量は昭和62（1987）年以来、毎年の浸透ますの増加によりわずかずつ増えている。さ

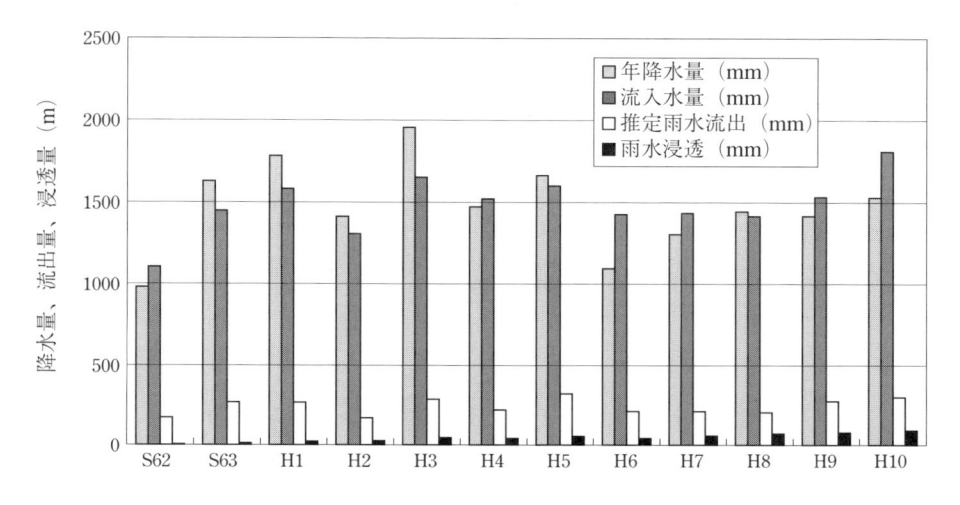

5.2 雨水浸透施設による湧水保全事業

図5.34 小金井市流域の流出変化

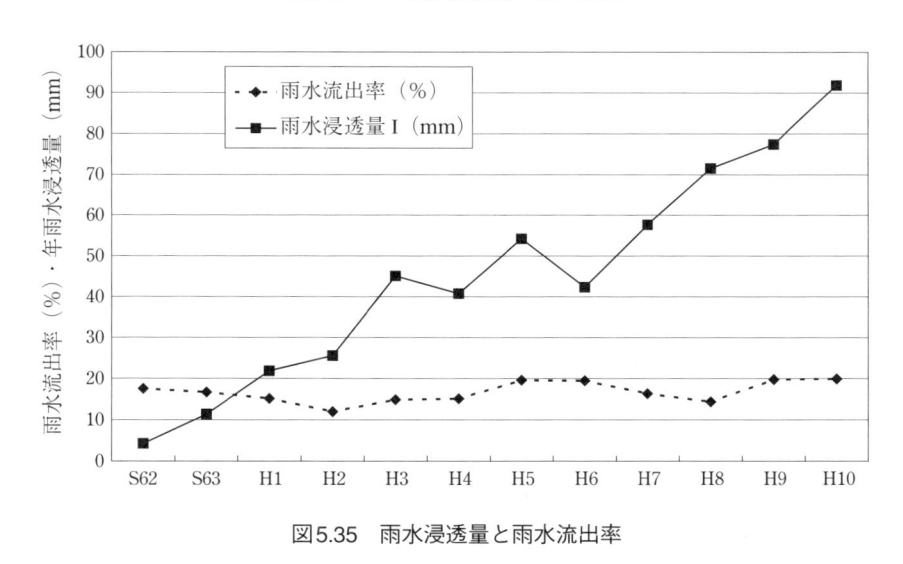

図5.35 雨水浸透量と雨水流出率

らに、これをわかりやすく図にしたのが図5.35である。雨水浸透量が右肩上がりで増加し、雨水流出率は不浸透域の増加があってもほぼ一定値を示している。

雨水浸透施設の設置域におけるモニタリング、水収支については、各地で行われている。前節の5.1、5）では、東京都練馬区土支田・大泉地区の検討例について述べた。最後に、同様なモニタリングの実施例として、東京都板橋区赤塚地区の例を簡単に紹

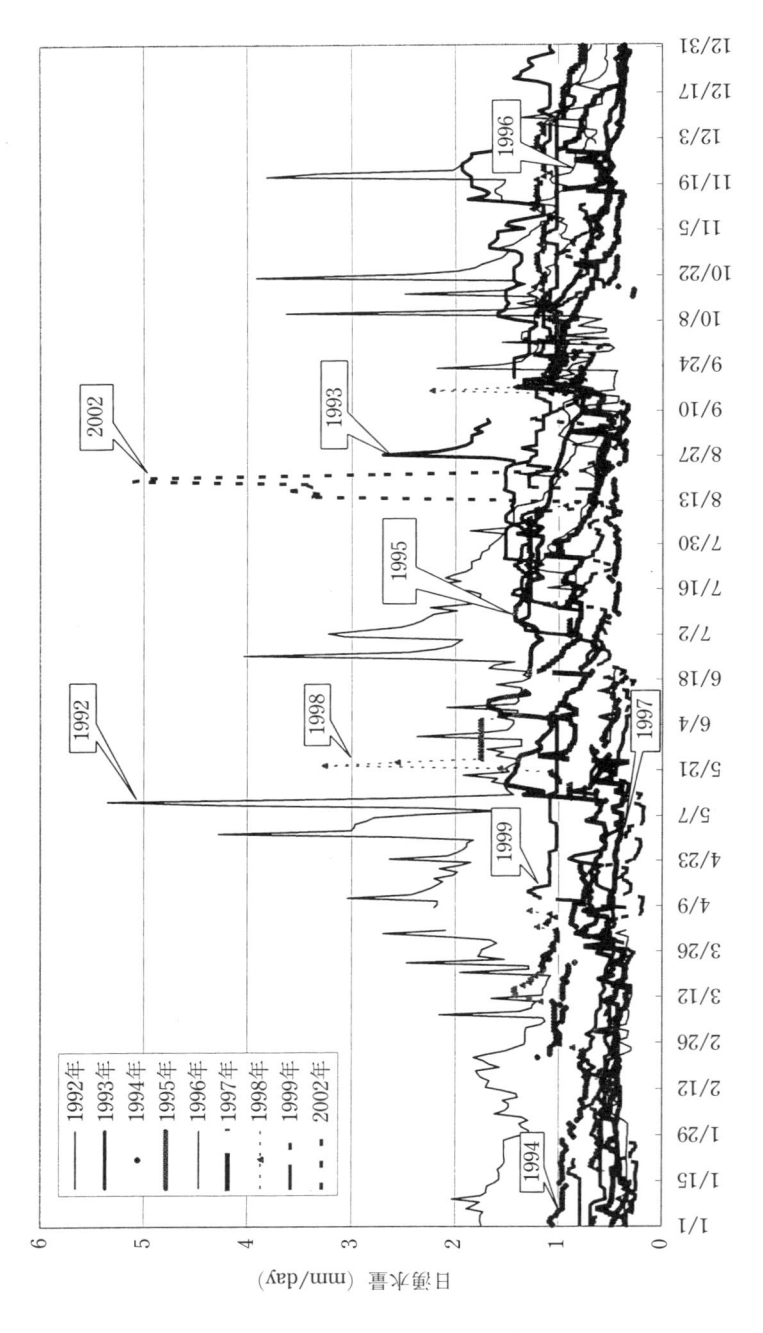

第5章 地下水の水収支および地下水・湧水の保全

図5.36 板橋区赤塚の湧水量経年変化（1）

5.2 雨水浸透施設による湧水保全事業

介する（国分ら、2003）。

　調査地域は、板橋区の武蔵野台地北縁部が荒川右岸の沖積低地に臨むところにある。崖線下部、斜面部に湧水が点在している。この赤塚溜池のモデル地域では、平成4～5（1992～1993）年度に計300個の雨水浸透ますが一般民家に設置され、地下水涵養施策が開始された。図5.36は、その中でも代表的な湧水である赤塚溜池周辺の湧水量の経年変動を表したものである。平成4（1992）～平成14（2002）年まで整理したもので、湧水量は一般的に降雨の多い梅雨期と秋期にピークがあり、12月～2月の渇水期に少なくなる傾向を示している。なお、最初の年の平成4（1992）年のみ湧水量が他の年に比べて多い。この原因は、この年の末に近くで排水管工事があり、その結果、以前の湧水が一部湧水集水管に流れ込まなくなったことによるもので、湧水の水みちが変わってしまったといえる。さらに、図5.37はこの経年変動を年間総量で整理し直したもので、平成5（1993）年以降では年降水量の多寡により違いはあるものの約0.7mm/日の湧水があり、年降水量に対する湧出率としては約20％である（写真5.2）。

　以上、これまでのところ、湧水量・地下水位とも目に見えた増加・減少の様子はない。雨水浸透施策はなかなかその効果判断が難しいが、着実に雨水の地下浸透量は増加しており、今後も事業の継続・拡大が望まれるところである。

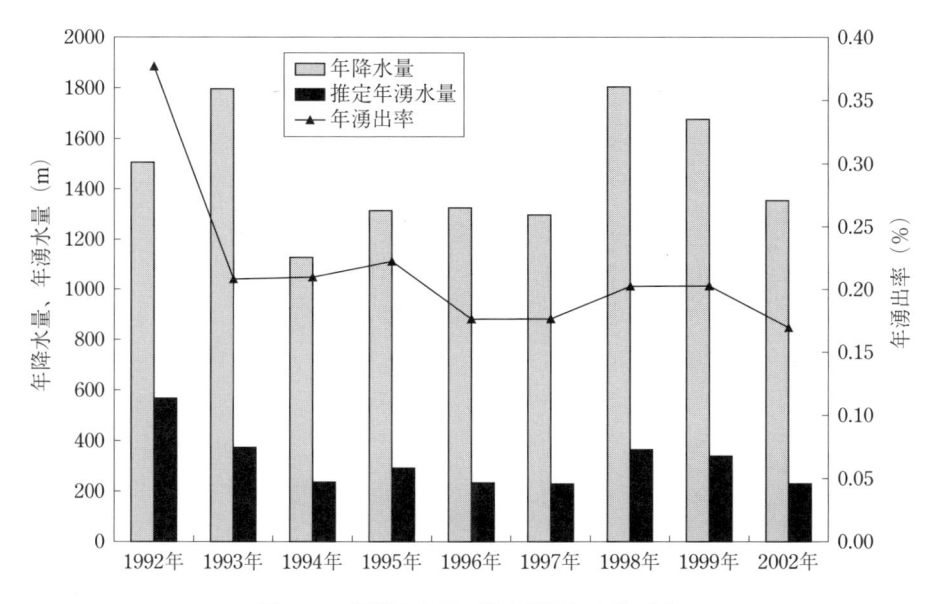

図5.37　板橋区赤塚の湧水量経年変化（2）

171

写真5.2　板橋区赤塚・不動の滝湧水

5.3　地下湧水の再利用

東京都水環境保全計画（東京都、1998）の基本施策体系は三つの柱からなる。それは、「水の流れを豊かにする」、「水を清らかにする」、「水辺の生き物と共に暮らす」である。具体的には、森林・緑地保全や雨水浸透、水源湧水復活、緑地整備、雨水有効利用、地下水適正利用などの施策を総合的に行い、水循環の回復をすることである。すでに、下水の処理水を利用した玉川上水や野火止用水、城南三河川の清流復活利用はよく知られているが、鉄道トンネル内の地下湧水を河川や池の水源として使う事業も最近行われるようになった。

1）野川・姿見の池の復活

「姿見の池」は国分寺市西恋ヶ窪一丁目にあり、野川の最上流部の谷戸水源の一つであった。かつては恋ヶ窪用水を通じて野川に注いでいたが、昭和30年代に土地の所有者の事情により埋められていたものである。その後、東京都と国分寺市で緑地保全地域に指定し姿見の池復活再生工事を行い、井戸水を通水して一旦完成させた。

一方、近くのJR武蔵野線引き込み線トンネル内には約40万m^3/年もの地下水が湧出し、下水道にそのまま放流されていた。この貴重な地下水を水源涸渇に苦しむ野川

5.3 地下湧水の再利用

に活用する案が浮上した。これは、かつて平成3(1991)年10月の大雨により、武蔵野線新小平駅に大量の湧水が流入して半地下駅が水没した事故と同時期に、西恋ヶ窪三丁目付近でも大量の湧水が住宅地に湧出する被害があった。JR東日本ではその対策として、トンネル内に100本以上の横井戸を設置し地下水位を低下させたが、その大量の湧水処理に困っていた経緯がある。そこで、平成12(2000)年3月24日、この地下水を姿見の池まで導水する計画がJR東日本、国分寺市、東京都の三者で合意された。この合意を受けて、平成14(2002)年3月に導水工事が完成し、姿見の池を経て野川に注ぐ清流が復活したのであった。

通水後、様々な昆虫、鳥類、水草などの生息が見られるようになった。トンボでは、シオカラトンボ、イトトンボ、ギンヤンマなど、鳥類では、スズメ、カラス、カルガモ、ツバメ、サギ、カワセミなどがやってくるようになった。また、東京都の「公共用水域の水質測定結果」によれば、平成14(2002)年度の野川・琥珀橋の水量・水質は、導水前の平成13(2001)年度に比較して改善されている(表5.6、図5.38)。

表5.6 導水前後の野川の水質(BOD)

(単位:mg/l)

15年度	4月17日	5月9日	6月7日	7月16日	8月21日	9月3日	10月8日						平均
野川琥珀橋	1.4	1.9	0.8	0.7	0.5	1.0	0.5						1.0
野川天神森橋	2.3	3.4	1.0	1.6	0.5	1.0	0.8						1.5
	4月16日	5月15日	6月5日	7月1日	8月3日								
野川兵庫橋	2.9	3.6	2.3	1.5	5.3								3.1

14年3月30日JR送水

14年度	4月18日	5月9日	6月7日	7月4日	8月4日	9月5日	10月11日	11月8日	12月13日	1月10日	2月6日	3月6日	平均
野川琥珀橋	1.9	1.8	2.9	1.6	1.2	0.8	<0.5	<0.5	<0.5	<0.5	<0.5	0.9	1.1
野川天神森橋	2.2	2.2	1.8	1.7	3.2	1.6	<0.5	0.5	0.5	0.8	1.5	2.1	1.6
	4月17日	5月15日	6月5日	7月4日	8月7日	9月4日	10月9日	11月12日	12月3日	1月7日	2月5日	3月6日	
野川兵庫橋	3.9	1.8	3.3	2.6	2.0	1.4	1.4	1.5	1.3	2.6	2.1	2.9	2.2

13年度	4月19日	5月10日	6月7日	7月5日	8月9日	9月6日	10月4日	11月8日	12月6日	1月10日	2月15日	3月7日	平均
野川琥珀橋	2.9	3.3	3	3.1	3.5	2.1	<0.5	<0.5	<0.5	0.6	<0.5	0.9	1.8
野川天神森橋	3.7	4.8	2.7	2.3	2.1	3	1.4	0.6	1.8	3.3	1.5	3	2.5
	4月18日	5月16日	6月6日	7月4日	8月8日	9月19日	10月4日	11月14日	12月12日	1月9日	2月14日	3月13日	
野川兵庫橋	5.7	6.6	4.2	2.5	6.8	2.1	1.1	1.5	1.8	21	4.1	6.5	5.3

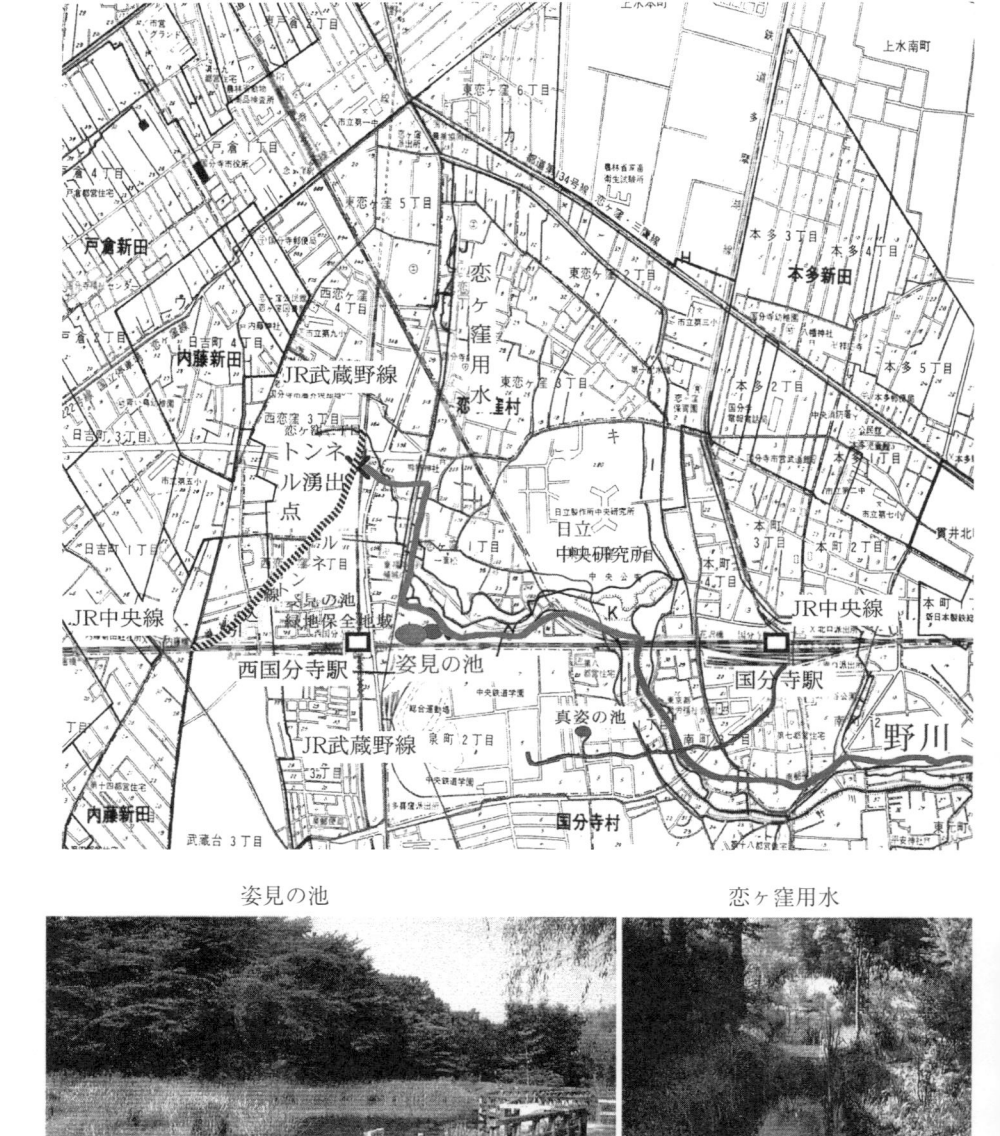

第5章　地下水の水収支および地下水・湧水の保全

図5.38　JR武蔵野線トンネルからの地下水導水図

2）JR東京駅および上野駅の地下湧水の利用

　同様に、平成13（2001）年3月7日には、JR総武線東京駅周辺のトンネル内に漏出し、そのまま下水に放流されている大量の地下湧水を、水質悪化に悩んでいる大田区の感潮河川、立会川に導水する案が報道された。立会川は上流部が下水化され、下流の約400m程度が水路として残る中小河川である。水源はほとんどなく、感潮河川のため流れが遅く、水質悪化に悩む河川である。この湧出水は、水質的には約0.3％濃度の塩水のため環境用水にはただちに利用できないが、感潮河川用には問題ないことからJR東日本の協力により、総武線馬喰町駅から立会川放流口まで延長12.3kmを導水したものである。放流の開始は平成14（2002）年7月7日で、馬喰町駅、銭瓶立坑から湧出する約4,500m³/日の地下水を放流した。その直後から川の水質は向上し、平成15（2003）年2月にはボラの大群が立会川を遡上し、カワウやサギなどの鳥類もやってくるようになった様子がマスコミで報道された（図5.39、表5.7）。なお、この導水管はJR大井町駅ホームから見ることができる。

　また、平成14（2002）年9月4日、JR上野駅付近の新幹線トンネル内に漏出する約270m³/日の地下水を活用し、上野公園の不忍池の水質改善、地下水涵養を行う計画が東京都とJR東日本との間で合意したことが報道された。不忍池は上野公園の西側に位置し、ボート池、蓮池、鵜の蓮池の三つの池からなり、周囲約2km、面積約

表5.7　導水前後の立会川の水質

15年度立会川

採取年月日	4月9日	5月7日	6月4日	7月1日	8月20日	9月3日	10月2日	平均
BOD	2.1	1.4	1.8	2.2	1.3	2.6	1.1	1.79
SS	4	4	4	7	2	12	2	5.00

14年度立会川　　7月7日JR放流

採取年月日	4月9日	5月14日	6月11日	7月9日	8月13日	9月11日	10月9日	11月5日	12月3日	1月8日	2月4日	3月11日	平均
BOD	3.8	3.6	5.1	2.6	2.4	2.3	2.4	2.8	2.5	2.0	3.1	2.6	2.93
SS	8	18	8	5	5	2	2	1	1	2	3	3	4.83

13年度立会川

採取年月日	4月11日	5月9日	6月6日	7月4日	8月18日	9月5日	10月4日	11月14日	12月5日	1月16日	2月13日	3月13日	平均
BOD	5.9	7.8	9	5.7	3.1	9.7	1.8	3.3	1.9	2.2	2.8	3.7	4.74
SS	8	12	8	5	4	4	1	2	1	2	2	4	4.42

※BOD、SSとも、単位：mg/l

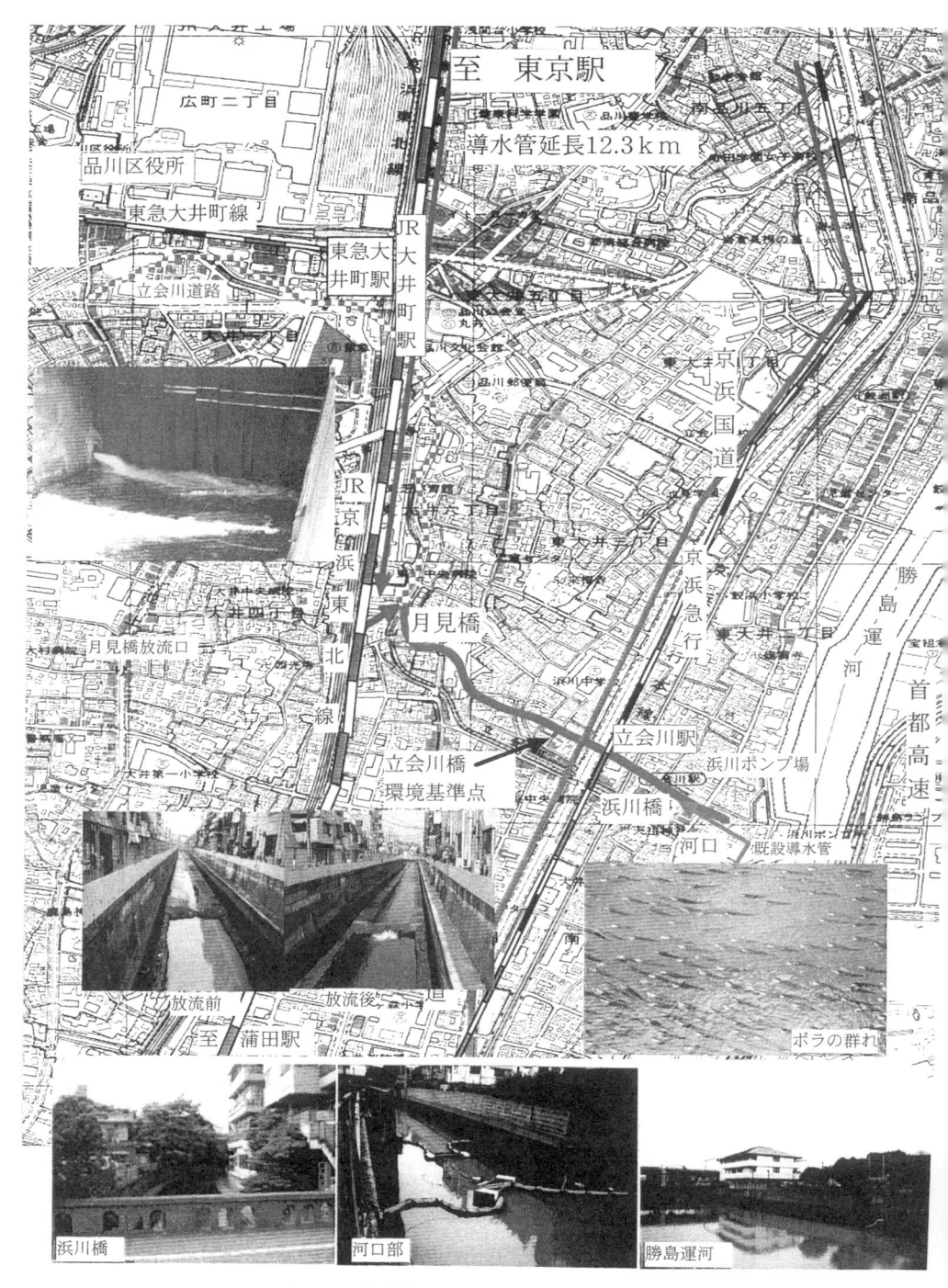

図5.39 総武線トンネルからの地下水導水図

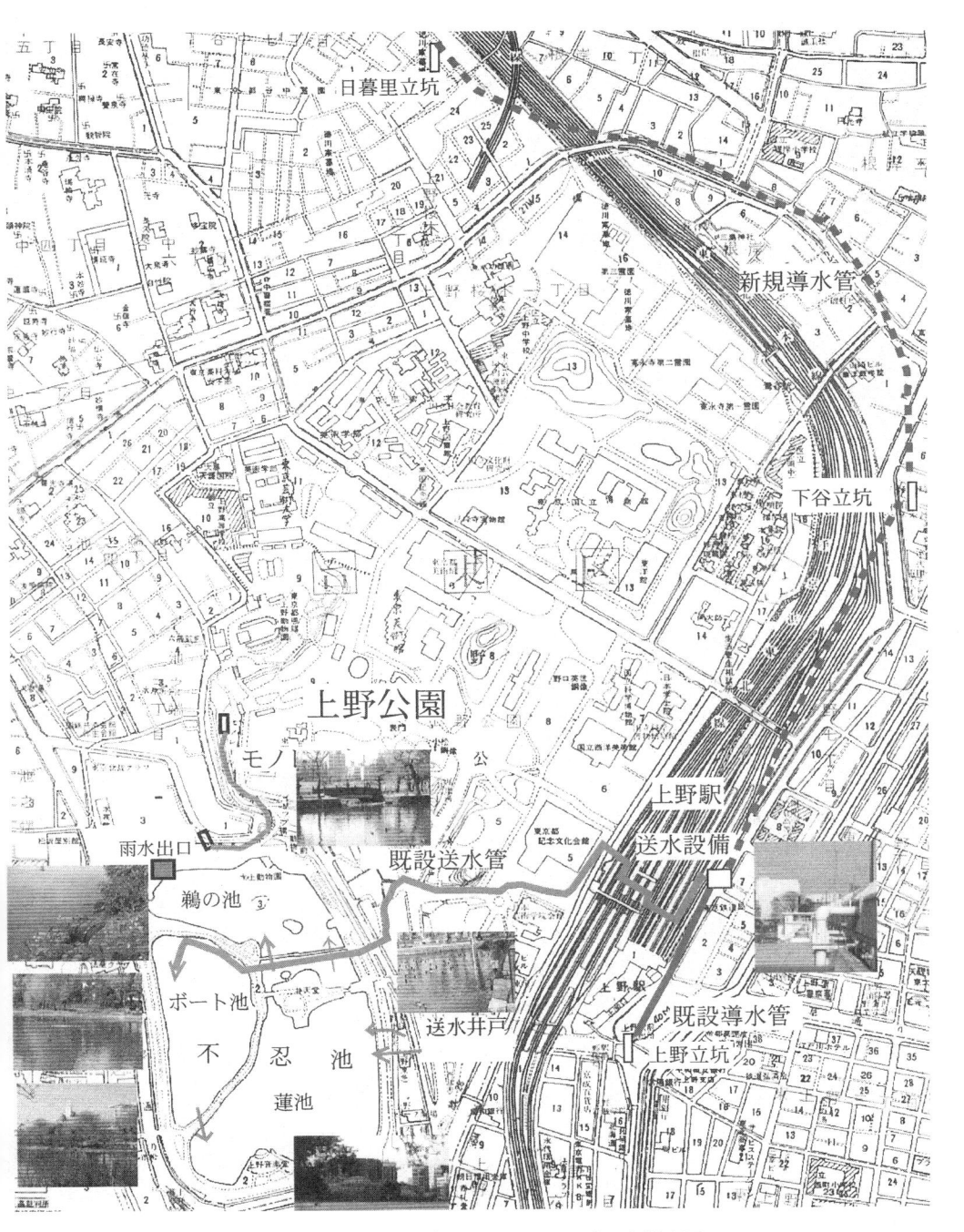

図5.40　上野駅・新幹線トンネルからの地下水導水図

110,000m^{2}で都民の憩いの場となっている。しかし、池は閉鎖系で河川や水路とつながっておらず、以前から水質があまりよくなかった。公園では、池水の気泡式曝気、生物膜酸化処理などによる水質浄化に取り組んでいたところである。また、これまでにも池の水源として、京成上野駅に漏出する地下水(約160m^3/日)や深井戸からの揚水を利用して水質改善に取り組んできた。

今回の導水工事は、平成14〜15(2002〜2003)年度に、上野駅周辺の3カ所の立坑から駅構内の不忍池送水所までの工事を実施して送水する計画で、長期的な水質改善効果が期待されている(図5.40)。なお、平成15(2003)年9月3日から270m^3/日の地下水導水を開始した。

このように、近年、トンネル内の湧水など余剰地下水の利用が活発に行われるようになった。都内では、今後も営団地下鉄日比谷線の恵比寿駅近くのトンネル内に湧出する地下水を、水量不足に悩む渋谷川・古川に導水する計画が進められている。

引用・参考文献

東京都(1980):地下水収支報告書、公害局水質保全部
東京都(1992):地下水実態調査報告書、環境保全局水質保全部
東京都(1998):東京都水環境保全計画、環境保全局水質保全部
国分邦紀・守田 優(1982):北多摩地区浅井戸の地下水位解析とかん養量について、昭和56年東京都土木技術研究所年報、pp.181-192
国分邦紀(1984):都内多摩地区浅井戸の地下水位解析とかん養量について、第28回水理講演会論文集、pp.623-628、土木学会
榧根勇・田中 正・嶋田 純(1980):環境トリチウムで追跡した関東ローム層中の土壌水の移動、地理学評論、Vol.53-4, pp.225-237、日本地理学会
金子良(1978):農業水文学、共立出版
国分邦紀(1981):多摩地区の地下水かん養機構について、昭和55年度東京都土木技術研究所年報、pp.177-184
貝塚爽平(1979):東京の自然史(増補第二版)、pp.86-87、紀伊國屋書店
佐合純造・北川 明・山田利雄(1979):平地部地下水の水収支、土木技術資料、Vol.21-4、pp.6-11
石崎勝義・佐合純造・山田利雄(1979):地下水を考慮した流域水循環モデル、土木技術資料 21-6、pp.283-288
安藤義久・虫明功臣(1980):丘陵地の自然状態の小流域における水循環機構、第24回水理講演会論文集、pp.71-78、土木学会
安藤義久(1981):丘陵地の水循環機構と都市化によるその変化に関する研究、東京大学学位論文
日野幹雄(1969):土木技術者のための新数学講座、確率・統計(B)、土木学会誌、Vol.54-12、

pp.75-81

大崎順彦（1983）：地震動のスペクトル解析入門、鹿島出版会

日野幹雄（1977）：スペクトル解析、朝倉書店

国分邦紀・守田　優（1985）：地下水位変動とその影響要因との相関について、昭和59年東京都土木技術研究所年報、pp.251-260

平田重夫（1971）：本郷台、白山における不圧地下水の涵養機構、地理学評論、Vol.44-1、pp.14-46、日本地理学会

国分邦紀・中山俊雄（1999）：武蔵野台地西部の地下水変動解析、平成11年東京都土木技術研究所年報、pp.191-196

山本荘毅（1983）：新版地下水調査法、pp.286、古今書院

国分邦紀・中山俊雄・中嶋庸一（2000）：練馬区土支田・大泉地区の地下水と湧水、平成12年東京都土木技術研究所年報、pp.203-212

国分邦紀・土屋十圀（2003）：東京の地下水と水循環について、水文・水資源学会誌、Vol.16、No.3、pp.289-300

三宅紀治（1978）：丘陵地小流域の流出特性、日本の水収支、pp.77-88、古今書院

菅原正巳・渡辺一郎・尾崎睿子・勝山ヨシ子（1986）：パーソナル・コンピュータのためのタンク・モデル・プログラムとその使い方、国立防災科学技術センター研究報告、第37号

練馬区（1994）：湧水保全モデル事業－雨水浸透ますの設置および湧水涵養地域内調査－報告書（概要）、環境建築部環境保全課

(社)雨水貯留浸透技術協会（1995）：雨水浸透施設技術指針（案）調査・計画編

東京都（1991）：東京都雨水貯留・浸透施設技術指針（案）、区部中小河川流域総合治水対策協議会

国分邦紀・中山俊雄・中嶋庸一（2003）：板橋区赤塚溜池周辺の地下水と湧水、平成15年東京都土木技術研究所年報、pp.171-178

第 6 章
日本各地の湧水

　わが国は山岳地帯が多く地形の変化に富み、年間降水量も多いため、水に恵まれている。古来より、人々は水の得やすい湧水や河川のほとりに生活していたことは、遺跡の分布などから推定されている。また、「お清め」の水に例えられるように、水を神聖なもの、穢れないものとして奉り、各地の神社、寺院の多くが湧水、地下水と深い関わりを持っている。東京都環境局の調査（東京都、2002）では、高度に都市化された東京だけでさえ、主な湧水箇所が717カ所確認されている（各区市町村確認）。これは驚くべき数字である。したがって、日本全体で一体どの程度の湧水箇所になるかは想像もできない。本書では、環境省が選定した「名水百選」および国土交通省が選定した「水の郷百選」を題材に、湧水をターゲットにした分析を行い、次に代表事例として、良好な水環境保全、モニタリング、水を活かしたまちづくりに取り組んでいる例をいくつか紹介する。

6.1　名水百選

　「名水百選」は昭和60（1985）年に環境庁（現環境省）により、全国各地の湧水や河川の中から選りすぐって選定された。当初の経緯は、日本全国に多くの形態で存在する清澄な水（特に湧水・地下水および河川）について、優れたものの再発見に努め、広く国民にそれらを紹介し、啓蒙普及を図るとともに国民の水質保全への認識を深め、今後の水質保全行政の進展に資することを目標に選定された。また、名水の選定に際しては、都道府県を介して全国各地の市町村から推薦された784カ所の中から、次のような5項目の基準により100地点が選ばれている（環境省ホームページ；日本地下水学会編、1994）。
　① 水質、水量、周辺環境、親水性の観点からみて、保全状況が良好
　② 地域住民等による保全活動がある

③ 規模

④ (「名水」としての) 故事来歴

⑤ 希少性、特異性、著名度等

　既に、「名水百選」については人々の自然あるいは健康志向を助長し、場所によっては日曜・休日ともなるとポリタンクを持った多くの人々の行列ができるほど「自然水」・「天然水」ブームを巻き起こし、また多くのガイドブックも出版されるほど有名となった（カルチャーブックス編集部編、1991；南、1994）。したがって、本書では改めて個々の名水全てを紹介することはしない。また、選定されて18年を経過し、人々への啓蒙普及という点では充分にその役割を果たし、地元自治体、住民らによる地道な環境保全活動も定着した感がある。しかし、湧水域あるいは流域を取り巻くその後の環境変化により、湧水量の減少、水質の悪化を招いているものも中には見られる。自然環境の変化は今後も懸念され、将来にわたっての環境保全策が必要である。ここでは、「名水百選」全般について、その特徴、科学的性質などを簡単に整理し紹介する。

　図6.1は「名水百選」に選定されたものの種別構成で、湧水が3/4以上を占め、残りが河川水、地下水等の順である。また、名水の地方別構成をみると、図6.2のように中部地方（東海・北陸地方含む）、九州地方などで多く分布している。選定された地点は、各都道府県で1カ所以上という条件があるが、中には1県で4カ所が富山県と熊本県の2県ある。両県とも、富山県は黒部川扇状地湧水群、熊本県は阿蘇の白川水源湧水など、水質が良好で大規模な湧水を多く抱えていることから、うなずけるものがある。1県で3カ所選ばれたのが、北海道、石川、福井、山梨、長野、岐阜、兵庫、

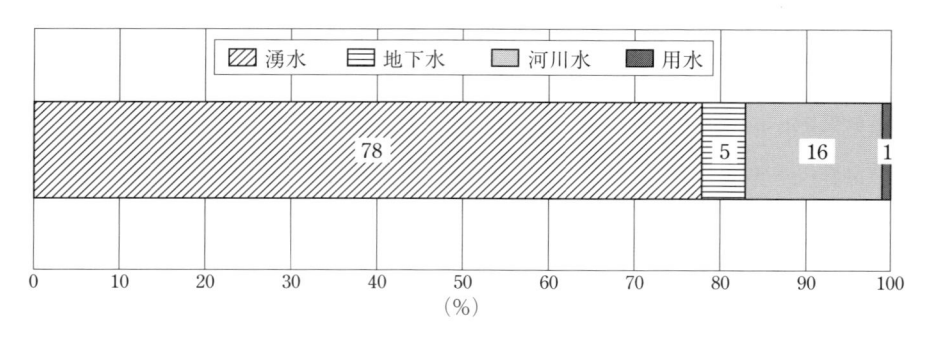

図6.1　名水百選の種別構成

6.1 名水百選

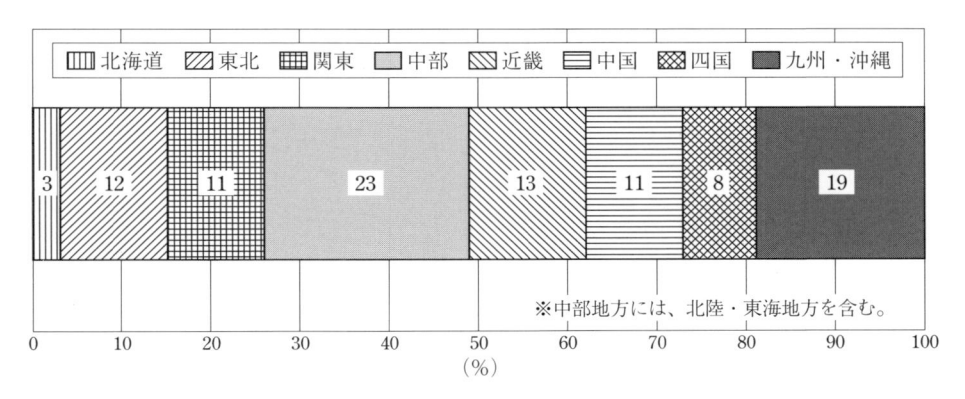

北海道	東北	関東	中部	近畿	中国	四国	九州・沖縄
3	12	11	23	13	11	8	19

※中部地方には、北陸・東海地方を含む。

図6.2　名水百選の地方別構成

岡山、山口、愛媛、大分、鹿児島の1道11県あり、豊富な降水量と山岳地帯に恵まれた地域が多い。

　なお、「名水百選」を県別、種別、おおよその湧水量、用途、貴重な生き物、故事来歴、その他の特徴等で、簡単に一覧表にまとめてみたのが表6.1である（日本地下水学会編、1994・1999；カルチャーブックス編集部編、1991；南、1994）。ここで、湧水の存在する標高、湧水量については概略の数字であり、文献・資料等で把握できたものだけ記載した。特に、表中の湧水量については調査した年、時期がまちまちで不明なものが多く、湧水量は降雨の多寡により、また調査年、季節により大きく変動するケースがほとんどなので、あくまでもこれは参考値である。

　ところで、表中で「清水」と称される名水が数多いが、地方によってその呼び方がいろいろある。岩手、宮城、千葉、和歌山、広島の「清水」は「しみず」、富山の瓜裂や越前大野では「しょうず」、福岡、鹿児島で「きよみず」、青森では「しっこ」、佐賀の竜門は「せいすい」など違いがあり、変化に富んでいて面白い。

　湧水量の規模の大きいものとしては、羊蹄のふきだし湧水、黒部川扇状地湧水群、忍野八海、安曇野わさび田湧水群、柿田川湧水群、愛媛・西条市のうちぬき、熊本・白川水源などが挙げられる。一般に、火山山麓では溶岩が造り出した透水性のよい帯水層に恵まれて豊富な湧水群が多いようである。「名水百選」の中で火山山麓のものは、北から、羊蹄のふきだし、利尻島の甘露泉水、金沢清水、磐梯西山麓、小野川湧水、箱島湧水、忍野八海、八ヶ岳南麓、柿田川、塩釜の冷泉、島原湧水、熊本の白川・菊池・池山の3水源、男池湧水群、霧島山麓と、16地域である。

183

表6.1 名水百選一覧 (1)

No.	名水名称	都道府県	種別	湧水量(m³/sec)	用途等	貴重な生き物	標高(m)	故事・その他	水質分類
1	羊蹄のふきだし湧水	北海道	湧水	0.9	簡易水道水源		240	羊蹄山麓	I
2	甘露泉水	北海道	湧水	0.0002	簡易水道水源		250	利尻島	II
3	ナイベツ川湧水	北海道	湧水	0.7	伏流水、水道		40〜60	千歳市水源	I
4	富田の清水	青森	湧水	微量、涸れ多	生活用水		40	弘前市市街、紙漉	III
5	渾神洞地底湖の水	青森	湧水	0.5l/sec	環境用、小公園		150	坂上田村麻呂故事	I
6	龍泉洞地底湖の水	岩手	湧水	0.35	水道水源		200	石灰鍾乳洞	I
7	金沢清水	岩手	湧水	0.5	養魚、水道、灌漑		460	岩手山山麓	I
8	桂葉清水	宮城	湧水	微量、0.08l/sec	茶の湯		25	高清水の七清水	III
9	広瀬川	宮城	河川水			アユ、カジカカエル	100〜500	仙台市内	III
10	六郷湧水群	秋田	湧水	0.05	生活用水		40〜60	扇状地・市街地	III
11	力水	秋田	湧水	0.18l/sec			100	湯沢、佐竹御前水	IV
12	月山山麓湧水群	山形	湧水	0.03	観光、水道		1,000	地蔵沼	I
13	小見川	山形	湧水		鱒の養殖	イバラトミヨ	90	扇状地湧水	III
14	磐梯西山麓湧水群	福島	湧水	0.02			420	龍ヶ沢湧水	I
15	小野川湧水群	福島	湧水	0.07	簡易水道		920〜1,200	百貫清水	I
16	八溝川湧水群	茨城	湧水		わさび栽培	ムカシトンボ	850〜900	光圀の「五水」	I
17	出流原弁天池湧水	栃木	湧水	0.1〜0.2l/sec	鱒養殖、釣り堀	クリハラン、オオツラフジ	65	湧釜神社	I
18	尚仁沢湧水	栃木	湧水	0.1	生活用水	野鳥類	600〜700		I
19	雄川堰	群馬	湧水	0.1	生活用水・農業用		270〜350	全長20km、用水で唯一	I
20	箱島湧水	群馬	湧水	0.35	鳴沢川水系	ホタル	390	箱島不動尊境内	I
21	風布川・日本水	埼玉	湧水	0.1〜0.8l/sec			500	日本武尊伝説	I
22	熊野の清水	千葉	湧水		親水遊歩道		100	弘法の霊泉	I
23	お鷹の道・真姿の池湧水群	東京	湧水		行楽		70	武蔵国分寺	I
24	御岳渓流	東京	河川水				180〜250	多摩川上流	I
25	秦野盆地湧水群	神奈川	湧水	0.001	水道水源		95	弘法の清水	I
26	酒水の滝・滝沢川	神奈川	河川水		飲料用、観光客		220〜300	瀑布、河川	I
27	洒が窪の水	新潟	湧水	0.3〜0.5	簡易水道、生活用	モリアオガエル、トワダカワゲラ	480		I
28	杜々の森湧水	新潟	湧水	0.02	生活用、農業用		200		I
29	黒部川扇状地湧水群	富山	湧水	豊富	飲料、生活用	沢スギ	1〜5	杉沢、清水の里、生地	I
30	穴の谷の霊水	富山	湧水	0.33l/sec	飲料水		100	修行僧の霊水	II
31	立山玉殿湧水	富山	湧水	0.25	登山者、観光客		2,420	立山トンネル湧水	I
32	瓜裂の清水	富山	湧水	0.002	飲料		130	綽如上人伝説	I
33	弘法池の水	石川	湧水	0.33l/sec	飲料		180	手取渓谷、飯六湧水	I
34	古和秀水	石川	湧水	50〜100l/min	茶の湯等、霊水		200	総持寺の裏山	IV

表6.1 名水百選一覧 (2)

No.	名水名称	都道府県	種別	湧水量 (m³/sec)	用途等	貴重な生き物	標高 (m)	故事・その他	水質分類
35	御手洗池	石川	湧水	0.008	灌漑用水	カゴツキ、アベサンショウウオ	40	お池さん	I
36	瓜割の滝	福井	湧水	0.05		ヒルデンブリチアリプラス	80	霊泉、紅葉	I
37	お清水	福井	河川水	微量	生活用	イトヨ	175	越前大野	I
38	鵜の瀬	福井	河川水		お水送り神事		60	閼伽井	I
39	忍野八海	山梨	湧水	12.7			930	8カ所の池	I
40	八ヶ岳南麓高原湧水群	山梨	湧水	0.12	農業用水		1,000	三分一湧水他、信玄	I
41	白州・尾白川	山梨	河川水		酒造、ミネラル水		800～1,500	山岳信仰	I
42	猿庫の泉	長野	湧水	微量	茶の湯等、野点		760		I
43	安曇野わさび田湧水群	長野	湧水	1.4～2.7	わさび、鱒養殖		530	飯田市	I
44	姫川源流湧水	長野	湧水			カタクリ、フクジュソウ、バイカモ	760	白馬村	I
45	宗祇水	岐阜	湧水	0.001	生活用水、水舟		210	郡上八幡、飯尾宗祇	I
46	長良川	岐阜	河川水		漁業	アユ、イワナ、アマゴ	60～150	鵜飼い	I
47	養老の滝・菊水泉	岐阜	湧水	20～50l/sec	観光、ミネラル水		200	養老神社、元正天皇	I
48	柿田川湧水群	静岡	湧水	10	水道水源	ミシマバイカモ、セキショウモ他	17	富士の伏流水	I
49	木曽川	愛知	河川水		日本ライン、水道		50～70		I
50	智積養水	三重	湧水	0.08	用水		48		I
51	智利原の水穴	三重	湧水	0.005			100	天照大神、天の岩戸	I
52	十王村の水	滋賀	湧水				90	伏流水	I
53	泉神社湧水	滋賀	湧水	0.05	灌漑、飲料		220		I
54	伏見の御香水	京都	地下水		酒造用、飲料		40	日本武尊伝説、伊吹山	I
55	磯清水	京都	地下水		観光		1	天橋立、海水上の真水	III
56	離宮の水	大阪	地下水		水道、茶会		20	後鳥羽洞上皇の離宮	I
57	宮水	兵庫	地下水		酒造用		4	灘の生一本、六甲の水	III
58	布引渓流	兵庫	河川水		観光、雄滝		100		IV
59	千種川	兵庫	河川水			カワニナ	100～200	ダムの無い清流	I
60	洞川湧水群	奈良	湧水				850	洞窟から湧出	I
61	野中の清水	和歌山	湧水		飲料、水道		480	継桜王子社	III
62	紀三井寺の三井水	和歌山	湧水	微量	仕込み(ミネショウウエ)、飲料		20	紀州徳川家命名	I
63	天の真名井	鳥取	湧水	0.28	水車動力源、飲料		20	大山の融雪水	I
64	天川の水	島根	湧水	0.005			20	隠岐、行基	III
65	壇鏡の滝湧水	島根	湧水	0.03			320	隠岐	IV
66	塩釜の冷泉	岡山	湧水	0.3	生活用、養魚	ヒルゼンノリ	490	水温10～11℃	I
67	雄町の冷泉	岡山	湧水				5	岡山藩池田家御用水	I
68	岩井	岡山	湧水	1l/sec			800	子宝、美と健康	I

表6.1 名水百選一覧 (3)

No.	名水名称	都道府県	種別	湧水量 (m³/sec)	用途等	貴重な生き物	標高 (m)	故事・その他	水質分類
69	太田川	広島	河川水		漁業	アユ	10〜100		I
70	出合清水	広島	湧水		飲料、生活用		20	府中町の住宅街	I
71	別府弁天池湧水	山口	湧水	0.6	簡易水道、農業用		115	秋吉台厳島神社	I
72	桜井戸	山口	湧水	0.0006	生活用水、茶会		10	岩国市、桜名所	I
73	寂地川	山口	河川水		わさび栽培		480	若水汲み	IV
74	江川の湧水	徳島	湧水		冬暖か、夏冷たい		20	江川以上水温	I
75	剣山御神水	徳島	湧水	微量	登山者、観光客		1,800	大剣神社御神社	I
76	湯船の水	香川	湧水	0.005	農業用、簡易水道		360	小豆島、湯船山中腹	I
77	うちぬき	愛媛	湧水	1.04	生活用、農業用		1〜10	自噴井（地下10〜30m）	II
78	杖の渕	愛媛	湧水	豊富	農業用、親水公園	テイレギ	40	弘法大師伝説	III
79	観音水	愛媛	湧水	0.12	農業		320	カルスト湧泉	I
80	四万十川	高知	河川水		漁業	トンボの楽園	0〜200	最後の清流	I
81	安徳水	高知	湧水	0.001	飲料		500	平家伝説	I
82	清水湧水	福岡	湧水	0.02	飲料		70	清水寺	I
83	不老水	福岡	地下水	微量	茶会、香椎宮の水		10	不老長寿の水	II
84	竜門の清水	佐賀	湧水		観光、キャンプ		120	流紋岩から湧出	I
85	島原湧水群	長崎	河川水	0.25	飲料、観光		200	観世音菩薩信仰	I
86	轟渓流	長崎	河川水		轟の滝、キャンプ、灌漑	ヤマメ、サワガニ	10〜90	雲仙岳の水	II
87	轟水源	熊本	湧水	0.07	水道水源、灌漑		240	境川	I
88	白川水源	熊本	湧水	1	名水パック		490	白川源流	III
89	菊池水源	熊本	湧水		ハイキング	オオサンショウウオ、ヤマメ	500〜600	菊池渓谷	I
90	池山水源	熊本	湧水	0.5	簡易水道、農業用		780		I
91	男池湧水群	大分	湧水	0.8	観光、ウィスキー原水	屋久杉	860	黒岳中腹	I
92	竹田湧水群	大分	湧水		観光	ゲンジボタル	240〜280		I
93	白山川	大分	河川水		飲料、農業、養殖	ゲンジボタル	150〜500		I
94	出の山湧水	宮崎	湧水	0.9	水道、農業水源	アユ	280	小林市	I
95	綾川湧水群	宮崎	湧水		水道水源	屋久杉	180〜200	大淀川上流	I
96	屋久島宮之浦岳流水	鹿児島	河川水		水道用、生活用	ホタル	200	世界遺産	IV
97	霧島山麓丸池湧水	鹿児島	湧水	0.9	飲料、生活用		240〜280	JR栗野駅近く	I
98	清水の湧水	鹿児島	湧水	0.1〜0.3	飲料、農業	クレソン	170	シラス台地湧水	I
99	垣花樋川	沖縄	湧水		生活、水浴		90	垣花城跡	I

名水の用途については、いずれも清冽で良好な水質を誇るものばかりで、何と言っても一番多い用途は水道水源、飲料用である。山梨県の白州、岐阜の養老の滝・菊水泉、熊本の白川などでは、ミネラルウオーターとしてボトル化販売され有名である。ついで多いのが、生活用水、農業用水（灌漑）としての利用である。地域に密着した利用のされ方として、街の中に用水が引かれて洗い場が設けられ、そこで野菜洗いや洗濯などの生活用に使われている例として、秋田の六郷湧水群、黒部川扇状地湧水群の生地、越前大野のお清水、郡上八幡の宗祇水、長崎の島原湧水群が挙げられる（写真6.1）。

その他に、養魚用、わさび田用としての安曇野わさび田湧水群などがある。また、おいしい水の特質を活かして酒造りに使用している例もあり、山梨の白州、伏見の御香水、西宮の宮水、大分の竹田湧水群などは日本酒、ウイスキーなどの原水に使われている。神社・寺院や茶道と結びついて、御神水や茶の湯となる名水もある。宮城の桂葉清水、石川の古和秀水、長野の猿庫の泉、山口の桜井戸、福岡の不老水などは茶用としても使われる。

次に、生物学的な側面からみてみる。湧水の湧出口付近でみられる清流特有の貴重な生き物について、代表的なものを数例紹介する。山形県東根市の小見川湧水は、最上川支流、乱川扇状地の扇端部の湧水群で、浸食谷の谷頭部に湧出している。付近では鱒の養殖が盛んで東根市の特産品でもある。なお、この付近は少し地面を掘ると地下水が噴き出しやすく、「どんこ水」という打ち抜き自噴井戸が多い。しかし、最近では地下水位の低下でその数が減少しているとのことである。この小見川には、清流でしか生きられないといわれるトゲウオの一種、イバラトミヨが生息している。このイバラトミヨは秋田県の六郷湧水群でも見られる。また、越前大野の名水の一つである「本願清水」では、同じトゲウオの仲間である天然記念物「イトヨ」が生息してい

写真6.1 黒部市生地・清水庵の清水（新川ガイドマップ、富山県新川地域観光開発協議会魚津駅観光センターより）

る((財)リバーフロント整備センター編、1996)(写真6.2)。

茨城県大子町の八溝川湧水群には、ジュラ紀に繁殖して「生きた化石」ともいわれるムカシトンボの幼虫が生息するといわれる。また、栃木県佐野市郊外の井流原弁天池のある磯山公園は石灰岩からなる磯山の麓にあり、そこには石灰岩が浸食されてできた無数の風穴があり、夏は涼しく、冬暖かい独特の自然環境が形成されている。そして、植物にも珍しい種類のものが多く見られ、クリハラン、オオツヅラフジ、マメヅタの3種類は天然記念物である。特に、クリハランは暑さ寒さに弱く、夏涼しく冬暖かい場所にしか生育できない珍しい植物といわれる。この点、湧水のある磯山公園は、湧水のおかげで四季を通して寒暖の差が少なく、生育環境が適している。しかし近年、周辺環境の変化や湧水量減少により、自然環境が損なわれつつあるとのことで懸念される。

写真6.2　天然記念物イトヨ
((財)リバーフロント整備センター編、1996)

新潟県の名水「龍ヶ窪の水」は津南町の郊外、信濃川右岸の段丘面上の湧水池(面積約11,900m^2)である。池の周囲には、ブナやミズナラ、トチノキなどの落葉広葉樹林が広がり、岸辺にはエゾシロネ、サワオリギリ、シダ類などが繁茂する。野鳥も36種類以上が確認されている。また池には、モリアオガエル、トワダカワゲラ、クロサンショウウオなどが生息しているといわれる。

黒部川扇状地湧水群で有名なのは、その豊富な湧水量もさることながら、黒部川右岸の沢スギである。沢スギは、自噴地下水の多い黒部川右岸の扇状地端部にのみ広く分布していた杉林であるが、その後の圃場整備によって消滅し、現在は入善町吉原地区のみが保存されている。昭和48(1973)年には国の指定天然記念物となった。この沢スギの林の各所から湧出する湧水に対してつけられた名称が「杉沢」である。この杉は根元からの萌芽性が強く、側方に曲がって苗が着地し、さらにそこから発芽して成長するという伏条現象を持つという。また、根は表土の下が扇状地砂礫のために地下深く発達しにくく、横に平板状に抑圧されて発達しているといわれる。このように、沢スギの生育環境は湧水の存在によって保たれている(写真6.3)。

福井県瓜割の滝は、真言宗天徳寺の境内に湧出する霊泉である。水温が12℃ほどの冷たい弱アルカリ性水質の清冽な水で、冷たくて水に浸した瓜が割れたという言い

写真6.3　杉沢の沢スギ（富山県生活環境部環境生活課、平成7年環境白書より）

伝えから名付けられたという。この池の石の中には、赤色に染まっているものが見られる。これは、紅藻の一種である「ヒルテンブリチアリブラス」が石に付着しているためで、ここの湧水環境（水質、水温）の中でのみ生育可能な非常に特殊な藻類とのことである。静岡県の名水、柿田川湧水群では、比較的市街地に近い環境にもかかわらず、その最大級の湧水量の多さから貴重な動植物の宝庫ともなっている。代表的な動植物に、ヤマセミ、カワセミなどの鳥類、アマゴ、アユなどの魚類、アオハダトンボ、ヒガシカワトンボ、ゲンジボタルなど昆虫類、水中植物のミシマバイカモなどがある（漆畑、1991）。

　愛媛県松山市郊外の名水「杖の淵」は、四国48番札所の西林寺近くにあり、重信川の伏流水を水源とする弘法大師ゆかりの湧水である。この湧水の親水公園では、アブラナ科の水生植物「テイレギ」が有名である。学名はオオバタネツケナバといわれる。正岡子規や高浜虚子の句にも登場する植物で、この地方では昔からこの「テイレギ」を刺身のツマなどにし、珍重しているようである。その他、宮崎県の出の山湧水から流出する小川は、ホタルの餌となるカワニナが多く生息して、毎夏、数千匹のゲンジボタルが乱舞し、県内有数のホタルの生息地として知られている。最後に、屋久島宮之浦岳流水は、何といっても世界遺産に指定されている「屋久杉」である。年降水量が4,000mm以上に及ぶ豊富な雨量と、亜熱帯から冷温帯までの多彩な気候・風

土を有し、植物相も種類が多く豊富である。

1）名水の水質分類について

「名水百選」は、ある一定の水質基準によって選ばれたものではない。しかし、全国の無数の湧水や地下水、河川水の中から選ばれた「名水」の水質については、それがどんなものか興味のあるところである。この個々の「名水」の科学的特徴、特に水質については、日本地下水学会編の一連の参考書（日本地下水学会編、1994；1999；2000）があるので、ここでは表6.1の大まかな水質組成分類について簡単に述べる。

水質の百分率表示で通常よく用いられる手法に、図6.3のキーダイヤグラムがある（日本地下水学会編、1994；水収支研究グループ編、1993）。これは、各成分の組合せの位置により、

① アルカリ土類炭酸塩 $Ca(HCO_3)$ 型
　　…河川水や浅層地下水
② アルカリ炭酸塩 $NaHCO_3$ 型
　　…淡水性の停滞地下水、被圧地下水
③ アルカリ土類非炭酸塩 $CaSO_4, CaCl_2$ 型
　　…熱水、化石水
④ アルカリ非炭酸塩 $Na_2SO_4, NaCl$ 型
　　…海水、温泉等

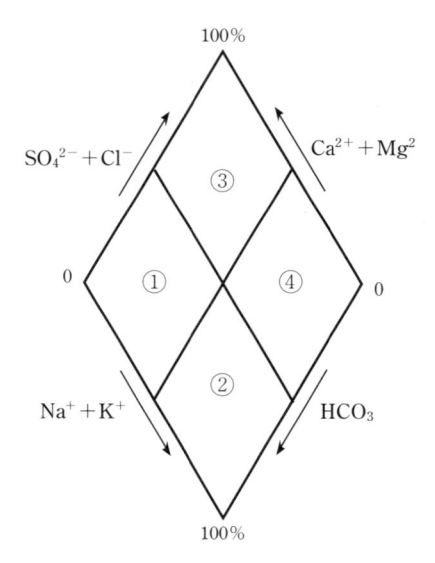

図6.3　キーダイヤグラムによる水質分類

のように4種類に分類化され、地下水の水文地質上の環境が簡単に推定できる特徴がある。「名水百選」の分類化結果は、①のアルカリ土類炭酸塩型が78カ所と最も多く、②のアルカリ炭酸塩型は5カ所、③のアルカリ土類非炭酸塩型が10カ所、④のアルカリ非炭酸塩型が5カ所であった。これは、「名水」自体が浅層からの自然の湧水、河川水、地下水であることからして、当然の結果と言える。

2）地下水・湧水の水質の特徴

地下水・湧水の水質について、河川水と比較したその特徴、相違点は以下のようである（半谷・小倉、1995）。

① 河川水は、流域の種々の地域からの水の混合のため広い地域の平均的影響を受けるが、地下水は流速も遅く、地下で土壌岩石に接触する時間が長い。このため、局地的な環境条件の影響が大きい。したがって、ごく近接した地下水であっても水質に著しい差が出ることがあり、水質調査の際に最も注意を要する。

② 河川水は大気と接しているため、その曝気作用でO_2、N_2はほぼ飽和し、CO_2も大気中の分圧に近い。しかし、地下水は大気と遮断されているため、地中で有機物が分解されて水中溶存酸素が消費されても補給がない。また、CO_2はどんどん地下水中に溶けてpHが低くなる。地下では、地表より圧力が高いために気体は一層溶けやすくなる。このため、酸素不飽和の水や窒素の過飽和の水がしばしば見られる。

③ 地下水・湧水では光が遮断されるため光化学反応が行われず、バクテリアによる有機物の分解が主な生物作用である。

④ 土壌表層には硝化菌が多く生息し、窒素化合物を酸化して硝酸イオンに変える。この硝酸イオンは水に溶けやすく、地下へ浸透しやすい。人間活動により、土壌へ付加される窒素化合物が多いため硝酸濃度は高くなっている。

などである。このほか、pHに関しては、水が通ってくる地質・岩質に影響を受けることが知られており、塩基性岩地域からの水はpHが大きく、酸性岩地域からの水はpHが少し小さい。古生層の緑岩(SiO_2の含量40～50％)地域では、特にpHが高いと言われる。また、石灰岩の割れ目などを通過する水(鍾乳洞の水)などはpHが8近くなる。ナトリウムイオンについては、岩石などがそれ自体ナトリウムを含むため地下水に溶出する。また地下水中では、流れるにしたがいNa成分が増加するといわれ、浅層地下水より深層地下水のほうがNaが多いようである。

島野は、名水百選の水質(1990年代前半のものが多い)について分析値の平均をまとめている(日本地下水学会編、2000)。表6.2は、この結果と東京・野川のハケの湧水(国分寺・真姿の池湧水含む)の水質(東京都、2002)をまとめて表示したものである。なお、東京・野川のデータは平成12～13(2000～2001)年にかけての値である(いずれも国分寺市内にある、真姿の池湧水、貫井神社湧水、(株)日立製作所中央研究所湧水の平均値)。この表を見てわかるように、地下水・湧水は二酸化炭素が水中に溶けやすいためか、河川水に比べHCO_3イオンが大きく、硝酸濃度、Naイオンも高い。また、ここの湧水は都市域の湧水のためか、水温、硝酸性窒素、塩化物イオン、電気伝導度、いずれをとっても他の「名水」より値が高いのがわかる。

表6.2　「名水百選」と東京・野川ハケの水質比較

項目	単位	名　水　百　選			東京・野川はけ湧水
		湧水平均	地下水平均	河川水平均	
電導度	μS/cm	147.9	196.8	76.5	221.5
水温	℃	13.6	17.9	18.7	16.5
pH		6.7	6.6	6.9	6.2
RpH		6.9	7.0	—	—
HCO_3^-	mg/l	52.4	66.4	22.6	
Cl^-	mg/l	8.2	12.7	3.8	13.7
SO_4^{2-}	mg/l	9.5	16.7	6.4	—
NO_3^-	mg/l	5.3	3.8	1.9	6.9
Na^+	mg/l	7.4	12.6	4.0	
K^+	mg/l	2.0	3.2	1.1	
Ca^{2+}	mg/l	14.1	17.3	6.4	
Mg^{2+}	mg/l	3.4	4.6	1.4	
SiO^2	mg/l	29.7	22.3	15.6	

　これまで、全国各地の「名水百選」全般について、その特徴、用途、貴重な生き物、水質など、簡単にその概要を紹介してきた。「名水」が環境庁によって選定されてから既に18年経過している。この間、人々の間では健康志向の向上により「水は買って飲むもの」という考え方が広まり、いまや天然水、ミネラル水のペットボトルがとぶように売れる時代となった。環境庁が狙いの一つとした啓蒙普及という点では成功ともいえる。一方、選定されたあとで、その湧水量の減少、水質の悪化等の危惧に悩まされている地域もあり、今後の地道な環境保全への取組が期待される。なお、これとは別に都道府県あるいは市町村で、その後独自に選定した各地の「名水」が数え切れないくらいあり、それぞれに保全の取り組みが行われている。

6.2　水の郷百選

　一方、国土交通省では、水環境保全の重要性について広く国民にPRし、水を守り、水を活かした地域づくりを推進するため、地域固有の水を巡る歴史・文化や優れた水環境の保持・保全に努め、水と人との密接なつながりを形成し、水を活かした「まちづくり」に優れた成果をあげている107地域を「水の郷百選」として認定している（国土交通省、2002；国土交通省HP「水の郷」）。

1)「水の郷」の概要

　107地域における水環境保全の主な対象は、河川に関わるものが52地域、湧水・地下水26地域、湖沼7地域、森林7地域、水田7地域、その他に、クリーク、溜池等を保全対象としている地域もみられる。水を活かした特色ある取り組み事例としては、

① 歴史ある運河、用水、溜池、湧水、棚田等を積極的に保全・利用するなど、水に関わる生活・文化が地域に根付いているもの
② 地元に適応した利水や治水システムのみられるもの
③ 行政と住民の協力により快適な水環境の形成に取り組んでいるもの
④ 歴史ある水に関わる民俗芸能や祭りを継承しているもの
⑤ 水に関わるイベントを積極的に開催しているもの
⑥ 水を活かした特産品による地域おこしに積極的に取り組んでいるもの

などとなっている。

　このように、「水の郷百選」は、水と人との関わり、まちづくり等、その取り組みも重要視している。環境省選定の「名水百選」が、どちらかというと古来より大切に使われてきた地域の「名水」を広く世に周知させ、住民の自然環境保全に対する意識向上を意図しているのと違いがある。ただし、PR不足なのか、歴史が浅いせいなのか、「名水百選」ほどの知名度がないのが残念である。

　選定対象地域は「名水百選」と異なり、市町村単位を原則として選ばれた。国土庁水資源部が認定主体となり、全国の応募総数254地域の中から平成7 (1995) 年34地域、翌平成8年73地域の計107地域が認定され、現在に至っている。各都道府県のうち、1県で4地域認定を受けたのは、北海道、山形県、富山県、岐阜県、滋賀県、高知県、熊本県、大分県の計8道県で、5地域以上認定を受けた県はない。なお、認定107地域で「名水百選」にも選定された地域が22地域あり（**表6.3**参照）、名水を活かした地域興し、まちづくりへの積極的な取り組み姿勢が伺える。

　水の郷百選の認定地域では、河川・水辺環境の保全活動、水生動植物の生育環境や水質調査等を通して水に対する関心を持ち続け、水と親しむ場を確保しつつ、水と緑豊かなまちづくりに向けた努力を続けている。また、水の郷百選の認定区市町村では、「全国水の郷連絡協議会」を結成し、各市区町村での活動の情報交換、「水の郷サミット」の開催等を通じて、水環境保全、水を活かしたまちづくりの促進を図っている。平成14 (2002) 年度の「第8回全国水の郷サミット」は、10月24〜25日、三重県長島町で行われた。なお、認定地域の一覧等詳細については、国土交通省のHP上で「水

第6章 日本各地の湧水

表6.3 「名水百選」と「水の郷」両認定地域

都道府県	名　水　名　称	水　の　郷認定地域名	特　　徴
北海道	羊蹄のふきだし湧水	京極町	ふきだし湧水の周辺を「ふきだし公園」として整備。ミネラル水、氷で作ったクリスマスツリーなど特産品
岩手県	龍泉洞地底湖の水	岩泉町	龍泉洞まつり、ミネラル水生産・販売等、龍泉洞の水を積極活用
秋田県	六郷湧水群	六郷町	湧水利用（野菜洗い、洗濯、天然冷蔵庫）、冬季水田の活用（地下水の涵養）
茨城県	八溝川湧水群	大子町	湧水群（自然やハイカーを潤す）、清流の活用（わさび、クレソンの栽培）
群馬県	雄川堰	甘楽町	約250年の歴史ある用水路（武家屋敷、水日灌漑用）。地元の保全活動も活発
埼玉県	風布川・日本水	寄居町	日本武尊伝説。「日本水」にちなんだ「日本水祭り」、「玉淀水天宮祭り」など開催
新潟県	龍が窪の水	津南町	町独自で水源の涵養に努める。湧水地における竜伝説を基に創作した伝統芸能が継承
富山県	黒部川扇状地湧水群	黒部市	黒部名水会やくろべ水の少年団が調査・保全活動
富山県	黒部川扇状地湧水群	入善町	掘抜き井戸。「下山芸術の森」町全体のギャラリー化
福井県	お清水	大野市	地下水保全条例制定。冬期の水田湛水。流雪溝整備など地下水保全の取組
長野県	安曇野わさび田湧水群	安曇野	豊富な湧水の利用。表流水の堰による水田利用。浸透水はわさび栽培へ。排水は鱒養殖。水の循環利用
岐阜県	宗祇水	八幡町	町の各所で湧水、用水の利用。水舟等独自の水文化。「洗い場組合」等の住民組織
奈良県	洞川湧水群	天川村	天水分神社や永豊寺など水に関わる古い歴史。水産品の生産や水に関するイベント実施
鳥取県	天の真名井	淀江町	湧水の利用（ニジマス養殖、大手清涼飲料メーカーの源水）、町おこし、観光振興に積極的に活用
愛媛県	うちぬき	西条市	市内いたるところの自噴井「うちぬき」。生活用、農業用、工業用など生活に欠かせない
高知県	四万十川	中村市	水辺のトンボがシンボル。四万十川の清流保全や交流・イベントが市民参加で実施
長崎県	島原湧水群	島原市	古くからの「水の都」。豊富な湧水（共同洗い場として生活用水利用。自主管理）
熊本県	白川水源	白水村	水源地、涵養域を環境保全地域に指定。「地下水保存条例」、「水源保存会」など管理・清掃活動
大分県	竹田湧水群	竹田市	水に関わる歴史施設の保存。創造的な復興。名水都市の建設を目指したまちづくり
大分県	白山川	白水村	「自然愛護条例」による環境保全。源氏ホタルの復活、河川プールによる水とのふれあい創設
宮崎県	綾川湧水群	綾町	日本の照葉樹林。清流と密接な生活文化、及び染め織り、やな等の伝統工芸・文化の活用
鹿児島県	清水の湧水	川辺町	豊富な水量の河川に、江戸期の井堰。町の随所で水神様。湧水を利用した「自然流水プール」

2）その他の啓蒙

　国土交通省では昭和52（1977）年、水の貴重さや水資源開発の重要性に対する国民の関心を高め、理解を深めるため、毎年8月1日を「水の日」とし、この日から1週間を「水の週間」として定めて、水に関する様々なイベントを国、地方公共団体、関係諸団体の協力で一斉に実施している。具体的な行事としては、ポスターやパンフレットの配布、講演会・見学会・展示会などの開催、テレビ・新聞等による広報活動である。

6.3　湧水保全の事例紹介

　「名水百選」や「水の郷百選」などに選定されなかった湧水・地下水の中にも、日本の各地域には地域の誇りと自慢できるような名湧水がたくさんある。都道府県の中でも独自に「名湧水」を指定して、地域住民の関心を高め、保全・回復を行う自治体が増えている。住民団体やNPOの中にも地元の地下水・湧水の保全、保護に取り組んでいる組織がある。ここでは、各地の湧水保全のうち、まちづくり・地域コミュニティーなどに活かされている代表事例を数例採り上げて紹介する。

1）秋田県六郷町の湧水保全の取り組み

　ここでは、六郷町のHPやパンフレット等の資料を参考に紹介する。

　六郷町は秋田県の中央部よりやや南の雄物川の中流域にあり、大曲と横手の中間、横手盆地中央部に位置する、人口約7,400人の宿場町である。盆地の東側は断崖層により奥羽山脈に接し、この断崖層に沿って白岩・川口・六郷・金沢などの一連の扇状地が広がっている。この六郷扇状地は、丸子川の洪水氾濫により形成された沖積扇状地である。総面積が約39km^{2}の2/3が山林で、扇状地の扇端部、標高40～55mのところに人口の約7割が居住、一帯に大小75余りの豊富な湧水池があり、住民は地下水の恩恵を受け生活している（図6.4、図6.5）。代表的な清水に、御台所清水、藤清水、諏訪清水、ニテコ清水、側清水、キャペコ清水、久米清水などがある（写真6.4）。

　扇状地の地層は第四紀、更新世の沖積層で、扇状地礫層の層厚は扇央部で100mを超え、扇端部では約70mと厚い。砂礫層の下部は第三紀層の千屋層からなる。現在の扇状地は、古期扇状地の上に発達した新期扇状地で複合扇状地の形態をしている。そ

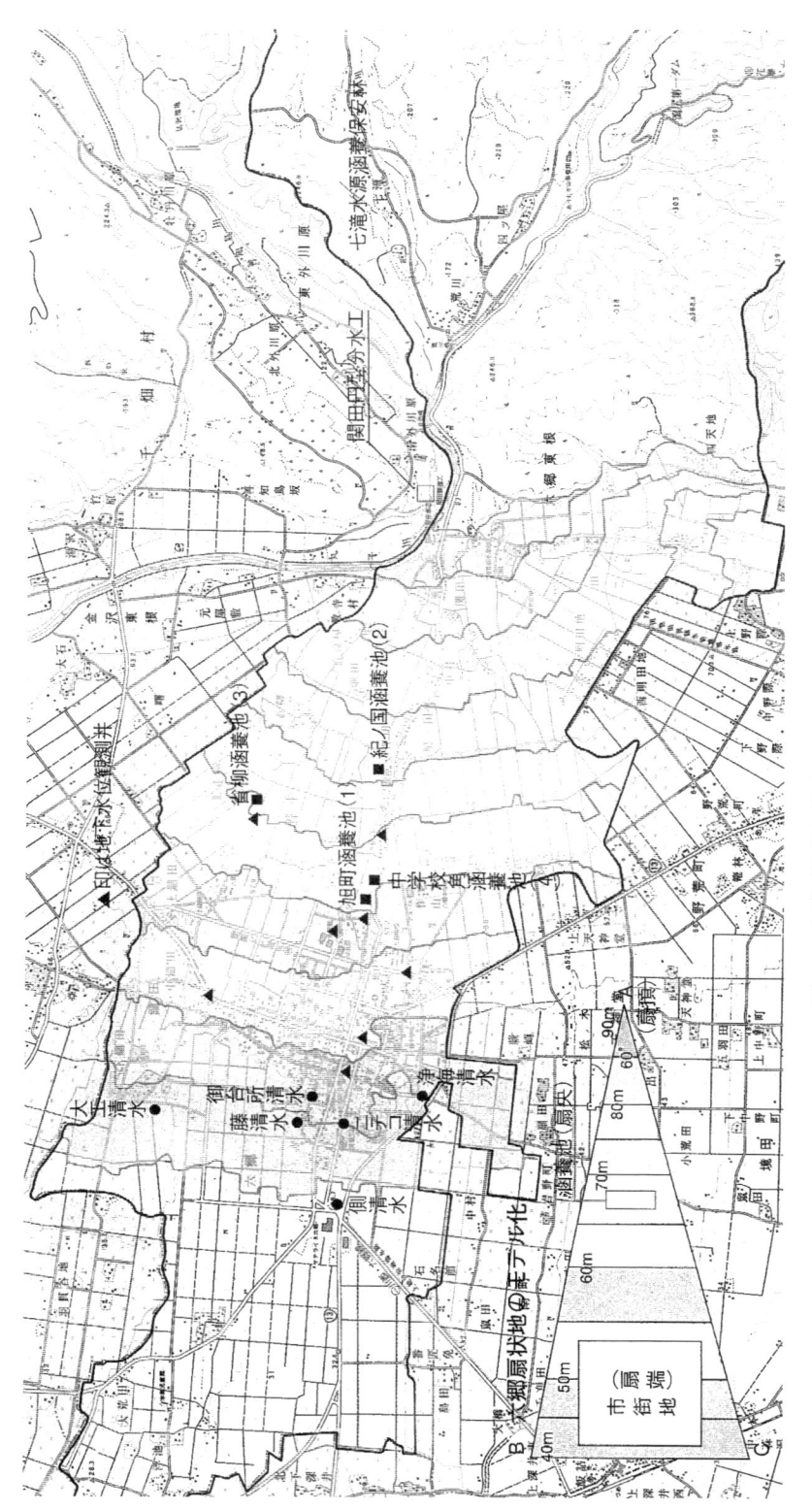

図6.4 六郷扇状地と湧水（秋田県六郷町パンフレット）

6.3 湧水保全の事例紹介

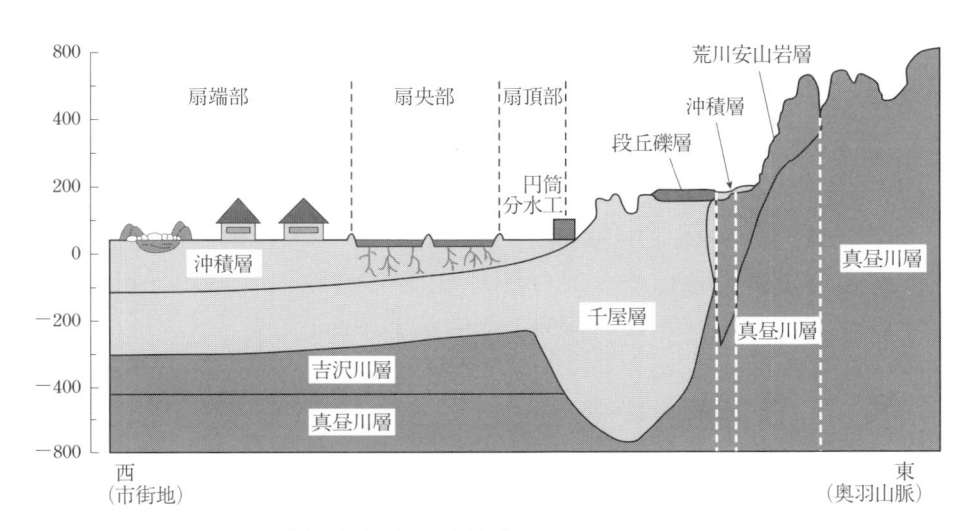

図6.5 六郷扇状地の模式地質断面（秋田県六郷町パンフレット）

写真6.4 六郷湧水・御台所清水（秋田県六郷町提供）

して、奥羽山脈に浸透した雨水が湯田沢川、信倉沢川などの小河川および丸子川を通じて直接、地下水帯水層を涵養していると考えられている。

197

(1) 生活に欠かせない水

扇端部の住民は、昔から清水とともに生活をしてきた。飲料、野菜洗い、洗濯、天然の冷蔵庫としてである。現在は、同じ水脈の地下水を自家用のホームポンプで揚水し、生活用に使用している。また、町内に地下水を使った酒造業が4社あり、他には清涼飲料水、豆腐製造などにも利用されている。

(2) 水源地（扇状地中央）の土地利用

扇状地の扇頂から扇央部にかけては広大な水田地帯である。この水田の水が地下水の供給源である。減水深が25mm前後（代かき時は130mm）と高く、いわゆる「ザル田」とも呼ばれている。地下水層の一部に「水みち」ができているものの多くは、浅層部の透水性の高い砂礫層にゆっくりと浸透し、西側の扇端部の市街地付近で湧水となって湧き出ている。

(3) 関田円筒分水工と七滝水源涵養保安林

六郷町の耕地面積は1,100haで大部分が水田である。この肥沃な土地と水から良質の「あきたこまち」が生産されている。涵養水の取水源となっている円筒分水工は、丸子川の水を取水し、各10の堰に分水して水田に供給する施設である。この分水工は昭和13（1938）年に完成し、七滝水源涵養保安林とともに「七滝用水」の水資源確保の歴史の象徴として住民の財産となっている（写真6.5）。

(4) 地下水の調査と人工涵養

かつては「百清水」と言われた六郷湧水群も、高度成長期には水使用量の増大に伴って地下水位が低下し湧水量も減少傾向にあり、なかには涸渇するものもでてきた。

写真6.5　関田円筒分水工（秋田県六郷町パンフレット）

このため、湧水量や浸透量、地下水位の調査を行い、冬期に地下水を涵養、さらには町内の代表的な清水を公園緑地にするなど、町ぐるみで湧水群の保全に取り組んでいる。現在、①4カ所の人工涵養池、②米収穫後の水田を借り上げ、耕起して水を注入する「人工涵養田」、③溝状の穴を掘り農業用排水などを流す「涵養実験溝」、④水

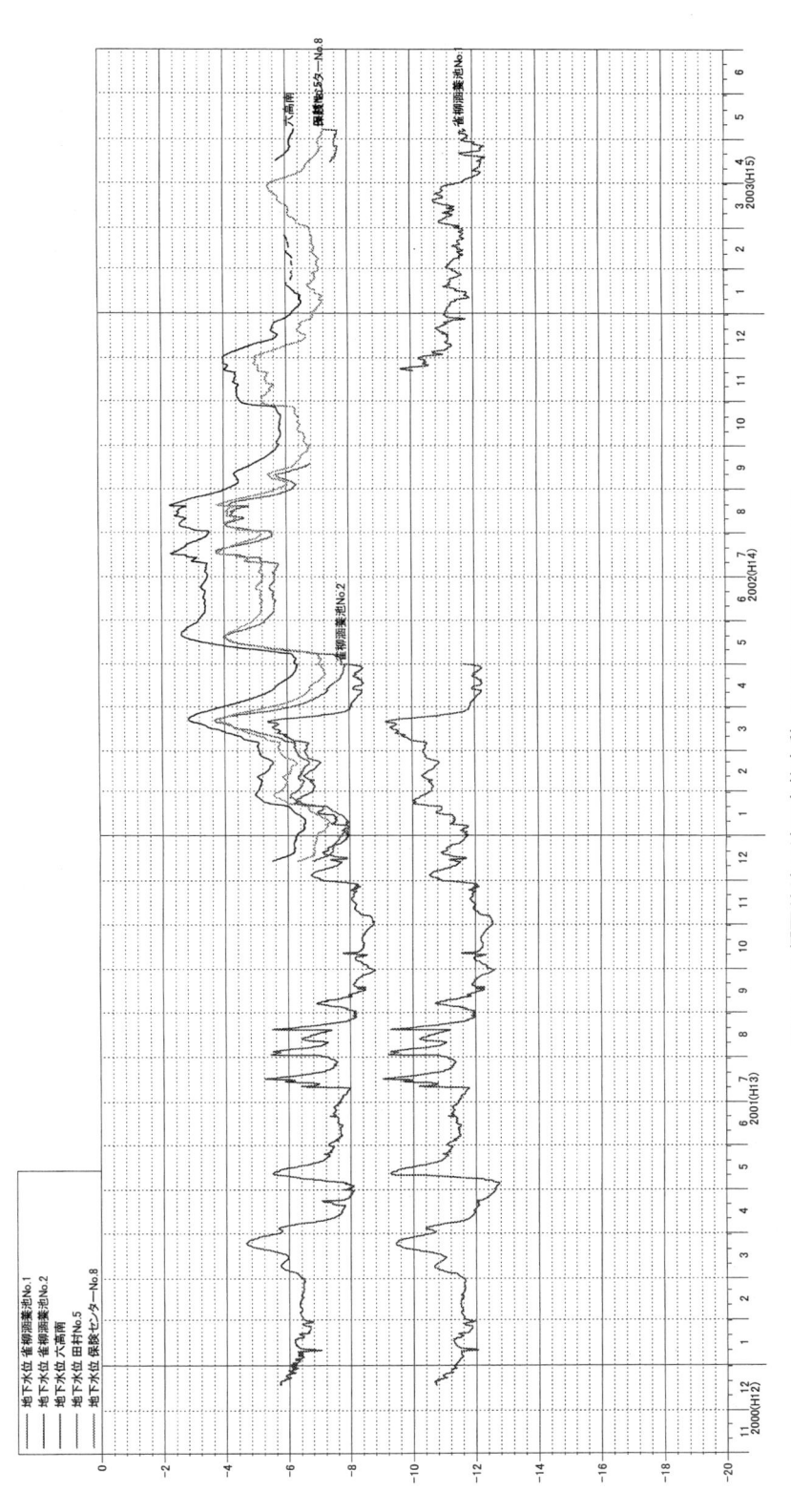

図6.6 六郷扇状地の地下水位変動（秋田県六郷町役場資料より）

田を5mほど掘り下げて水を注入する「地下水強制涵養田」、⑤地下水・湧水量のモニタリング（地下水位：30カ所、湧水量：3カ所、揚水量：4カ所）など、積極的な取り組みを行っている。この結果、平成9（1997）年以降は井戸枯れを起こす家庭がなくなっているようである。また、町内の4カ所に自記水位記録計が設置され、水位の変化を記録するとともに、誰でも現在水位を確認できるように表示がされており、町民への啓蒙に役立っている。図6.6は平成13〜15（2001〜2003）年の地下水位の変動を示したもので、冬期の人工涵養の効果が水位の上昇となって現れているのがわかる。

（5）飲料水についてのアンケート

町の調査では、自家用井戸で生活用水を確保している家庭が1,914戸にのぼり、全世帯の90％以上である。また平成8年のアンケートによると、80％以上の家庭で水量、水質とも心配がないとの回答であったが、上水道は57％の家庭で必要と考えていた。ただし、その30％は水道があっても予備水源でしか使用しないようで、水源を自ら育て、自然を活用した地下の「水瓶」づくりに力を入れているとのことである。

（6）水の四冠王

六郷湧水群は水の量とともにその周辺環境、そして地域住民の手で保全活動に取り組んでいることが評価され、昭和60（1985）年に環境省の「名水百選」に選定された。また平成7（1995）年には国土交通省の「水の郷百選」、七滝水源涵養保安林の保全努力が認められ農林水産省の「水源の森百選」にも選ばれた。さらに、地下水に配慮した下水道事業が「甦る水百選」に選定されるなど、水源対策が各方面から評価され、まさに「水の四冠王」といえる。

（7）貴重な生き物：イバラトミヨ

数多い清水の中には、氷河期の生き残りと言われる「イバラトミヨ」（土地では通称、ハリザッコと呼んでいる）が生息している。これは、体長5cm前後で9本のとげのような鋭い背びれを持つ魚で、水温が年間を通して15℃程度のきれいな湧水にすむ、学術的にも貴重な淡水魚である。雄は水草を集めて水中に丸い巣を作ることで知られている。このイバラトミヨ（雄物型）は、

写真6.6　イバラトミヨ(提供：長谷部 優)

秋田県の絶滅危惧種IA型に指定されている（写真6.6）。なお、六郷扇状地の地下水管理・水収支については、肥田（1990）により調査・研究されてまとめられている。

2）福井県大野盆地の地下水保全

大野市は周囲を山地に囲まれた標高170～230m、面積約100km^{2}の盆地にある。市内には「名水百選」に選定された「御清水（おしょうず）」や、天然記念物イトヨの生息地として知られる「本願清水（ほんがんしょうず）」などの湧水がみられ、湧水・地下水に恵まれた地域である。また、水を活かしたまちづくりの努力が認められ、国土交通省の「水の郷百選」の認定も受けている。盆地内には、九頭竜川、真名川、清滝川、赤根川の四つの主要な河川が並行しながら北流している。この大野盆地の地形は、真名川沿いに真名川扇状地、清滝川沿いに木本扇状地が分布し、真名川以東には火山性の泥流堆積物が、赤根川以西には湖沼性の低地が広がっている（写真6.7、写真6.8）。

（1）大野市の地下水・湧水

湧水の分布が多い大野市街地は沖積堆積物で構成され、透水性の非常によい砂礫層が厚く堆積し、多層の帯水層を形成している。それも、帯水層間の難透水層の厚さが薄かったり不連続のため、各帯水層の地下水は密接に連動しているのが特徴である。市街地を東西方向、南北方向に通る地質断面は図6.7のとおりで、木本扇状地の扇端

写真6.7　大野の御清水

写真6.8　イトヨの生息地（上）と「本願清水イトヨの里」（下）「本願清水イトヨの里」森誠一館長提供

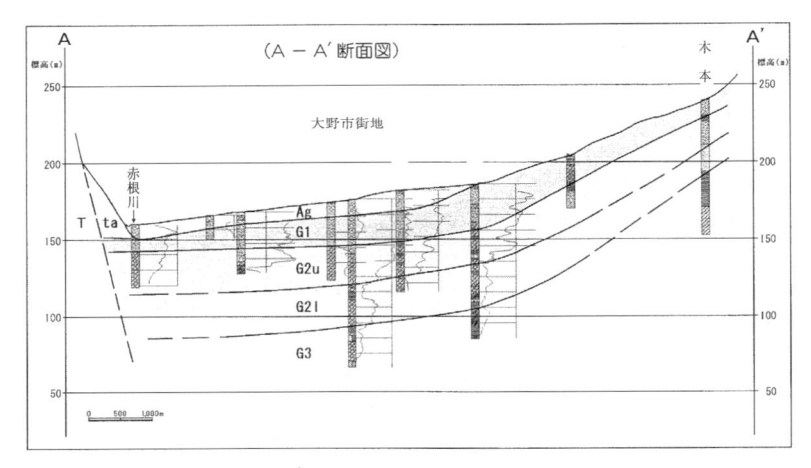

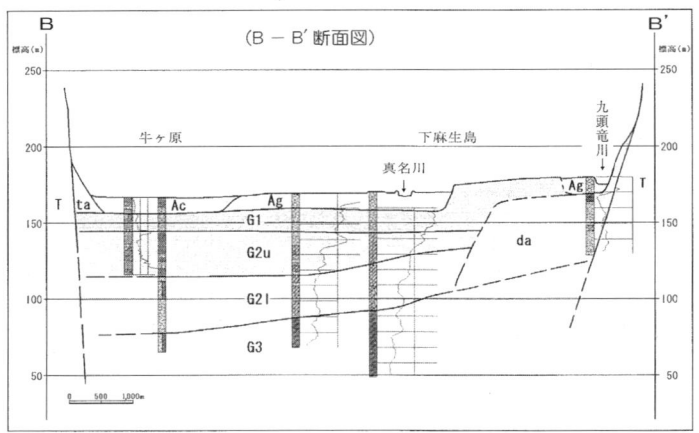

第6章　日本各地の湧水

図6.7　大野市の地質断面（大野市、2003）

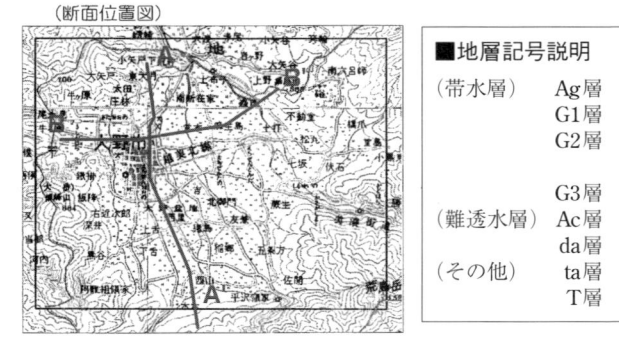

■地層記号説明

（帯水層）
- Ag層　砂礫、玉石混り砂礫
- G1層　砂礫
- G2層　粘土混り砂礫　┬ G2u＝上部層
　　　　　　　　　　　└ G2l＝上部層
- G3層　粘土質砂礫

（難透水層）
- Ac層　粘土、シルト
- da層　火山砂礫、岩塊

（その他）
- ta層　崖錐
- T層　安山岩、火砕岩（基盤地層）

6.3 湧水保全の事例紹介

部に位置する市街地は地下水流の下流部にあり、地下水・湧水が豊富である。図中のAg層からG3層まで、すべて砂礫層、玉石混じり砂礫、粘土混じり砂礫などの帯水層を形成し、目立った難透水層は存在しない。

また、大野市内の地下水の流れは図6.8のようになっている。真名川以西の地下水は全体的に北流しており、木本扇状地内を流れる木本扇状地地下水系と、真名川が深く関与する真名川地下水系に二分される。市街地で利用される地下水や湧水は、主に木本扇状地地下水系と判断されている。「御清水」のある泉町の一帯は、市街地に突き出た亀山（大野城の城山）が地下水の流れをせき止める役割を果たすため、地下水が湧出する場所と考えられている。また、真名川以東では、地下水は九頭竜川と真名

図6.8　大野市の地下水の流れ（平成13年11月）（大野市、2003）

川の影響を受け、九頭竜川沿いでは南東から北西方向、真名川沿いでは北流する地下水の流れがある。したがって、この地域は難透水性の泥流堆積物が広く分布し、地下水開発には不適の場所である。

(2) 大野市の水文環境

① **年降水量が多い**：大野市の年間降水量は2,368mmと、全国平均の1,800mmの1.3倍もの降雨がある。しかし、長期的には降水量、降雪量とも緩やかな減少傾向にある。

② **森林の保水機能**：盆地周囲の山地における森林保水機能の働きにより河川へのコンスタントな長期流出がある。河川流量が一定量あれば地下水涵養にもプラスとなる。

③ **河川水と地下水の交流**：真名川、清滝川の上流部では河川から地下水への涵養、逆に真名川、清滝川下流部および赤根川のほぼ全域では地下水が河川に湧出している。特に、真名川より西側の範囲では、河川から地下水への涵養量は年4千万m^3、地下水の河川への湧出量は年9千万m^3と推計されている。

④ **灌漑用水による地下水涵養**：真名川、清滝川から水田の灌漑用水として取水された水のうち約1,200万m^3が地下水を涵養している。

(3) 多目的な地下水利用

① 大野市の上水道普及率は10.6％、簡易水道を含めても36.1％の普及率で、ほとんどの家庭・事業所が、家庭用ホームポンプや水中ポンプで地下水を利用している。また、水道・簡易水道の水源の大部分も地下水（水道用のうちホームポンプ等による個人利用が74％を占め、上水・簡易水道用としては26％）である。

② 大野市の地下水揚水量は平成13年集計で956万m^3/年、内訳は水道用が43％、工業用が42％、建築物用が8％、農業用が5％、融雪用が2％である。ただし、全体揚水量の経年変化としては、繊維工業の揚水が大きく減少しているため、年々減少傾向にある。

③ 工業用としては主に繊維工業などに使われ、農業用では水田灌漑用として約50万m^3/年使用されている。融雪用はその年の積雪量によって使用量が変化する。

(4) 地下水位の変化

大野市の地下水位は、融雪期、水田灌漑期、梅雨および台風時期に上昇し、8月中旬頃に最高水位を記録する。その後、水田から水が落とされると地下水位は急激に低下し、11月頃に最低水位となる変動傾向を示している。しかし、冬期に大雪などがあると、雪解けによる浸透が見込めなくなる上、融雪のための地下水揚水により地下水位が低下する現象も見られる。地下水位の経年変化は図6.9のとおりで、長期的には

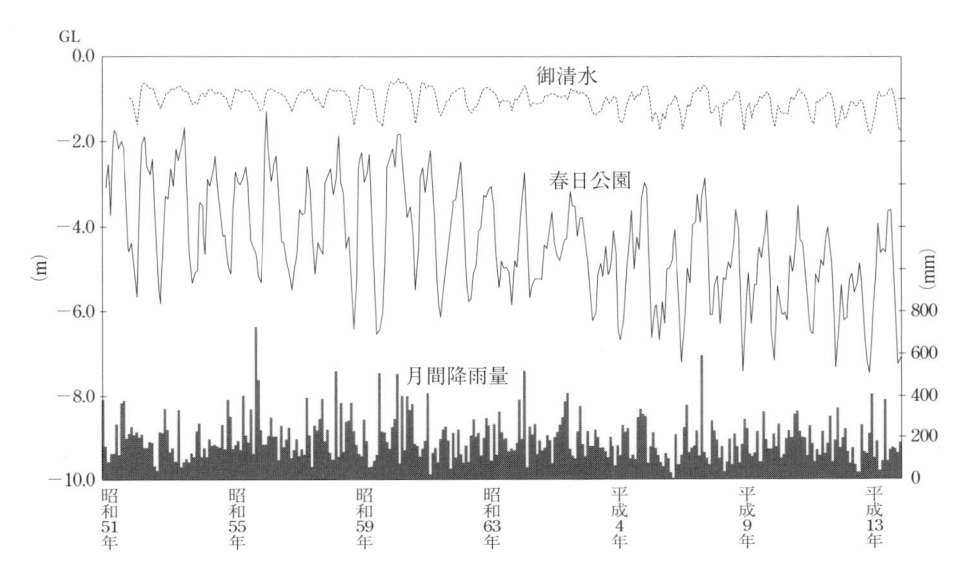

図6.9 大野市における地下水位の経年変化（大野市、2003）

水位低下の傾向がみられる。

(5) 地下水障害について

大野市では過去、昭和46年〜59（1971〜1984）年にかけて降雪期に市街地南部を中心に大規模な井戸枯れが発生した。そこで、この地域では井戸の打ち直しを行い、現在、市街地の井戸の約60％が5〜10mの井戸を、約36％が10mより深い井戸を設置して揚水しているのが調査でわかった。現在、市では地下水位の低下時に「地下水注意報」なる掲示板を観測井近くに設置し、地域住民に対する警鐘としている。

地盤沈下については、粘土質層が分布する乾側地区で最大13mmを記録、市街地北部の友江地区、赤根川に沿う地区で約1mm/年と、大きな値ではないが沈下傾向がみられる。地下水汚染については、平成元年、市街地の一部で初めてテトラクロロエチレンが検出された。当時、地下水の浄化のために汚染土壌約500トンを処理したが、現在でも仮設ポンプ3台で残留汚染地下水を汲み上げている。このように、地下水汚染の現状回復には多くの時間を要する。

(6) 地下水保全策

現行の大野市の地下水保全のための取り組みは以下のとおりである。
① 地下水保全条例（昭和52（1977）年11月10日施行）：抑制地域を指定し、地下水採取

者に採取届出と節水努力を義務づけた。地下水使用量報告義務(ポンプ径5cm以上)。抑制地域内の定められた道路、広場以外での地下水融雪装置の禁止など。
② 監視体制(地下水位観測30井、水質測定42カ所)
③ 調査・研究(雨水浸透実験・人工涵養池実験・地下水総合調査・井戸設置状況調査)
④ 涵養対策(冬期水田湛水。浸透性農業排水路)
⑤ 啓発(簡易観測井地下水位表示板、同図案公募、市ホームページで地下水情報提供)
⑥ 補助制度(地下水再利用施設等設置促進事業補助、地下水保全活動助成)
⑦ 緊急時対策(地下水注意報および警報の発令:春日公園観測井、チラシ・広報車による街頭広報やマスコミによる啓発)
⑧ 汚染浄化および対策(残留汚染水の汲み上げ除去、汚染水質調査)
⑨ その他(地下水保全基金、市役所トイレの中水利用、丘砂利採取規制など)

以上の他、今後は涵養域の涵養能力保全、水田での冬期涵養、雨水の有効利用なども検討されている。

(7) 地下水収支の結果

地下水の水収支についても、平成12年と同13年を対象に行われている。結果は**表6.4**のとおりで、平成12年は流出量が流入量を上回りマイナスの水収支であるが、平成13年にはプラスに転じている。河川や涵養域からの自然涵養が増加したのがプラスになった要因と考えられる。このように、大野市では地下水・湧水保全のまちづくりを積極的に行っている。

なお、上記全般の情報は日本地下水学会編(1999)と同市HPを参考とした。

表6.4 大野市・真名川以西の地下水収支 (大野市、2003)

(単位:千m³/年)

		平成12年	平成13年
流入量	灌漑による涵養	11,704	11,525
	河川からの涵養	37,066	40,650
	涵養域からの自然涵養	41,276	44,423
	その他	3,043	2,810
	小計	93,089	99,408
流出量	地下水揚水量	8,497	8,021
	河川への流出量	88,120	91,024
	小計	96,617	99,045
水収支		−3,528	363

6.3 湧水保全の事例紹介

3）南足柄市の水を活かしたまちづくり

南足柄市は神奈川県の西端に位置し、金太郎の伝説で有名な金時山を中心に、箱根外輪山、足柄峠、足柄山塊に囲まれ扇形に開けた中にあり、自然と水に恵まれた地域にある。地形は、丘陵地、台地の中を狩川、内川の清流が西から東へ流れ、河谷平野を形成し、両川および狩川の支川沿いには多くの湧水、自噴井がみられる。市によると、主なものだけで30地点を超える湧水があり、「南足柄水まっぷ」や「親水マップ」として紹介されている（写真6.9）。以下、これら資料と同市HPを参考に解説する。

(1) 全国水の郷百選・水源の森百選に認定

南足柄市の足柄・桧山水源林は、平成7(1995)年林野庁（現農林水産省）より、森林と人との関わりの深い代表的な森林として、「全国水源の森百選」に認定されている。また、翌8年には国土庁（現国土交通省）より、優れた水環境の保全に努め、水を活かしたまちづくりに優れた成果をあげている地域として、「全国水の郷百選」の認定を受けた。その後も、平成9(1997)年に国土庁長官より水資源功績者表彰、平成11(1999)年に「第1回日本水大賞奨励賞」を受賞するなど、水循環の健全化に向けた幅広い活動が評価されている。

(2) 水のマスタープラン

南足柄市では、地域進展の鍵は「水」にあるとの認識のもと、平成3(1991)年、全国に先駆け水資源行政を一元的に行う水資源政策課を設置した。そして、平成5(1993)年3月に策定した「水のマスタープラン」に基づき、水資源の涵養、水質保全、

写真6.9 南足柄市・苅野厳島弁天池湧水（酒匂川水系保全連絡協議会HP、21 Mar., 2000より）

水資源の有効利用、雨水利用、親水空間づくり等の施策を計画的に実施している。その基本方針は次の5点である。
　① 水資源は市民共有の財産であるという観点で、その保全、開発および利用を総合的に調整して行う。
　② 水源涵養および水資源の保全について、水源の拡大・充実とともに最重要事項とする。
　③ 水資源を市民の生活用水、都市用水、および工業用水に有効かつ効率的に活用する。
　④ 市民に水の有限性、稀少性を認識してもらう。水への親しみを大切にする。
　⑤ 水資源管理を足柄平野全体で広域的、総体的に取り組む。
　また、水資源の確保については、水源を表流水に求めるのを基本とし、不足する分を地下水、湧水等で対応する計画である。将来的には、雨水、雑用水および農業用水の転用による水源確保にも努め、森林や水田の涵養機能の保全とその向上施策を計画している。

(3) 地下水・湧水保全の具体例
　水源涵養の具体的事例として次のようなものがある。
　① 水資源の保全および利用に関する条例を制定し、水源涵養保全区域を指定
　② 浄化槽の雨水貯留施設転用補助事業を実施
　③ 市リサイクルセンターなど公共施設での浸透性舗装、雨水浸透井の設置
　④ 南足柄市グリーン文化基金を制定、その果実運用により枝打ち・間伐を行い涵養を図る
　⑤ 啓発運動の一つとして、ブナの植樹を実施
などである。

(4) あしがら文化広場
　その他、水文化の保存再生活動のオリジナリティあふれる先進的な事例として、「あしがら文化広場」がある（(株)三和総合研究所編、2001）。これは、南足柄市文化会館の「あしがら文化広場」において、地元再発見を目的としたフォーラム事業で水をテーマに活動を展開しているものである。豊富に存在する水について、生活との関わりや水循環機構を住民があらためて勉強したり、地域が大循環の中に位置づけられていることを認識したり、自発的に水源の森を見学に行くなど、内発的な保存活動に取り組んでいる。企画・主催は南足柄市文化会館で平成6(1994)年以来、すでに開催は30回を超えている。

4）黒部川扇状地の地下水・湧水

北アルプス中央部の鷲羽岳に源を発する黒部川は、わが国有数の急流河川である。その黒部川が宇奈月町愛本に至ったところで黒部川扇状地が開ける。この扇状地は面積約650km^2、扇頂部から扇端部までの半径最大距離13.5km、扇状地勾配は1/80〜1/120、扇頂角約60°の見事な臨海性扇状地である。主帯水層の沖積砂礫層は、扇央部で層厚30〜50m、扇端部で100m以上に達する。また、流域は全国的にも有数の多雨地帯で、年降水量は山岳地帯で5,000mm以上、扇状地においても約3,000mmと多い。したがって、地表水も豊かで扇状地の涵養量は大きく、4月中旬から8月下旬の灌漑期には地下水涵養量は特に多い。「名水百選」の扇状地湧水群は、黒部市から入善町にかけての扇端部に集中している（図6.10）。以下、黒部市新川広域圏水博物館構想推進室と国土交通省黒部河川事務所のHPを参考に紹介する。

（1）名水の里

黒部市では水資源を市民の貴重な財産と考え、これを守り、水を活かした名水の里づくりを目指している。昭和60（1985）年には黒部川扇状地湧水群が「名水百選」に認定され、平成7（1995）年には黒部市および入善町が「水の郷百選」に選ばれている。

（2）名水の恩恵

黒部川の年間流量は、扇頂部の愛本で約28億m^3、その半分の約14億m^{3}が発電兼灌漑用に分水され、残り半分は黒部川本流に流れるが、それぞれの一部の水が広い扇状地内で地下水となり浄化される。豊富な地下水は、扇央部では飲料水、生活用水、工業用水に使用され、扇端部では湧水や自噴水となっている。

扇端部の黒部市生地地区は、自噴井で有名な「清水の里」など豊富な湧水地帯である。黒部川扇状地の湧水は、不圧地下水系のものと被圧地下水系の2種類あるといわれる。入善町の杉沢の沢スギの湧水は比較的浅く不圧地下水系で、生地の「清水の里」や共同洗い場（清水庵の清水）、湧水公苑などは、難透水層に挟まれた被圧地下水層の掘り抜き自噴井である。その湧水量は、生地の共同洗い場で平成1（1989）年9月1日に測定された値は約500l/minである。なお、この時の水温は11.5℃、pHは6.4、電気伝導度は88μ・S/m、溶存酸素は9.3mg/lであった。因みに、図6.11は平成14（2002）年1年間の清水庵の清水で測定された水質項目の変動図である。13年前のデータと比べても水量はむしろ多く、水質的にもほとんど変化がないといえる。また、黒部の水は飲んでおいしい水の基準をほぼ満たしているようである（水温が低く、無色・無臭、塩素イオン、硬度、鉄・マンガンなどが少なく、pHも6〜6.8の範囲を満足）。

第6章 日本各地の湧水

凡　例
◎　観測井
●　自噴井
--- 自噴帯域

図6.10　黒部川扇状地の自噴井（下新川海岸侵食の歴史、建設省黒部工事事務所、1979、より加筆）

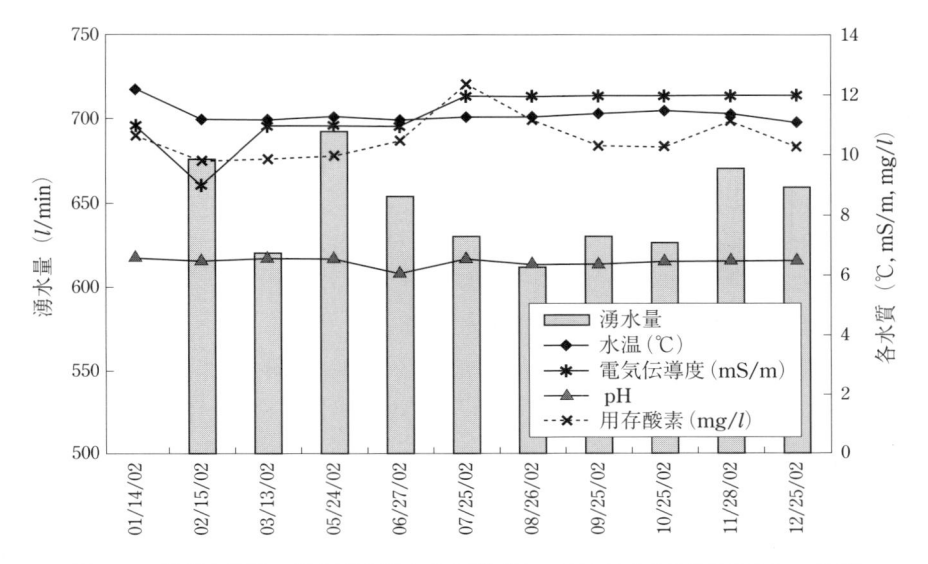

図6.11　黒部市生地・清水庵の清水の水質 （新川広域圏水博物館構想推進室HP参考）

(3) 杉沢の沢スギ

6.1節でも簡単に述べたが、黒部川扇状地の海岸に近い湧水地帯に生育する自然の杉林は全国的にも非常に珍しく、入善町吉原の杉沢は昭和48(1973)年に国の天然記念物に指定され大切に保存されている。この沢スギは湧水と密接な関係にあるとされ、林内が湧水の影響で冬でも比較的温暖であるため、根元からの萌芽性が強い発根力のよい杉が育つと考えられている。平地で湿地に生育する杉は日本でもここだけといわれている。

また、67haの林内には沢スギだけでなく、タブノキ、アカガシ、ユズリハ、マンリョウ、カラタチバナ、オモト等、暖地性の植物が多くみられる。その他、昔の洪水流で運ばれたと思われるノリウツギ、アケボノシュスラン、ヤマドリゼンマイ、ヤマザクラ等の山地性の植物、湿地性のシダ植物、コケ類もみられる。水生動物には、ナミウズムシ、カワゲラ類、トミヨ等、昆虫類では、クロハグルマエダシャク、キアシツヤヒラタゴミムシ、シマアメンボ等、非常に珍しい種が多い。

(4) 水に関わるイベント・団体

黒部川の名水保全に関わる団体、住民達の活動は数多くみられる。住民らの活動としては、黒部名水会、黒部水の少年団、水のコンサート＆フェスティバル、名水の里

第6章　日本各地の湧水

第九コンサートなどがある。また、黒部青年会議所が平成4（1992）年に黒部の名水キャラクターを公募し、漫画家の藤子不二雄A氏の制作になる「ウオー太郎」を採用、現在黒部の名水PRに活躍している。その他、名水の科学的な調査・研究や教育・普及活動を積極的に行っている団体・機関として、新川広域圏水博物館構想推進室、国土交通省黒部河川事務所が挙げられる。両者とも、扇状地や名水について詳細でわかりやすいHPを提供している。

5）岐阜県八幡町の水を活かしたまちづくり

　郡上八幡（岐阜県郡上郡八幡町）は県の中央部にあり、三方を山に囲まれ山林が面積の9割以上を占める、面積約242.3km^2、人口約16,600人（平成15年7月現在）の豊かな水の町である。町は清流、長良川の上流に位置し、それに注ぐ吉田川とその支流、乙姫川、小駄良川沿いに市街地を形成している。町の中は、名水百選の「宗祇水」、独特の水利用システム「水舟」、大小様々な水路など、水のスポットが随所に見られる水のきれいな町であり、町民の生活に密接に関わっている（図6.12）。

　この郡上八幡は奥美濃の中心地で、近世から郡上八幡城の城下町として栄え、現在でも古い町並みと寺社など城下町の風情を多く留めている。また、毎年夏には1カ月以上にわたって行われる「郡上おどり」が有名で、全国から多くの観光客が訪れる。

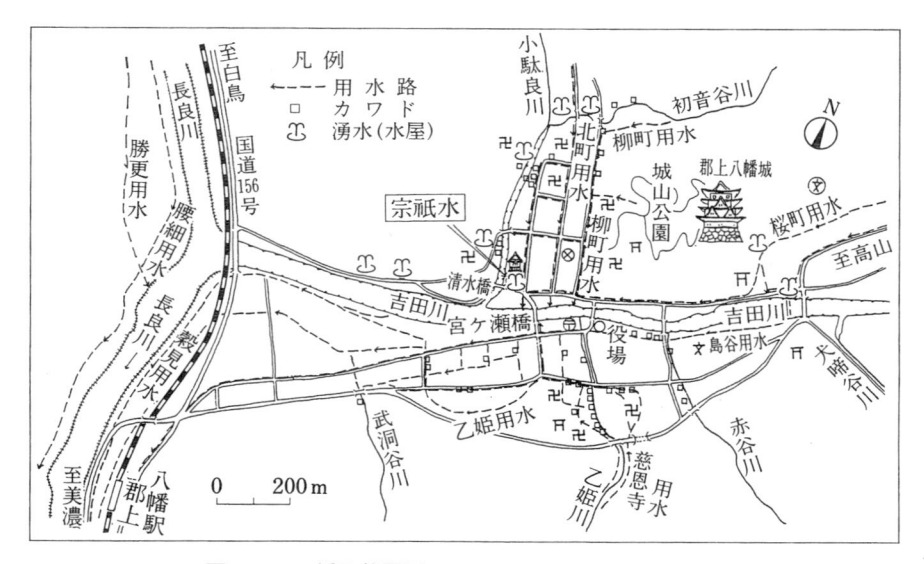

図6.12　八幡町位置図（日本地下水学会編、1994, p.146）

6.3 湧水保全の事例紹介

(1) 水循環利用システム

　町の人々は水の恩恵を受けるため様々な工夫をしている。谷川や沢川の水は、水門によって町の中の用水路に導入し、各家庭では用水路に「セギ」と呼ばれる木製の堰板を立てて用水の水位を上げ、水を側溝に導き、その水を各自の家屋の中に引き入れて利用するシステムになっている（図6.13）。利用済みの水は、再び用水路に戻されて町並みに潤いを与えつつ流れ、その後は水田など

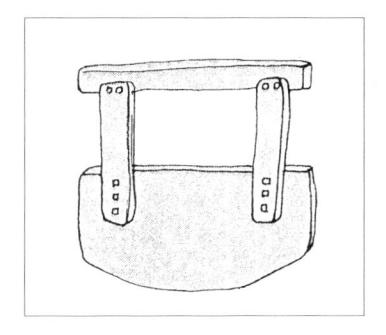

図6.13　セギ板（岐阜県八幡町、2003）

島谷用水改修以前（昭和40年）新町に見られたカワド

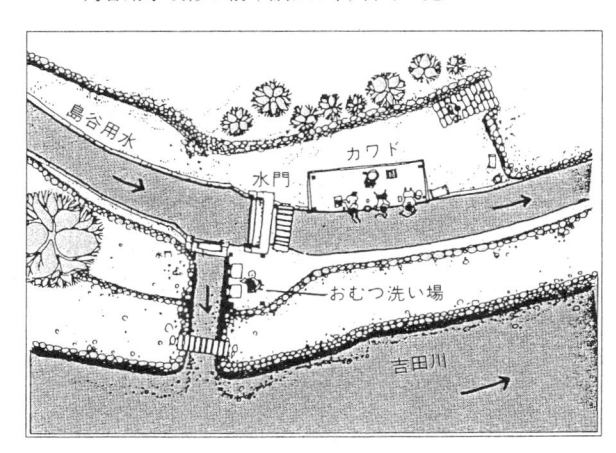

吉田川べりのカワド

図6.14　カワド　（岐阜県八幡町、2003）

第6章 日本各地の湧水

の農業用水に使われて再び水路や河川に還るという、水循環系が人工的に組み込まれている。

また、この町では昔からの人々の知恵と体験が集積され、暮らしの中で活用されている。「水縁空間」（水が媒体となって人と人、人と自然が深く交流する水場）は、日本でも類のない貴重な存在とされる。洗う物の順序や時間帯がきちんと決められ、用水路ごとに清掃当番を置き、責任をもって水管理に当たるなどの習慣が受け継がれている。中でも、「カワド」と呼ばれる洗い場は、水路沿いに造られたこの町独特の生活様式である（図6.14）。

さらに、八幡町には大乗寺山から豊富に湧き出した水を生活用水として利用した、「水舟」という水利用システムがある。これは、山の湧水をパイプなどで各家庭や共同洗い場に引水し、吐水口のところに木製等の段差のある箱を取り付けたもので、通常、「飲み水」「ゆすぎ水」「洗い水」のように三段階に区分されている（図6.15）。町全体が谷間の河岸段丘や谷底平野にあるため地形に高低差があり、「水舟」の原理を拡大した構成になっている。「宗祇水」も水舟の代表的なものである（**写真**6.10）。

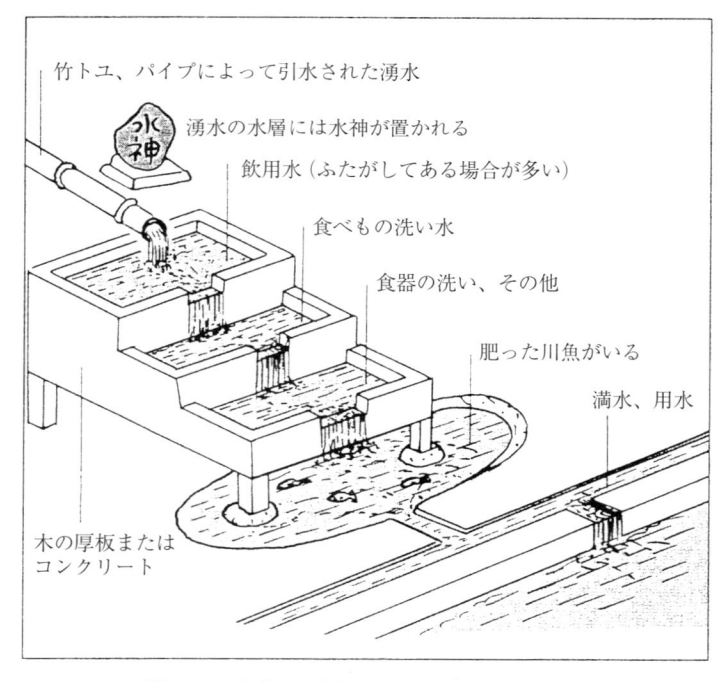

図6.15 水舟の一例（岐阜県八幡町、2003）

(2) 水を活かしたまちづくり

郡上八幡では、町の新総合計画策定にあたって、キャッチフレーズを「水とおどりと心のふるさと」に決め、水を活かした魅力あるまちづくりを進めている。「ポケットパーク」もその一つで、町全体を公園と見立ててその中心に人々や旅人が集い語り合う場として、時には朝市や夜店、待ち合わせや情報交換の場として、昭和59年（1984）から順次整備を進め、現在約33カ所設置されている。代表的なものが「やなか水のこみち」、「いがわこみち」である。

写真6.10　名水・宗祇水（岐阜県八幡町、2003）

① やなか水のこみち

以前は、町屋に囲まれた普通の路地（幅員6m、延長約46.6m）で、古くは農業用水であり、その後に島谷用水を分水した側溝があった。このこみちには、町内を流

写真6.11　やなか水のこみち（岐阜県八幡町、2003）

れる川から拾われた約8万個の玉石が埋め込まれ、情緒豊かな水辺のこみちとなっている（写真6.11）。車道沿いにも、人々がゆっくり水辺を楽しみながら歩けるよう楽しい工夫がなされ、コロコロと落ち込む水の音が楽しい。

日常の清掃管理は、地元住民が主体となって水路の改修や年3回の大掃除を行っている。また、やなか水のこみち周辺には、「おもだか家民芸館」、「斎藤美術館」、「アートギャラリー遊童館」という三つの美術館が建ち、町の文化・観光の拠点となっている。

② いがわこみち

いがわこみちは、民家に囲まれた島谷用水沿いに続く延長119m、幅1mの小さな生活道路である。水路は「いがわと親しむ会」の人々により自主管理され、コイ、イ

ワナ、アマゴ、サツキマス、アユなどが泳ぎ、通行人の目を楽しませている。また、地元では洗い場組合をつくり、洗濯物のすすぎや芋洗い、野菜洗い等、生活用水に水路を利用している。このように、この小さな空間は先人達の知恵や昔ながらのルールに守られて利用されている。

③ 歴史的水路の保全（柳町用水）

八幡城の麓にある柳町は、袖壁と紅殻格子が似合う美しい景観が残され、静かなたたずまいと用水路が融合した町並みである。この柳町用水は、江戸時代の初期、当時の城主であった遠藤常友により造られたといわれる。以来、昭和38(1963)年の上水道完成まで、飲料水以外の全ての水に使われてきた。用水は総延長約530m、五つの部分に区分され、明治の頃から区分ごとに住民達が交代で毎日清掃を行っている（柳町水路組合）。町でも住民達と協力しながら、町並みに調和した水辺景観の整備と町並み保全の整備を行っている。

その他、吉田川の親水空間整備、生活排水浄化等の取り組み、森林保全など、八幡町では水の恵みを活かしたまちづくりを進めている。

なお、以上の上記情報は八幡町(2003)、同町HP、日本地下水学会編(1994)を参考にした。

引用・参考文献

東京都（2002）：東京の湧水（平成12年度湧水調査報告書）、環境局自然環境部
日本地下水学会編（1994）：名水を科学する、技報堂出版
カルチャーブックス編集部編（1991）：日本列島百名水、講談社
南　正時（1994）：湧水百選、自由国民社
日本地下水学会編（1999）：続名水を科学する、技報堂出版
(財)リバーフロント整備センター編（1996）：フィールド総合図鑑－川の生物、山海堂
漆畑信昭（1991）：柿田川の自然、そしえて文庫、そしえて
日本地下水学会編（2000）：地下水水質の基礎－名水から地下水汚染まで－、理工図書
水収支研究グループ編（1993）：地下水資源・環境論－その理論と実践、pp.143-181、共立出版
半谷高久・小倉紀雄（1995）：第3版水質調査法、pp.69-71、丸善
国土交通省（2002）：日本の水資源（平成14年版）、土地・水資源局水資源部
肥田　登（1990）：扇状地の地下水管理、古今書院
大野市（2003）：大野市の地下水、市民福祉部生活環境課
(株)三和総合研究所編（2001）：日本の水文化－水をいかした暮らしとまちづくり－、pp.83-89、ミネルヴァ書房
岐阜県八幡町（2003）：水の恵みを活かす町郡上八幡、八幡町総合政策課

秋田県六郷町パンフレット「清水と森の里から（守ろう育てよう私たちの水資源）」

環境省ホームページ：「名水百選」http:www.env.go.jp/water/meisui/info/
国土交通省ホームページ：「水の郷」
　　http:www.mlit.go.jp/tochimizushigen/mizsei/mizusato/frmain.htm
南足柄市ホームページ：http://www.city.minamiashigara.kanagawa.jp/
黒部市ホームページ：「黒部川と名水」
　　http://www.city.kurobe.toyama.jp/ivent/river/index.html
六郷町ホームページ：http://www.town.rokugo.akita.jp/
大野市ホームページ：http://www.city.ono.fukui.jp/
八幡町ホームページ：http://www.gujo-hachiman..jp/

第7章
地下水・湧水保全の今後の展開

7.1 地球の水問題について

1）世界の水問題は日本の問題

　近年、世界各地で水不足、水質汚濁、洪水等の水問題が深刻なものとなっている。また、水資源開発や利用等に影響が懸念される酸性雨や地球温暖化のように、地球規模で世界的な取り組みが必要な問題も発生しており、水問題は21世紀の最も重要な問題の一つである。わが国は海外から多くの食料、工業製品を輸入しているが、実は海外でそれらを生産する段階で、約400億m^3もの大量の水を消費しているといわれる。しかも、わが国の食料自給率は熱供給量換算で約40％に過ぎず、海外への依存率は今後も持続が予想される。このように、水の豊かな日本といえども世界の水に頼っていることになり、世界の水問題に無関心ではいられない。むしろ国際貢献の立場から、わが国は世界の水問題に対して積極的に取り組む必要がある（国土交通省、2002）。

2）世界水フォーラムでの合意事項

　世界水フォーラムは、世界各国の閣僚、研究者、NPO等、水に関わる様々な人々が一堂に会し、それぞれの立場から水に関する主張、意見交換を行う国際会議で、平成9（1997）年にモロッコのマラケシュで第1回、平成12（2000）年にはオランダのハーグで第2回が開催された。そして、平成15（2003）年3月16日～3月23日、第3回世界水フォーラムが京都、滋賀、大阪を舞台に開催され、世界各国から24,000人以上の人々が参加した。参加者達は、世界規模の水問題解決に向けて、米国・ニューヨークでの「国連ミレニアム・サミット（2000年）」、ドイツ・ボンでの「国際淡水会議（2001年）」、南アフリカ・ヨハネスブルグでの「持続可能な開発に関する世界首脳会議（WSSD、2002年）」において定められた目標を達成するために必要な行動について議論を行った（第3回世界水フォーラム事務局、2003；国土交通省、2003）。

フォーラムでは33のテーマ、351の分科会が開かれ、フォーラム声明文の「提言」として、参加者達の今後の目標・行動を行うコミットメントが合意されている。その内容は、①協調・パートナーシップ・ネットワーク作り・参加・対話、②自然および生態系、③資金調達および投資、④政策および戦略的計画立案、⑤組織制度および法律、⑥データの収集および共有、⑦現在の国際情勢をふまえた特別な配慮、の7項目である。この中で、②の自然および生態系では、「生態系および帯水層の保護・回復、下流の生態系および利用者のための環境フローの実施、土地・山・森林・水資源の統合的適応管理、流域の汚染防止と汚染処理計画、水需要管理などの行動をさらに広範囲に行うべきである」と提言しているのが注目される。地下水・湧水の保全・保護については、まさに今後、このような視点が必要になると思われる。

さらに、自然および生態系に関しては、「水と自然、環境」分科会の提言の中でも採り上げられている。提言は、①水管理に生態系アプローチを導入、②環境汚染に対処、③水生生物の多様性保全のために一層努力、の3項目でまとめられている。なお、①の生態系アプローチは新たな視点である。具体的施策として、充分な補償を行って山林・森林を保護、下流のために河川水量を充分に保持、水資源にとって重要な生態系、湧き水および帯水層の回復、環境保護・保全に配慮した総合的土地および水資源管理、などが広く行われるべきとしている。

7.2　健全な水循環系の構築

わが国では高度経済成長期以降、都市化や産業構造の変化により自然の水循環系が変化し、湧水枯渇、河川流量減少、水質汚濁、水辺生態系悪化など、多くの障害が発生するようになった。このような水に関わる様々な障害問題を総合的に解決するためには、「水循環」の確保が最も重要である。現在、全国各地で水辺環境の再生・創出事業、生活排水路の水質改善、雨水の利用・貯留や地下水涵養等、水循環確保に向けた取り組みがなされている。

1）今後の地下水対策について
（1）地下水対策の課題

今後の地下水対策を考えていく上での新たな課題として、国土交通省は下記の4点について問題点を指摘している（国土交通省HP）。

① 異常気象時の地下水位低下

地下水汲み上げを要因とする地盤沈下は沈静化の傾向にあるものの、渇水年には代替水源として地下水が大量に汲み上げられ、地盤沈下が大きくなる。また、地下水を消雪用水にしている地域では、降雪量の多い年に地盤沈下が深刻化する。このように、通常の地盤沈下が沈静化する一方、異常気象時の地盤沈下問題が顕在化している。

② 地下水位の回復・上昇に伴う新たな問題

地下水揚水規制の結果、大都市部における地盤沈下は沈静化しつつあるが、揚水量が減少したことにより、逆に地下水位が上昇・回復し、1990年代以降、鉄道駅等の冠水、地下構造物への漏水、構造物の浮き上がりといった新たな問題が発生している。この要因として、これらの施設が地下水位が低下していた頃の水位を基準に計画・設計・施工がされており、水位上昇を考慮していなかったことが一因と考えられる（この事例は第4章参照）。

③ 多様な汚染物質の顕在化

トリクロロエチレンやテトラクロロエチレンなどといった、新たな汚染物質の顕在化に対応し、これまで逐次環境基準の項目が追加されてきた。近年では、家畜糞尿や畑等への過剰施肥等が汚染源と推定される硝酸性窒素、亜硝酸性窒素等の問題も起きている。これらの物質は従来の浄水施設では浄化できない物質であり、イオン交換方式による浄化施設が必要となっている。

④ 地下水汚染に対する意識の高まり

各自治体では、地下水質保全に関する条例を制定あるいは改正するなど、地下水に関する意識が高まっている。工業用地では土壌・地下水汚染が顕在化し、事業主が環境対策として莫大な資金を投入して浄化対策に取り組んでいる例があり、土壌・地下水汚染が要因で建設工事が中止される事例も見られる。また、ISO（International Organization for Standardization：国際標準化機構）14000シリーズ（環境マネージメント）の一部として、工場跡地の評価額算定の際、「汚染」の評価を含む提案もなされている。

平成10（1998）年8月、水に関する当時の6省庁（環境庁、国土庁、厚生省、農林水産省、通商産業省、建設省）は、「健全な水循環系構築に関する関係省庁連絡会議」の設置を申し合わせている。これは、これからの持続可能な発展のためには、「健全な水循環系の構築」が重要な課題であり、そのためには関係省庁が共通認識に立ち、連携して取り組む必要があるとの合意に基づくものである。そして、上記のような課題

を解決し、今後の地下水政策を検討していく上では、水循環系を構成する一要素としての地下水の役割に着目する必要があるとしている。なお、ここでいう健全な水循環とは、「水収支の涵養・流出のバランスが保たれた状態」である。

(2)「場の視点」から「流れの視点」への発展

そして、ある流域における水循環機構の解明や水資源の評価を行うために、当該地域の水収支を把握する必要性を述べている。これは、地下水の場合には、その流動が広域的であるから、対象領域内における涵養・流出量を正確に捉える必要があるのである。特に、被圧地下水を対象にした場合、地下水面から難透水性基盤までを一つの地下水流動系として扱う必要がある。

これについては、環境省が平成12(2000)年12月に発表した「環境基本計画」中の「環境保全上健全な水循環の確保」のなかでも必要性が述べられている。「環境保全上健全な水循環」とは、自然の水循環がもたらす「恩恵」が基本的に損なわれていない状態のことである(環境省、2003a；1998)。

すなわち、水の浄化機能をはじめ自然の水循環の有する様々な機能が十分に発揮され、水環境・地盤環境等が良好に保たれていることである(図7.1)。しかし、このことは、人手の加わらない原始の水循環への回帰を目指すことではない。いままで培われてきたわが国の現在の水循環は、原始の水循環に様々な工夫を加えながら長い時間をかけて作り上げてきたものである。したがって、人手を加えることによって構築されてきた現在の水循環を評価・診断した上で、人手を加えて失われた「恩恵」をできる限り回復させていくこと、また今後自然の水循環に人手を加えるにあたっては、「恩恵」をできる限り維持・向上させる工夫を行っていくことが課題である。

その際に、考慮すべき重要な視点がいくつかある。それは、水循環は面的な拡がりだけでなく、地表水と地下水を結ぶ立体的な拡がりも持つことである。単に問題箇所だけでなく、流域の面的な拡がりと三次元的なつながりを意識し、特に地下水については、涵養域および流出域ごとにきめ細かな対応、相互の連携が必要である。それは、一言でいうと、「場の視点」からの取り組みから、「流れの視点」への取り組みへの発展である。

これまでの対策は、個々の狭い地点で水環境や地盤環境の質を判断し、汚濁負荷の低減などを通じて環境の保全を図ろうとする「場の視点」の取り組みであって、それ自体大きな成果を挙げてきた。しかし、現在の水循環の悪化の背景には、汚濁負荷の増加とともに水循環の変化があり、地盤環境の問題にも地下水を通じ水循環が深く関

7.2 健全な水循環系の構築

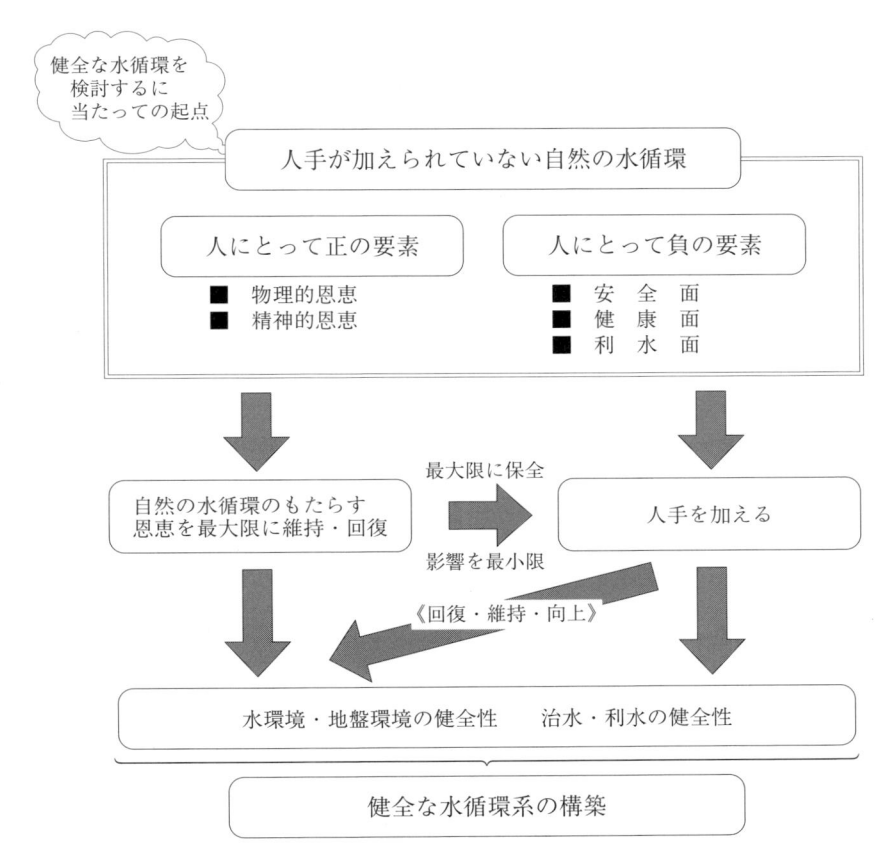

図7.1 環境保全上健全な水循環の考え方の概念（環境省HP：「水環境行政のあらまし」より）

わっている。そこで、水環境や地盤環境を水循環との関連で捉える「流れの視点」が必要であるとしている。また、地下水特性（不圧地下水と被圧地下水の相違等）、地域性（地形・地質条件、帯水層の違い等）により取り扱いが一様ではない。このために、各流域で水収支の変化を定量的に把握し、それぞれの流域状況に応じた目標設定が必要となるのである。

このような考え方の原点は、昭和52 (1977) 年から都市水害対策として導入された「総合治水」の発想にある。総合治水とは、これまでの河道対応の治水から広く流域で治水対応しようとする考え方であるが、流域貯留・浸透は単に洪水対策のみを目的としたものではないことを認識する必要がある。つまり、水循環を少しでも健全化さ

せる狙いもあるのである（高橋・河田、1998）。

　健全な水循環を目指した先駆的な実施例として、熊本県・熊本市により行われている広域的な地下水涵養施策がある（高橋・河田、1998；国土庁、1998）。熊本市内を流れる白川上流域の阿蘇外輪山西麓から熊本平野に至る地域は、かつての阿蘇山の噴火活動による火砕流堆積物・溶岩が厚く分布し、極めて透水性のよい地層が形成されて豊富な地下水を蓄えている。しかし、開発により農地や森林、地下水涵養量の減少が懸念されるため、熊本市と周辺の計16市町村が地下水保全のために様々な対策が実施された。

　同地域は熊本県総人口の約半数にあたる90万人を擁し、生活用水のほぼ100％を地下水で賄っているほか、産業用水にも多く利用されている。そこで、地域の健全な水循環を確保し、長期にわたって安定・安心した地下水環境と潤いある地域環境を維持するために、涵養量や地下水採取量、地下水質の数値目標を設定した計画が策定されたのである。これが、平成8（1996）年3月に策定された「熊本地域地下水総合保全管理計画」である。目標達成のための三大施策は、①地下水量の保全施策、②地下水質の保全施策、③地下水位の状況の監視、の3項目である。地下水の人工涵養や地下水採取規制などの地下水管理は国内でも多くの地域で行われているが、このように地下水を量と質の両面にわたり、総合的かつ広域的に管理することを目的とした管理事例はまだ少ない。

(3) 水収支の把握と地下水データ整備の必要性

　一方、国土交通省では地下水に関するデータ整備、一元管理とデータの共有化の必要性について述べている。これは、その地域の地下水解析や水収支の把握に欠くことのできないもので、地下水観測は、気象、水文、地質条件の影響を受けて正確な実態把握が非常に困難なこともあり、精度の高い長期観測をするために必要なことである。また、データの収集・管理主体が分散して、地下水を統一的に管理する省庁がないこともある。こうしたことから、収集されたデータを一元管理できるデータベースの構築と関係機関のデータ共有化を呼びかけている。

2）今後の地下水利用のあり方

　身近で貴重な水資源として、今後の地下水の利用方法についても見直す動きがある。国土庁（現国土交通省）は、平成12（2000）年末に「今後の地下水利用のあり方に関する懇談会」の中間報告を発表している。その提言は三つの視点、①社会・経済状況の

変化と地下水利用の新たな意義、②持続可能な地下水利用・保全、③地下水の利用・保全に向けた体制・制度からなる（佐藤、2002）。

以下に、それぞれの要点を簡単に紹介する。

(1) 社会・経済状況の変化と地下水利用の新たな意義

水利用コストは将来上昇する傾向にあるため、再度地下水利用について見直し、地下水障害を起こさずに持続的に適正利用する必要がある。また、水のおいしさ、健康への影響、身近な自然とのふれあい等、国民のニーズ、価値観が多様化しており、地下水はそれに対応できる可能性がある。ただし、地下水汚染の対策強化は必要である。さらに、大渇水時・震災時等における水に関する危機管理、地球環境問題を考慮した水資源施策の展開等に対して、地下水の安定性、可能性は高い。

(2) 持続可能な地下水利用・保全

地下水を良質な水資源として利用・保全していくためには、地下水障害を発生させない地下水採取量の検討と、地下水情報にかかわる継続的なモニタリングが必要である。このためには、地下水を含んだ水循環系における涵養量・流出量の把握、地下水への積極的な涵養、地下水質の管理、異常な地下水位上昇への対策、等について配慮する必要がある。また、これまでの地下水政策は、大都市部の沖積低地の地盤沈下対策、地下水揚水規制の側面が大であった。しかし、地下水は地形・地質、地域により異なり、一律的な方針で保全・利用を進めることは有効ではなく、地域特性に応じた利用が必要である。

(3) 地下水の利用・保全に向けた体制・制度

国、地方自治体、地下水利用者が互いに連携、調整できる体制、条例制定、渇水時や災害時の調整組織の整備などが必要である。また、地下水モニタリング等に関わる助成制度の導入、要綱・条例等への危機管理視点の盛り込みと罰則規定等の見直しなど、持続可能な地下水利用・保全に向けた制度づくりが必要である。それには、全国レベルにおけるデータ収集項目等の統一と共有化、総合的な地下水データベースの構築および管理等、地下水利用・保全に向けたデータベース整備も必要である。

3) 水生生物指標による水質調査

一方、「健全な水循環」構築のために水量や生態系を含む水循環の視点に立った総合的環境指標化が現在検討されている。以下に述べる水生生物指標による水質調査は、環境省と国土交通省により昭和59（1984）年度から広く市民に呼びかけ、全国の河川

第7章　地下水・湧水保全の今後の展開

表7.1　水質階級と指標生物　(環境省、2003b)

I (きれいな水)	II (少しきたない水)	III (きたない水)	IV (大変きたない水)
カワゲラ	コガタシマトビケラ	ミズカマキリ	セスジユスリカ
ヒラタカゲロウ	オオシマトビケラ	タイコウチ	チョウバエ
ナガレトビケラ	ヒラタドロムシ	ミズムシ	アメリカザリガニ
ヤマトビケラ	ゲンジボタル	イソコツブムシ	サカマキガイ
ヘビトンボ	コオニヤンマ	ニホンドロソコエビ	エラミミズ
ブユ	スジエビ	タニシ	
アミカ	ヤマトシジミ	ヒル	
サワガニ	イシマキガイ		
ウズムシ	カワニナ		

で小中学生や市民団体等により実施されている先駆的事例である(環境省、2003b)。

　河川に生息する沢ガニ、カワゲラ等の水生生物の生息状況は、水質汚濁の影響を反映するので、これらの水生生物を指標として水質を判定できる。このような調査は、いままでのBODやCODといった水質調査と比べて一般の人にもわかりやすく、しかも高価な機材が不要で誰でも簡単に調査に参加できる利点がある。また、調査を通じて身近な自然に接することができ、環境問題に対する関心も生まれる。

　調査は、河川に生息する水生生物のうち、全国各地に広く分布し、分類が容易で、水質に係る指標性が高い30種を指標生物としている(表7.1参照)。平成14(2002)年度の調査は、全国の河川5,141地点で91,649人が参加して行われた。調査結果によると、「きれいな水」と判定されたのは全体の56％で、前年度と比較すると5％減少していた。「少しきたない水」は27％、「きたない水」は12％、「大変きたない水」は3％、という結果であった。

　この調査は「河川」に棲む生物調査に限定されいるものの、住民が環境問題への関心を高める格好の啓蒙イベントである。より自然環境が豊かな湧水域での、このような継続的なモニタリングも是非必要である。

7.3　東京都における今後の地下水・湧水保全

　東京都は、平成10(1998)年と翌平成11(1999)年に、水環境・水循環に関する将来計画を策定し発表している。これは、それぞれ環境局が出した「東京都水環境保全計

画」(東京都、1998a)および都市計画局による「東京都水循環マスタープラン」(東京都、1999)である。水環境保全計画は好ましい水環境の創造を目指し、水循環マスタープランはまちづくりに係わる各部門の水施策を水循環の視点で捉え直し、望ましい水循環を形成していくためのマスタープランとして位置づけられるものである。

1) 水環境保全計画

東京都水環境保全計画の概念は図7.2のとおりである。その計画は、水環境の保全・再生に向けて「人と水環境とのかかわりの再構築」を目指したものである。また、

人と水環境とのかかわりの再構築

基本理念
- 水は循環する。
- 人と自然との共生を図る。
- エコシップ東京を実現する。

目　標	考　え　方
水の流れを豊かにする	河川水量や地下水・湧水を増やすことにより、自然の水循環系を保全・再生する。
水を清らかにする	都市活動や日常生活の中で、水環境への負荷を減らし、安全で清らかな水質にする。
水辺の生きものと共にくらす	心やすまる景観と共に、生きものたちのにぎわいを楽しめるよう、身近な水辺の自然を守り育てる。

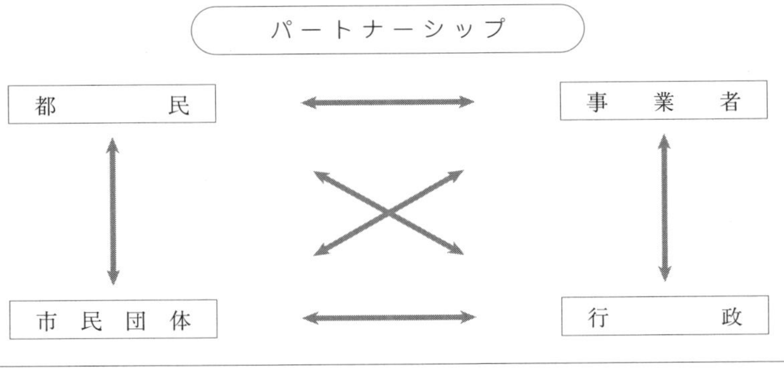
パートナーシップ
都　民
事　業　者
市　民　団　体
行　政

図7.2　東京都水環境保全計画の概念（東京都、1998a）

第7章　地下水・湧水保全の今後の展開

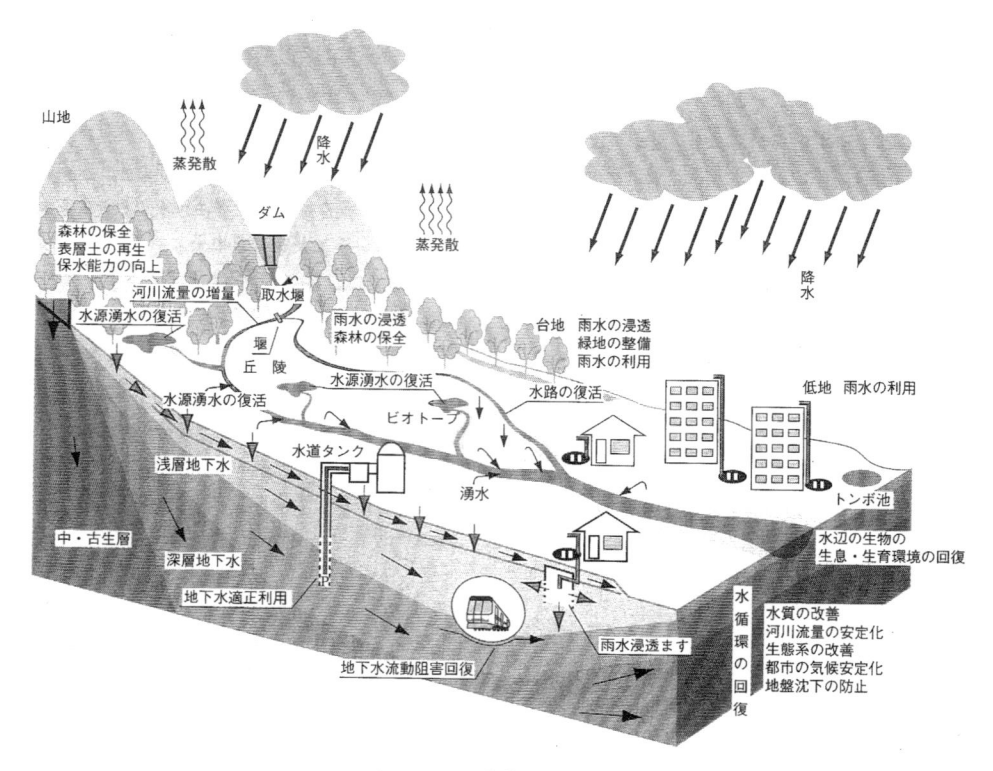

図7.3　水循環の将来像（東京都、1998a）

　その基本理念は「水は循環する」、「人と自然との共生を図る」、「エコシップ*東京を実現する」の三つが柱である。水循環の視点から水環境を見ること、重要な生態系を形成している水辺環境を保全・再生すること、住民・事業者・行政の協同と連帯により水環境の再生に向けた取り組みをしていくこと、が必要であるとしている。
　さらに、その目標は三つあり、「水の流れを豊かにする」、「水を清らかにする」、「水辺の生き物と共にくらす」である。水循環の将来像は図7.3のとおりである。
　計画は、目標別計画や水域別計画に施策が体系化されている。ここでは、地下水・湧水に関する施策について紹介する。

*エコシップ：生態学を意味するエコロジーとパートナーシップから合成した造語。

(1) 地下水対策

地下水の保全・再生の目標は、①中小河川の固有水源、非常用井戸等の水源である地下水の涵養量を増やす、②自然の水循環系を再生するため、地下水涵養対策を実施するとともに、流動阻害の未然防止を図る、③水質は環境基準達成を目指す、の三つである。これを受けた具体的な施策は次のとおりである。

① 水循環再生事業：雨水浸透ます設置事業、湧水の整備事業（例として、野川・姿見の池整備など）、水系ネットワークの構築（用水路の復活・整備など）等である。雨水浸透ます設置事業の展開は、各区市の担当者と協調して台地・丘陵地部に拡げていく必要がある。水系ネットワークの再生では、既存用水の有効利用とともに地下構造物等への未利用地下水などを水源として活用することも必要である。

② 緑地の保全・再生：山地・丘陵・台地における緑の保全、再生

③ 地下水揚水規制：従来どおりの規制実施と規制対象地域外の揚水の抑制

④ 地下水汚染対策の充実：継続的な指導と監視、汚染の浄化指導

また、今後の地下水利用については、地下水の揚水者に雨水浸透施設の設置を指導したり、非常災害用の個人井戸に手押しポンプの設置を指導、地下構造物へ湧出する地下水の環境用水への活用を指導、などとなっている。

(2) 湧水対策

湧水の保全・再生の目標は、豊かな生態系および親水空間の確保、既存の湧水保全と枯渇湧水の復活、水質は環境基準の達成、である。具体的な施策としては、地下水対策とも当然重複するが、水循環再生事業として、雨水浸透ます設置や湧水池の整備、谷戸（谷津）や源流域の保全、緑化・林地の保全による保水機能復元、生き物の生息環境維持、などである。また、都民やNPOなど、市民活動を支援した事業展開を考えている。

2) 水循環マスタープラン

水循環マスタープランは、「水環境保全計画」の翌年に打ち出されている。内容は、都市計画、環境保全、河川、上下水道、農林水産等の各部門でそれぞれに進めてきた水に関係する施策を「水循環」の視点で捉え直し、総合的・体系的・効率的に推進していくための総合計画として位置づけられている。前述の「水環境保全計画」は、この水循環マスタープランの水環境分野に関する計画として位置づけられる。

第7章　地下水・湧水保全の今後の展開

	7つの課題と基本目標	施策の方向	施　　策
平常時の水循環	**水の利用** おおむね10年に1回の渇水でも安全でおいしい水を平常どおり供給できる都市	多様な水源の確保	■水資源開発 ■原水連絡管の整備 ■地下水の適正な利用
		水の有効利用	■広域循環 □個別循環、地区循環 ■雨水利用の推進
		水道水質の向上	□高度浄水処理の推進 □水源の水質保全
	ふだんの水の流れ 生態系の保全に必要なふだんの川の流れがある都市	地下水かん養量の増大	■森林、農地、樹林地等の保全 ■公園緑地における雨水浸透の促進 ■雨水浸透施設の整備
		自然の流量の確保	■多摩川水量確保対策
		人為的な水量の確保	■下水再生水を活用した清流の復活 ■地下構造物等への浸出水の活用
	水辺の潤い 人々が集い、やすらぐことのできる個性豊かな水辺があり、水文化が継承・復活された都市	水辺の復活・再生	■水系ネットワークの再生
		水辺景観・親水性の向上	□スーパー・緩傾斜型堤防の整備及び緩傾斜型護岸の整備 □いこいの水辺・ふれあい渓流の整備 ■景観基本軸の指定による景観づくり
		生態系の保全・再生	■水と緑のネットワーク
		水文化の継承	□環境学習 □歴史的構築物の保全 □水とのかかわりを通したネットワークづくり □水循環にかかわる情報提供
	きれいな水 すべての水域の環境基準が達成された都市	下水道整備・再構築等	■下水高度処理 ■合流式下水道の改善
		発生源対策の充実	□合併処理浄化槽の普及 □工場排水等の規制指導 □非特定汚染源対策 ■農業・漁業集落排水の整備
		直接浄化対策	□環境用水の導水 □直接浄化対策の導入
		有害化学物質対策	□総合的な環境リスク対策の検討
	水の持つエネルギーの活用 水の持つエネルギーを活用した環境保全型都市	下水・河川水の熱利用	□都市熱源ネットワーク整備の検討
		都市緑化の推進	■水辺や緑地の拡大によるヒートアイランド現象の緩和
異常・災害時の水循環	**浸水被害の防止** おおむね15年に1回の降雨でも浸水被害が生じない都市	総合治水基本計画（仮称）の策定	□総合治水基本計画（仮称）の策定
		総合的な雨水対策の推進	■総合的な雨水対策の推進 □河川の整備 □下水道の整備 □流域における雨水対策
	大規模災害時の水 災害発生時においても必要な水が確保され、水による危機が生じない都市	飲料水の供給	□地下水の利用
		消防水利の確保	□雨水の利用 ■河川水・下水再生水の利用

注）■は重点施策を示す。

図7.4　望ましい水循環形成のための施策の体系（東京都、1999）

(1) 基本理念

望ましい水循環を形成していくための基本理念は以下のとおりである。

① 環境に与える負荷が小さい水循環の創造
② 人と自然との共生を育む水循環の形成
③ 都市における効率的な水循環の構築
④ 平常時の豊かで快適な水循環と異常災害時の安全な水循環の実現

そして、今後の望ましい水循環形成のための施策を体系化したのが図7.4である。

(2) 地下水・湧水に関わる施策

「水環境保全計画」とも重複する内容が多いが、以下のとおりである。

① 地下水の適正利用（地盤沈下に影響を及ぼさない地下水の適正利用、地下水管理ガイドラインの策定、新たな地下水源の確保など）
② 公園緑地における雨水浸透の促進（総合治水の一環、既存公園や大規模開発に伴う公園整備での浸透・貯留等）
③ 雨水浸透施設の整備（道路事業や市街地再開発事業、区画整理事業などで、浸透ます・透水性舗装・浸透トレンチ等を整備。個人住宅での雨水浸透等）
④ 地下構造物等への浸出水の活用
⑤ 水系ネットワークの再生（玉川上水系の水路の再生等：地下水涵養効果もねらう）

7.4 建設事業と地下水・湧水

1) 地下水流動保全

建設工事では地下に構造物を築造するケースが非常に多い。最近の都市部では、騒音・排気ガス等の公害防止対策から、道路でさえ従来は平面式であったのが、地下式あるいは半地下式に計画変更を余儀なくされている場合がある。さらに平成12（2000）年には大深度地下利用の法律が制定され、急速に地下構造物への関心も高まりつつあり、今後は地下建設事業が増えてくる可能性がある。一方、大規模な建設事業については環境影響評価が義務づけられ、周辺の地下水、生態系についても当然保全の対象である。

しかし、地下に構造物を築造した場合、新たな環境問題が発生する。地下水・湧水の涸渇、水質汚染、地盤・構造物の変形、植物などの生態系への影響など、地盤環境

への問題である。このような地下水流動阻害の問題に対して、様々な対応策、工法が現場ごとにとられている。

(1) 地下水流動保全工法

地下構造物を地下水の流れを遮断する位置に造ると地下構造物がダムのような役目を果たし、その結果、上流側で地下水位の上昇、下流側で水位の低下が発生する。これにより、二次的に井戸涸れ、水質汚染、地盤沈下など地盤環境変化を招く結果となる。これが地下水流動阻害である。このような障害を構造物構築前の地下水状態に技術的に戻すのが地下水流動保全工法である（丹原、2002）。この工法については、「地下水流動保全工法に関する研究委員会」が調査・設計・施工などを系統的に整理している。

地下水流動保全の仕組みは図7.5のとおりで、遮断された地下水を構造物や土留め壁の上流側の帯水層で集水し、下流側に地下水の還元排水のための涵養施設を設置し、構造物を横断するかたちで設置したパイプなどの通水施設で集水施設と涵養施設を連絡させることにより、地下水が流れるようにしたものである。仕組みは簡単なようだが、実際には土留め壁に施工時は止水性、施工後は透水性を求める工法のため、設計・施工は簡単ではないようである。この工法の重要な部分は集水・涵養部で、集水施設で集めた上流側帯水層の地下水を下流側へ通水することで、遮断された帯水層の機能を維持する部分である。そこで、通水管の損失水頭をできるだけ小さくすることが要求される。

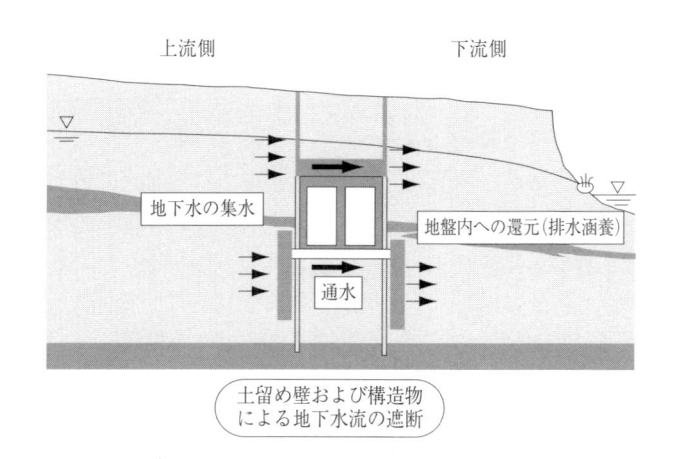

図7.5　地下水流動保全の仕組み（丹原光隆、2002）

表7.2 流動保全の各種組合せ工法 (丹原光隆、2002)

集水・涵養方式 / 通水方式	土留め壁							
	1. 土留め壁撤去		2. 土留め壁削孔集水・涵養パイプ		3. 集水・涵養機能付き土留め壁		4. 集水・涵養井戸	
A. 躯体下部通水	A-1	○	A-2	△	A-3	△	A-4	△
B. 躯体下部通水	B-1	○	B-2	◎	B-3	◎	B-4	△
C. 躯体下部通水	C-1	◎	C-2	△	C-3	○	C-4	△
土留め壁の施工時期との関係	土留め（地下工事）の完了後		土留め壁の施工後		土留め壁に先行設置		随時	

◎：施工実績があり適合性の高い組合せ
○：施工事例あり
△：施工事例はないが適用可能

現在行われている対策工法の実例、集水・涵養方式からみた分類と通水方式からみた分類を組み合わせて整理したのが**表7.2**である。流動保全工法は歴史が浅く、まだまだ課題が多い。実際の地盤内の地下水の流れには「水みち」の存在を確認して通水管を設置するのが良い。地下水の流れは一様ではないからである。また、集水・涵養施設の目詰まり対策も重要で、開放率を大きくしたり、フィルター材を充分に吟味する必要がある。

(2) 環状8号線・井荻トンネル工事の復水対策例

地下水流動保全工法の実施事例として、東京都杉並区井荻地区で施工された例（杉本ら、1995）を報告する。工事は、都内でも有数の交通量がある環状8号線の立体化事業で、平面交差している3都市計画道路（早稲田通り、新青梅街道、千川通り）と西武新宿線踏切による交通渋滞緩和のために行われたものである。図7.6は工事の全体図、図7.7は地質縦断図、土留め壁、トンネルの位置関係である。トンネル部分は延長1,263mの4車線開削工法で、地下連続壁と柱列式ソイルセメント壁を土留め壁として施工された。

一方、工事場所の地形・地下水については、工事区間中央部に昔の水路跡（妙正寺川の上流部支川）が横切り、地下水はこの河谷底に沿うかたちで西から東へ向かう流れが認められた。地質断面図でわかるように、トンネルは浅層地下水帯水層の武蔵野礫層中に位置する。帯水層は三つあって、上部に沖積層とローム層内の宙水層、真ん中が武蔵野礫層の第一帯水層、下部に東京礫層を主とする第二帯水層に区分され、主帯水層は武蔵野礫層である。

工事中、周辺の地下水は止水性の土留め壁により上流側で水位が上昇、下流側では

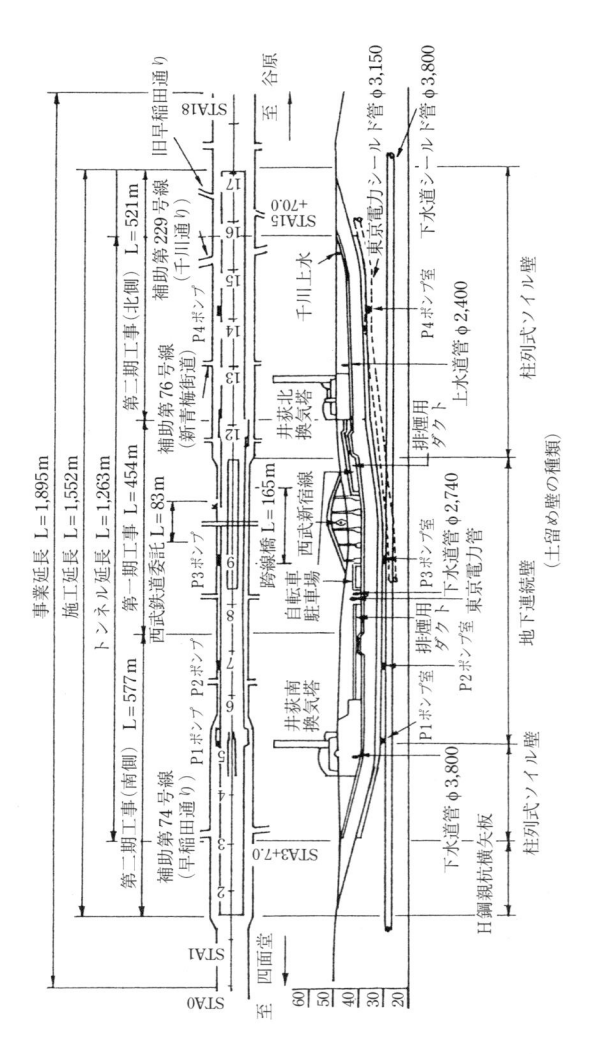

第7章 地下水・湧水保全の今後の展開

図7.6 井荻トンネル工事全体図

234

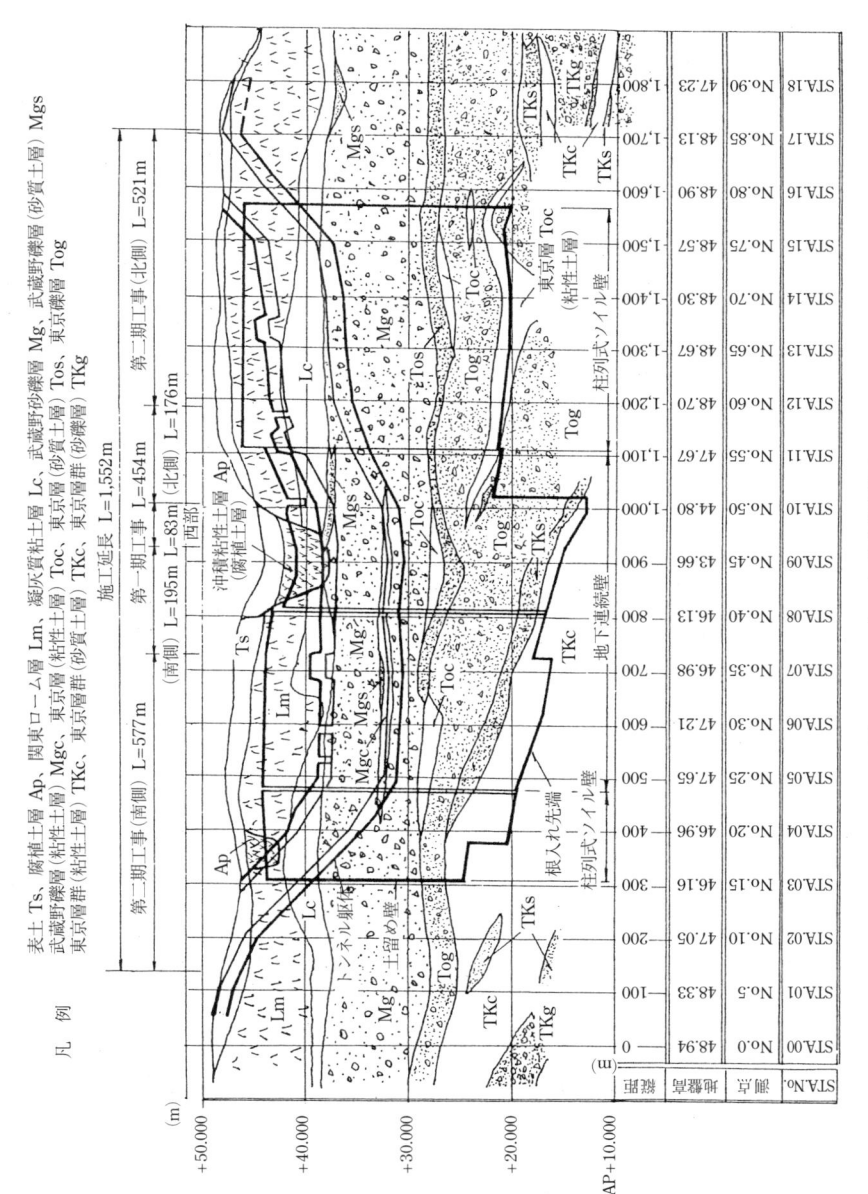

7.4 建設事業と地下水・湧水

図7.7 トンネル部地質縦断図

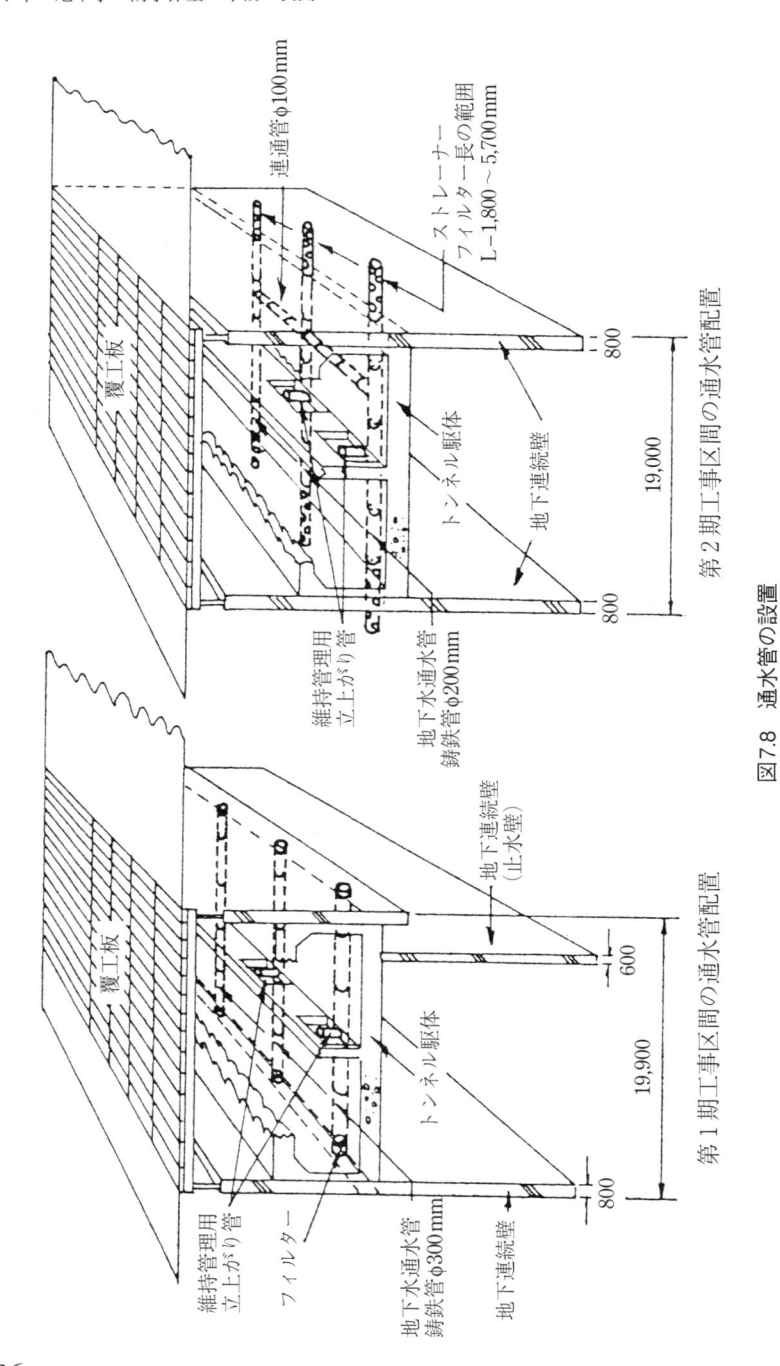

第7章　地下水・湧水保全の今後の展開

図7.8　通水管の設置

236

7.4 建設事業と地下水・湧水

(Ⅰ) 土留め工事開始前
平成元(1989)年2月1日

(Ⅱ) 第1期土留め工事終了後
平成4(1992)年2月25日

(Ⅲ) 第2期土留め工事終了後
平成5(1993)年6月2日

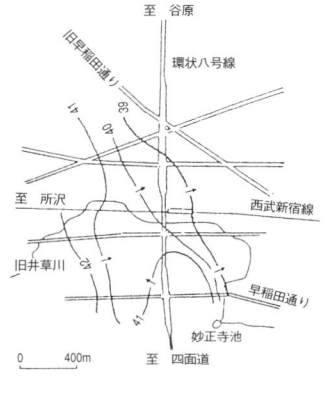

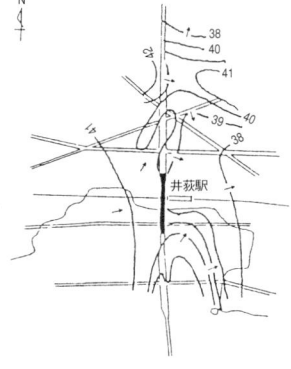

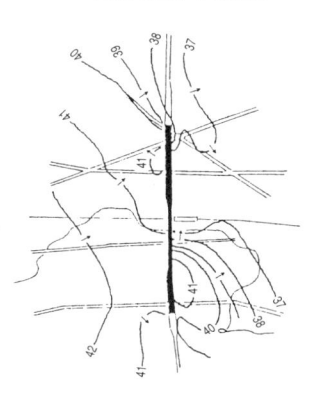

(Ⅳ) 第1期通水管施工後
平成6(1994)年2月7日

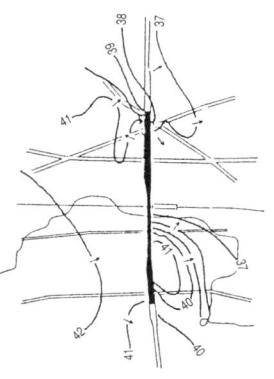

(Ⅴ) 第2期通水管施工後
平成6(1994)年11月25日

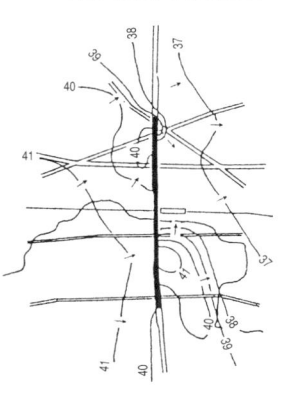

図7.9 地下水面図の変化

水位が低下するなどの障害が発生した。そこで、トンネル躯体底版コンクリート内に$\phi 200 \sim 300 \mathrm{mm}$の鋳鉄通水管を工事期間を通じて計52本設置し、下流側の地下水位回復を図った（図7.8参照）。土留め壁の工事前（平成元（1989）年2月）から第2期通水管施工後（平成6（1994）年11月）までの地下水面図の変化は図7.9のとおりである。第2期土留め工事後、地下水位は上流側で約2mせき上げられ、下流側で2m低下した。第1期通水管施工の段階では期待したほどの効果が現れなかったが、第2期通水管施工により、特に施工区間の北側工区で顕著な効果が現れ、工事前の地下水位等高線のかた

ちに近づいているのが認められた。なお、土留め壁施工による地下水位のせき上げ、低下および通水管による地下水位回復の予測については、三次元有限要素法による地下浸透流解析も同時に行われ、解析の結果は現場の実測値にほぼ近い結果である。

2）湧水の保全

崖線部の湧水に対する保護・保全も、最近の自然環境保護の機運の高まりとともにいくつかの現場で検討されている。特に東京の多摩地区は、東西方向の都市計画道路に比べ、南北方向の街路整備が立ち遅れていて交通渋滞を招いている。このため、南北道路事業が計画されているが、計画路線は国分寺、府中、青柳などの段丘崖線を横断するかたちになり、当然そこにある湧水、武蔵野の崖の緑、動植物に影響を及ぼすことになる。したがって、道路整備の計画段階で地下水・湧水の調査、検討が行われ、工事影響が最小になるような構造物、工法計画が検討されている。例えば、東京の国立市谷保にある青柳崖線の湧水「ママ下湧水」も都市計画道路建設に先立って保全策が検討されている。

7.5　NPOや住民参加をバックアップする行政—東京都の例

東京都では、「東京都水環境保全計画」のなかで、足元からの取り組みの推進を重視しており、取り組むべき重点施策として、市民による環境科学の推進、水辺の自然を学ぶ機会の設定、環境コミュニケーションの活発化、意見交換の場の設定などをあげている。環境行政の円滑な推進のためには、住民とのパートナーシップの強化を図る必要がある。そのためには、住民との情報交換や交流の場の設定、協力体制のあり方を常に構築・維持していかねばならない。例えば、環境学習リーダーの育成、インターネットを通じた住民との情報交換、住民グループに環境問題の把握を先駆的にしてもらう、行政は現場状況を正確に把握する、などである。住民、事業者、都、区市町村、国が環境再生に向け一丸となって協同できる仕組みづくりが重要となる。

さらに、市民団体への支援事業として、例えば水循環再生事業のため、各河川流域の環境保護市民団体への支援、区市が各家庭に雨水浸透ますを設置する事業への補助等を実施している。

また、東京都環境局のホームページ（HP）上でも住民とのパートナーシップづくりを呼びかけたり、環境PRなどを積極的に展開している。例えば、都内の環境活動を行

っている民間団体を「環境保全に関する民間団体名簿」にまとめ、HP上に掲載し活動状況を紹介している。環境学習リーダー人材情報についても、「環境学習リーダーは、都民や事業者の方々が行う環境保全に関するイベント等の企画・運営等、また、環境学習に関する講座の講師などに関する依頼を引き受ける」旨、PRしている。その他、地域保全ボランティアグループ、緑のボランティア活動、東京都環境保全推進委員会などの情報についても提供を行っている。

7.6　東京の温泉開発

　近年、全国の大都市での温泉開発が世間の注目を浴びている。東京都内でも、「大江戸温泉物語」、「東京ドーム・ラクーア」等の大規模温浴施設の開設や温泉付マンションの販売が華々しく報道された。温泉自体は、本書のテーマである自然の湧水・地下水とは性質も循環系も全く異なり、深層のためこれらに直接影響を及ぼすことはないが、話題を集めているので簡単に紹介する。

　今、なぜ温泉なのか。その理由の一つに、長引く不況の中で東京の温泉が都民の「健康」と「安、近、短」志向に受け入れられたこと、次に温泉掘削技術の進歩がある。都内の山間部を除くほとんどの地域で、地下1,000m以上掘削すれば温泉水を含む地下水帯水層に達することがわかっているが、掘削コストが従来より安価になったことも背景にあると考えられる。

　温泉とは何か。また、都内の温泉の掘削・利用の実態はどうなっているのか。温泉について、一般の関心が高い割には意外に知られていないのではなかろうか。ここではこれらのことを述べ、また、今後の検討課題を論じることとする。

1）温泉とは

　温泉水も地下水の一部であり、どのような条件を満たせば「温泉」として認められ、温泉として利用するにはどんな手続きが必要か、温泉法（昭和23（1948）年、法律第125号）により説明する。温泉法の解釈や東京の実態説明は、環境省監修の逐条解説温泉法（温泉法研究会編、1986）および東京都健康局資料（東京都、2002a）によった。

（1）温泉である要件

　法第2条により、温泉源の水が下記の①または②の条件を満たすことと定められている。

① 温泉源から採取されるときの温度が25℃以上であること

25℃の根拠は、ドイツ等の例にならい全国の年間平均気温である（ただし、全国には、戦前、日本の統治下にあった台湾も含まれている）。なお、一般に地下の温度は、100mにつき1.5～2℃の割合で上昇してゆくので、地下1,000mになると理論上約30℃になり、温泉の要件を満たすと考えられる。

② 「溶存物質」等19物質のうち1物質以上が含有量基準値以上含まれていること

この基準もドイツ等の例によっている。東京を例にとると、地下1,000m以深には上総層群という古い時代に形成された地層があり、その中には昔の海水が閉じ込められた、いわゆる「化石水*」が存在している。「化石水」には、NaやClなど溶存物質が多く含まれており、ナトリウム—塩化物炭酸水素塩泉やナトリウム—塩化物強塩温泉などとなることが多い。また、東京の臨海部の比較的浅い地層には、古代の海の植物等が分解した有機物から腐植質が生成され地層中に堆積している。この腐植質のため、黒褐色～茶褐色に着色しているのが大田区等の臨海部のいわゆる「黒湯」である。

(2) 温泉を利用するために必要な手続き

① 温泉を利用するため、新たに土地を掘削する場合

あらかじめ、都知事から法3条の掘削許可を得る必要がある。掘削工事完了後、法の登録分析機関に水質分析を依頼する。分析結果が上述の温泉の条件に適合した場合、次に動力装置（揚水機）の設置を申請し、許可を得る（9条）こととなる。都内における新規掘削申請の増加を踏まえ、東京都は温泉の過剰な揚水による地盤沈下を未然に防止するため、平成10（1998）年、法4条（公益に反しない範囲での許可）を根拠に動力装置の許可に係る審査基準を設けた（東京都、1998b）。基準の考え方は、地盤沈下対策の法基準に準じた（**表7.3**）。

なお、都知事は、上記の掘削許可および動力装置許可に際しては、東京都自然環境保全審議会の意見を聴く必要がある。さらに、公衆の入浴に供する場合には、申請者は、保健所長から利用の許可を得てから初め

表7.3　動力装置の許可に係る審査基準

地域	ポンプの吐出口断面積	揚水量
工業用水法対象8区（23区東部、北部）	6cm²以下	50m³/日以下
上記以外の地域（島嶼、山地を除く）	21cm²以下	150m³/日以下

*化石水：地層の堆積時に地中に包み込まれ、そのまま閉じこめられた水。石油や天然ガスを採取する際に出てくる水などはこれにあたる。

て当該温泉を利用できることとなる。
　②既存の井戸を温泉に利用する場合（特例的な扱い）。
　すでに地盤沈下対策の法や条例の許可を得て適法に地下水を揚水している場合、その地下水が、上述の温泉条件に適合していれば、都知事から動力装置許可を受けさらに保健所長から利用許可を得て、温泉として利用できる。

2）東京都内の温泉の実態

東京都自然環境保全審議会答申（東京都1998c；2001ほか）および温泉法所管部局である東京都健康局地域保健部環境衛生課の資料をもとに（島嶼分を除いた都内全域について）、許可温泉の実態を述べる。

（1）温泉掘削許可件数および利用実態

表7.4に示すように、前述の新たな掘削許可、既存井戸の特例利用許可とも、いずれも近年の増加傾向がわかる（表7.4）。また、表7.5は平成14（2002）年度末段階の温泉の利用件数と利用方法の内訳である。温泉といえば観光地の旅館をイメージするだろうが、大都市における温泉利用は多様であることがわかる。なお、銭湯、健康ランドは、ともに公衆浴場法上の「公衆浴場」であるが、銭湯は、公衆衛生上の見地から物価統制令により料金を定められている（公共料金）ことが他と異なる。温泉スタンド、容器販売、宅配とは、温泉水を販売するのみの施設である（表7.5）。

表7.4　温泉掘削および動力装置許可件数の推移

年度		〜1997累計	1998	1999	2000	2001	2002	総計
件数	掘削許可	16	5	5	3	10	8	47
	動力装置	13	6	8	5	5	9	46
	既存井戸	0	4	5	1	2	2	14

注）動力装置許可件数には、既存井戸許可件数を含む。

表7.5　温泉の利用件数と利用方法

利用方法	銭湯	健康ランド	宿泊施設	福祉施設	温泉スタンド	容器販売	宅配	その他	総計
件数	35	28	24	12	9	6	4	3	121

注）1.「その他」は、病院、スポーツ施設、タンクローリー各1である。
　　2. マンションは、各戸浴槽に給湯する場合は利用許可を必要としないので、この表には登場しない。

(2) 温泉利用施設の揚水量

平成13(2001)年度から東京都の環境確保条例により、温泉利用施設でも揚水量を年1回、地元区市に報告する義務を課せられることとなった(第3章参照)。平成13(2001)年末の東京都内(23区・多摩地域)における温泉利用施設は64カ所で、同年の揚水量集計結果(東京都、2002b)から推計すると2.244m^3/日である。これは、東京都内全施設の揚水量(553,808m^3/日)の0.4％であり、全体に占める割合は少ない。

(3) 温泉の地質と深さ

温泉の掘削深度は様々である。浅いものでは7mから、深いものは1,500mを超える。東京の地下地質はまだ十分には明らかではないが、おおむね先第三系、中新世三浦層群、上総層群、東京層群(下総層群)、新期段丘礫層から構成されている。西多摩の山地と台地部、東部の低地で、深度の特徴と泉質に違いがある。このうち、山地部では先第三系の亀裂、割れ目に帯水する温泉水を対象とし、平野部では上総層群と三浦層群中の砂、礫層を対象としている。特に、1,000mを越える井戸は三浦層群中の地層を対象としている。

東京の温泉施設の深さ別ヒストグラムは図7.10に示すとおりである。掘削深度の浅いものは、多摩地区では奥多摩、青梅地区で、深度の深いものは多摩から区部まで広

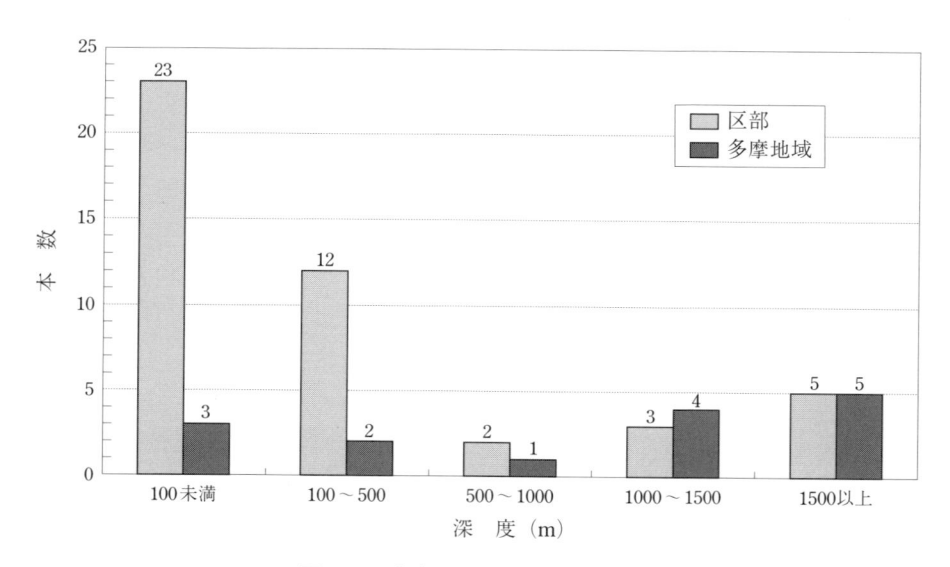

図7.10 東京の温泉施設の深さ分布

く分布する。現在、最も掘削深度の深い掘削は1,700mに及んでいる。

掘削年については、特に平成6 (1994) 年頃から1,000mを越える温泉掘削が見られ、平成10 (1998) 年頃から急増している。1,500mを越える温泉は板橋、葛飾、江東、文京、大田、目黒など、区部全域に広がっている

3) 今後の課題

東京における「温泉ブーム」は、今後どこまで続くであろうか。「化石水」は塩分濃度が高いのでスケールが発生し、配管が目詰まりし易いなどという問題もあるが、ここでは、環境問題から若干の問題を提起したい。

(1) 地盤沈下は発生するのか

東京都が温泉の揚水規制（東京都、1998b）を定めたときの自然環境保全審議会答申（東京都1998c；2001ほか）は、次のように要約される。

『①新規に掘削申請が出されている温泉の井戸の深度は、1,000m以上のものが多く、地質調査では、その深度は天然ガスを含む上総層群であることが多い。その地層からの温泉の採取は、過去の事例から地盤沈下の発生の恐れがある。②温泉水の採取量は現状では、工業用水など他の用途に比較すれば少ないが、大深度の地下水の採取に伴う地盤沈下のメカニズムが未解明であること、地盤沈下が回復困難な公害であることなどを勘案し、規制が必要である。③規制揚水量は現状の事業所の揚水量と同程度とする。』

答申を踏まえるならば、現状の規制を確実に実施すれば直ちに地盤沈下は発生しないと考えられる。ただし、大深度についての情報が少ないのが現状であるから、行政は情報の収集・研究を精力的に実施すべきである。具体的には、1件ごとの申請について、許可前の正確な地質－地下水状況の把握、揚水開始後の揚水量、地下水位の測定結果の把握を行う。また、他県の参考となる情報の収集も必要である。こういった情報の収集・研究を行い、許可数の推移も考慮し、将来必要があれば審査基準の見直しも検討すべきであろう。

(2) その他の若干の問題

①天然ガス

温泉掘削と同時に、天然ガスが出た場合は厄介である。つまり、爆発などの危険性のほか、鉱業法の制約から事業用には使用できない。また、大気放散は地球温暖化の原因となる。従って、天然ガスを含む上総層群まで掘削する場合は、事業者はこのリ

②レジオネラ属菌

　近年、温泉施設のレジオネラ属菌の感染事故があり、死者が出た事故も報じられている（2000年：静岡県掛川市、茨城県石岡市、2002年：宮崎県日向市、2003年：石川県山中町など）。自然界に広く存在するレジオネラ属菌であるが、ろ過装置等を設けて浴槽水を循環させている入浴施設で、浴槽、ろ過器、配管等の消毒や清掃が不十分になると循環系にレジオネラ属菌が増殖する。すると、入浴者が水しぶきの吸入によって感染し、免疫力の弱い人が肺炎などに罹患する可能性がある。東京の温泉は揚水量を規制され、循環式施設が多いと考えられる。事業者は、感染事故を起こさないように施設の維持管理を徹底することを望むものである。

7.7　まとめ

　最後の章で簡潔にまとめるつもりであったが、前章までに書けなかった建設事業と地下水の問題や現在話題の温泉開発についても是非触れておく必要があった。このため、地下水・湧水保全の今後の展開としては、取り扱う内容が幅広くなってしまった。しかし、今後地下水・湧水を扱う場合は、水循環の一環として自然のバランスを重視した利用の仕方、つきあい方をしていかねばならない。地下水・湧水は水循環の一要素であり、人間活動、他の水文要素から大きな影響を受ける。保全を考える際に検討しなければならない要素が非常に多いのである。そのため、地下水・湧水の持つ多くの利点を長期にわたって享受していくためには、水収支の涵養・流出バランスがとれた健全な水循環システムを行政、住民が一体となって確保していく必要がある。

引用・参考文献

国土交通省（2002）：日本の水資源（平成14年版）土地・水資源局水資源部編
第3回世界水フォーラム事務局（2003）：第3回世界水フォーラム（フォーラム声明文、テーマ・地域の声明文、閣僚宣言）
国土交通省（2003）：日本の水資源（平成15年版）、pp.35-54、土地・水資源局水資源部編
環境省（2003a）：環境白書（平成15年版）、環境計画課
環境省（1998）：水環境行政のあらまし、中央環境審議会水質部会・地盤沈下部会合同審議中間報告
高橋　裕・河田恵昭（1998）：岩波講座地球環境学7、水循環と流域環境、岩波書店、pp.282-285

国土庁（1998）：日本の水資源（平成10年版）、pp.227、長官官房水資源部編
佐藤邦明（2002）：地下水利用の今後のあり方、基礎工、Vol.30, No.4、pp.5-9
環境省（2003b）：平成14年度全国水生生物調査結果、水環境部
東京都（1998a）：東京都水環境保全計画、環境保全局水質保全部
東京都（1999）：東京都水循環マスタープラン、都市計画局総合計画部
丹原光隆（2002）：地下水流動保全工法の現状、基礎工、Vol.30, No.4、pp.26-29、総合土木研究所
杉本隆男・三木　健・上之原一有・中沢　明（1995）：環8・井荻トンネル工事での地下水対策工、平成7年東京都土木技術研究所年報、pp.211-218
温泉法研究会編（1986）：環境庁自然保護局施設整備課監修「逐条解説温泉法」、ぎょうせい
東京都（2002a）：東京の温泉、健康局
東京都（1998b）：動力装置の許可に係る審査基準、平成10年7月告示
東京都（1998c；2001ほか）：自然環境保全審議会答申
東京都（2002b）：平成13年都内の地下水揚水の実態（地下水揚水量調査報告書）、環境局環境改善部

国土交通省ホームページ：「今後の地下水対策について」
　http://www.mlit.go.jp/tochimizushigen/mizsei/chikasui/kongo.html
東京都環境局ホームページ：「東京の環境」
　http://www.kankyo.metro.tokyo.jp/

事項索引

BOD	226
COD	226
H-Q曲線	35
ISO14000シリーズ	221
NPO	195
pF値	22
pH（水素イオン濃度）	81, 83
RC床板	114
Thornthwaite式	157
WSSD	219

あ行

アジアモンスーン地帯	2
アンモニア性窒素	85
イオン交換方式	221
エアースパージング技術	127
エコシップ	228
亜円礫	51
亜硝酸性窒素	9, 15, 81, 120
圧密沈下	102
圧力水頭	24
穴あき浸透管	14
生きた化石	188
異常地下水位低下帯	59
一元管理	224
一時被圧説	137
位置水頭	24
一斉地下水観測	29, 62
井戸枯渇	7, 101
井戸涵養法	13
井戸地盤標高	151
井戸の打ち直し	205
井戸分布図	28
移入種	90
雨水浸透策	13
雨水浸透施設	14
雨水浸透施設技術指針（案）	37, 165
雨水浸透ます	13, 25, 37, 131, 150, 158
雨水浸透量調査	129
雨水貯留	14
雨水・貯留浸透施設	165
雨水有効利用	172
雨水流出抑制	168
雨水流出抑制型下水道	14
雨量観測	31
雨量係数	71, 137
永久グランドアンカー案	114
影響予測	25
塩化物イオン	81, 84
塩水化	8, 101
鉛直方向浸透成分	145
お清め	181
汚水漏出	122
汚染井戸周辺地区調査	123

屋外予備調査	24
温泉開発	239
温泉付マンション	239
温泉ブーム	243
温泉法	239

か行

カウンターウェイト載荷	112
カドミウム	125
カワド	214
キーダイヤグラム	190
コヒーレンス	144
加圧層	21
崖線タイプ	76
回復試験	27
開削工法	233
外来種	90
概況調査	123
火砕流堆積物	224
河床土質	73
化石水	240
河川改修	13
河川基底流出量	142
河川審議会	14
河川・水辺環境	193
渇水期	73, 81
河道	7
河道拡幅	14
河道対応の治水	223
可能蒸発散量	32
過マンガン酸カリウム消費量	81
可溶性天然ガス	93
簡易浸透ます	167
簡易水道	204
間隙水圧	28
灌漑水の浸透	76
岩石圏	1
環境影響評価	231
環境確保条例	94
環境学習リーダー	238
環境基準	9, 15
環境基準項目	120
環境基本計画	222
環境コミュニケーション	238
環境同位体	37
環境トリチウム	101
環境白書	102
環境保護市民団体	238
環境保全活動	182
環境用水	16, 95, 175
環状8号線	233
乾燥重量法	36
観測実蒸発量	139
感潮河川	175

246

事項索引

γ線密度計	36	高水流量	35
涵養域調査	162	孔定数	140
涵養実験溝	198	高度経済成長期	10
涵養保全モデル事業	162	高度処理	16
管理限界水位値	113	古期扇状地	195
危機管理	225	谷頭	4
気圏	1	谷頭タイプ	76
気象学的推定法	33	古生層	191
気象資料	24	国際貢献	219
基底地下水位	139	国際淡水会議	219
基底流量	142	国連ミレニアム・サミット	219
基盤層	48		
揮発性有機塩素化合物	127	**さ行**	
気泡式曝気	178	ザル田	198
急傾斜危険区域	166	ジオキサン	122
吸着処理	71	ジュラ紀	188
吸着水	36	シルト質砂層	16
強結合水	22	シルト層	114
凝灰質粘土層	151	シルト・粘土層	52
魚類	90	スーパーファンド法	127
切土面	166	スペクトル解析	143
緊急揚水井戸	112	セギ	213
空間的分布	28	ゼロメートル地域	93, 102
空気力学項	34	ソーンスウェイト法	33
空気力学法	34	ざほり	74
躯体降下案	120	細砂層	114
経時変化	28	最大容水量	139
傾度法	34	在来種	90
下水処理場	16	雑用水	16
下水道	8	砂礫層	14
下水道普及率	62	産業用水	224
月間地下水位変動量	113	三次元有限要素法	238
結合水	22, 36	酸性雨	219
原始の水循環	222	三相分布（図）	22
減衰曲線	42	市街（地）化	7, 10, 13, 165
健全な水循環	224	市街化率	59
源泉の枯渇	11	自記水位計	29, 67
源頭水源	11	指数型関数	40
現場透水試験	25, 64	自然環境保護	238
降雨応答	67	自然浄化	9
降雨浸透	135	自然水	182
降雨損失	139	自然のバランス	244
降雨流出現象	139	自然要因	29
恒温性	2, 19	自然露頭	4
光化学反応	191	失水河流	34
公害防止条例	93	指定天然記念物	188
交換水量	34	地盤標高	29
公共用水域	120	自噴	21
工業用水	6, 92	社会基盤	7
工業用水法	9, 93	弱結合水	22
工場排水	15	自由水	22
公衆浴場	95, 241	自由地下水面	20
更新世	195	自由面地下水	48
洪水	219	集中豪雨	31, 116
洪水氾濫	7	集水浸透人孔	167
洪積台地	45	集水屋根面積	150
降下浸透	40	重価平均法	159
孔乗数	42	重金属汚染	122
降水状況	31	重力加速度	24

247

事項索引

重力水	22, 36	水質汚濁	219
樹冠遮断	1	水質汚濁防止法	9, 120
樹枝状の侵食谷	48, 72	水質浄化	90, 178
使用合理化指導	93	水質測定	9
硝化菌	191	水質保全	9
硝酸イオン	8, 91	水質の経年変動	81
硝酸性窒素	9, 15, 81, 85, 120	水生昆虫	90
蒸気態水分	22	水生生物指標	225
蒸発計パン	33	水生生物調査	90
蒸発散	2, 27	水中溶存酸素	191
蒸発散量	32, 131	水田蒸発散量	39
蒸発散量調査	33	水道一元化	122
蒸発測定器	33	水道漏水	41, 131
上昇開始時間遅れ	145	水道漏水量	165
上部加圧粘土層	101	水平面日射量	34
上部被圧帯水層	109	水文観測調査	31
正味放射量	34	水文気象調査	31
初期地下水位	139	水文データ整理・解析	42
初期貯留高	42	水文要素	244
初期土壌容水量	137	水理学的性質	22
初期保水量	137	水理水頭	24
自流量	88	水理定数	25, 71
新型都市水害	7	生活排水	121
新期扇状地	195	生活排水量	28
新期段丘礫層	242	生活用水	19, 224
蜃気楼現象	73	正弦波	143
新田開発	75	生態系	220
森林・緑地保全	172	生態系アプローチ	220
浸透域	28	生物膜酸化処理	178
浸透管	14	清流復活水路	75
浸透孔	40, 139	清流復活利用	172
浸透施設底面	166	世界遺産	189
浸透能力	37	世界水フォーラム	219
浸透量調査	37	国際淡水会議	219
親水空間	229	設計浸透量	37
深層地下水	51	絶滅危惧種	90
深部浸透	142	扇状洪積台地	142
人為的要因	29	扇状地	4, 19
人工改変地	166	扇状地砂礫	188
人工涵養	13	先第三系	242
人工涵養田	198	扇端部	4, 209
人工的涵養量	160	扇頂部	209
人口集中	7, 13	全硬度	81
水圧式自記水位計	29	全国水の郷連絡協議会	193
水位下降低減率	156	全国水源の森百選	207
水位管理システム	114	全窒素	81, 85
水位実測計	29	千屋層	195
水位センサー	29	総合治水	223
水位変動図	67	総合治水対策	13, 14
水位変動特性	133	総合的環境指標化	225
水位流量曲線	35	総水銀	125
垂直涵養量	129	損失水頭	232
水縁空間	214	**た行**	
水温帯分布	82		
水害対策	14	ダイオキシン	122
水系ネットワーク	229	ダルシーの式	24
水圏	1	ダルシーの法則	24
水源湧水復活	172	タンクモデル	40, 133
水源涵養保全区域	208	ディープウェル	120

248

事項索引

データの共有化	224
データロガー	29
テトラクロロエチレン	122, 221
テンシオメーター法	36
トリクロロエチレン	9, 15, 122, 221
トリチウム (^{3}H)	40
トレーサー	39
大渇水時・震災時	225
大間隙水みち説	137
大気放散	243
大規模温浴施設	239
大規模集合住宅	14
大規模治水事業	7
第三期中新統	48
第三紀	195
大深度地下利用	231
大水害	14
帯水層	4, 20
帯水層有効間隙率	142
堆積環境	65
体積含水率	22
代替観測所	31
代替水源	221
大腸菌群数	81
第二次世界大戦	103
第四紀	197
滞留時間	2
多雨地帯	2
脱脂洗浄	125
多摩地域	10
単孔式	26
段階揚水試験	27
段丘崖	45
段丘崖線	4
段丘砂礫層	48
短周期成分	143
地域内人口	31
地域保全ボランティアグループ	239
地下建設工事	15
地下構造物建設工事	15
地下浸透ダム	13
地下浸透管	167
地下浸透流解析	238
地下吸い込み処理	121
地下水位ピーク	145
地下水位回復	237
地下水位観測	15
地下水位深度	62
地下水位調査	28
地下水位等高線	29, 52, 237
地下水位変動図	29
地下水位変動特性	145
地下水位変動幅	63, 116
地下水汚染	9, 15, 125
地下水解析	224
地下水涵養域	67
地下水涵養効果	150
地下水涵養対策	13
地下水涵養調査	24

地下水涵養量	10
地下水自然涵養量	162
地下水実態調査	129
地下水障害	8, 30, 101
地下水障害対策	13
地下水浄化技術	125
地下水推	54
地下水政策	225
地下水タンクモデル	156
地下水タンク係数	139
地下水注意報	205
地下水貯留量	151
地下水データベース	225
地下水適正利用	172
地下水特性	223
地下水の低減係数	139
地下水の賦存	28
地下水の水循環	129
地下水の流動阻害	101
地下水保全基金	206
地下水保全対策	93
地下水収支解析	40
地下水収支報告書	129
地下水脈	8
地下水面勾配	54
地下水モニタリング	225
地下水揚水規制	221
地下水理特性	133
地下水流出メカニズム	142
地下水流動解析	15
地下水流動調査	37
地下水流動保全工法	232
地下水利用実態調査	30
地下瀑布線	54
地下埋設管	15
地下連続壁	233
地球温暖化	219
地球環境問題	225
逐条解説温泉法	239
地形勾配	54
地質縦断図	233
地質柱状図	133
治水ダム	7
治水安全度	7
地滑り防止区域	166
地層収縮量	129
窒素化合物	85, 191
地盤沈下	7, 221
地盤沈下シミュレーション	129
地盤沈下対策	13, 241
地盤沈下地域	102
地盤沈下調査	93
地盤沈下防止	109
地盤変動状況	103
地表水	1
地表涵養法	13
地表到達水	2
地表面貯留	37
地表面水収支	129

地表面流出率	137	土壌ガス吸引技術	126
中間流出	41	土壌タンク高	139
中・古生層	48	土壌環境基準	125
宙水	21, 54	土壌水	22, 36
宙水域	59	土壌水分移動	40
宙水帯	54	土壌水分変化	41
中性子水分計	36, 159	土壌帯	10
沖積砂礫層	64	土壌超過保留	37
沖積扇状地	197	土壌内亀裂	142
沖積層	114	土壌内大間隙	40
沖積堆積物	201	土壌微生物	128
沖積低地	45, 166	土壌保留水分	41
沖積平野	7	土柱	160
柱列式ソイルセメント壁	233	土地利用現況図	27
長期観測	29	土地利用調査	27
長期水収支	37	届出義務	30
長期水収支式	39	土留め壁	233
長周期成分	143	**な 行**	
鳥類	90	流れの視点	222
直列2段式タンクモデル	40	鉛	125
貯留係数	26	難透水性基盤	222
沈下面積	102	難透水層	20, 54
沈下量	103	逃げ水	73
沈水植物	90	二酸化炭素	83, 191
沈水性	91	二重構造涵養（大間隙）説	150
段階揚水試験	27	日単位シミュレーション	140
定期モニタリング調査	123	日流出高	73
定常法	26	熱供給量換算	219
定水位法	26	熱収支法	34
低水流量	35	年降水量	32
底生動物	90	年損失雨量	32
堤防嵩上げ	14	年代測定	101
泥流堆積物	201	年流出高	32
適正揚水量	26	粘土質火山灰	54
鉄骨ラーメン構造	114	粘土層	14
鉄の還元能	128	農業用水	6, 19, 91
電気抵抗法	36	農用地の土壌汚染	124
電気伝導度	81, 83	鋸歯型	67
転倒ます型自記雨量計	31	法先	168, 143
天然ガス	243	法尻	168
天然水	182	**は 行**	
東京都総合地盤図Ⅰ	59	パーシャルフリューム	35
東京都環境保全推進委員会	239	パートナーシップ	238
東京都公害防止条例	109	ハーモン式	34
東京都水環境保全計画	172, 227	バイオメディエーション技術	127
東京都水循環マスタープラン	227, 229	ハイドログラフ	42
透水係数	20, 54	ハケ	4
透水性	4, 20	パルス型	67
透水性舗装	13	ピーク時間遅れ	151
透水量係数	26	ヒートアイランド化	131
導水工事	173	ヒートアイランド現象	8
動水勾配	24	ピエゾメーター水頭線	21, 76
道路浸透ます	14	ピストン流モデル	40
得水河川	135	ピストン流モデル説	150
得水河流	34	ビル用水法	93
都市計画図	28	ヒ素	125
都市水害対策	223	フーリエ解析	159
都市用水	6		
土湿不足	137		

フッ素	9
ペンマン法	33
ホウ素	9
ボーリング資料	48
ホタルの生息地	189
ボックスラーメン構造	114
ポテンシャル流	23
媒介変数	40
場の視点	222
半帯水層	20
半透水層	20
反応性バリア技術	128
被圧水頭	51
被圧帯水層	59
被圧地下水	2, 52, 92
被覆率	129
非灌漑期	90
非定常法	26
微生物分解	128
表流水転換	103
表流水流量調査	34
不圧帯水層	20, 52
不圧(浅層)地下水	2, 52, 92
復旧対策工	120
複合扇状地	195
伏条現象	188
伏流水	189
不浸透域	7, 10, 28
不浸透域率	10
不透水層	20, 54
不飽和浸透流解析	40
不飽和帯	54, 139
賦存状態	25
分水界	39
平均帯水層厚	140
平衡河流	34
平衡水分量	137
平常時流量	62
平常保水量	42
平面二次元被圧地下水シミュレーション	129
変曲点	145
変水位法	26
放射線法	36
放射性炭素(^{14}C)	101
豊水期	34, 81
保水機能	229
保水性	137
圃場整備	188
圃場容水量	42, 71, 137
堀割構造(U型擁壁)	116

ま行

メニスカスの力	22
モニタリング	15
埋没段丘崖	55
まちづくり・地域コミュニティー	195
水環境・地盤環境	222
水資源的評価	25
水収支解析	29
水収支シミュレーション	133
水収支調査	129
水収支法	32
水循環	1, 16, 220
水循環再生事業	229, 238
水循環システム	244
水循環の回復	172
水循環の実態	19
水循環の量的把握	31
水循環メカニズム	47, 101
水の郷サミット	193
水の郷百選	181, 192, 207
水の週間	195
水の日	195
水のマスタープラン	207
水の密度	24
水の四冠王	200
水舟	212, 214
水辺環境	150
水みち	15, 40, 198, 233
水みちの遮断	13
水利用コスト	225
無降雨状態	29
無水帯	54
名水百選	77, 181, 192
毛管上昇	38
毛管水	36
毛管負圧	22

や行

谷地田	55
谷戸(谷津)	229
有害廃棄物	15
有害物質	9
有機塩素化合物	122
有機塩素系化合物	15
有機性窒素	85
有効間隙率	71, 137
湧水の枯渇	8, 11
湧水環境	189
湧水保全	14
湧水量調査	35
遊水池	14
揚圧力	109
養魚用水	6
溶剤	15
余剰地下水	178
揚水規制	93
揚水試験	64
溶存物質	240
用途別土地面積	39
擁壁目地部	116
甦る水百選	200

ら行

リチウム電池	29
リチャーズ式	40
レールレベル変更案	120
ローム層厚分布	51

名称索引

落葉広葉樹林	188
乱流	24
流域貯留・浸透	223
流動性	16
流動機構	28
流動状況	25
流動速度	2
流出抑制	14
流体ポテンシャル	24
緑地整備	172
累計変動量図	103
累積沈下量	8, 93
連続揚水試験	27
漏水防止対策	131
ろ過装置	244
六価クロム	125

わ行

椀伏せ型	67, 143

名称索引

あ行

アオハダトンボ	189
アマゴ	189
アユ	189
イトヨ	187
イバラトミヨ	187, 200
エゾシロネ	188
オオツヅラフジ	188
オオバタネツケナバ	189
オランダガラシ	90
青柳段丘	48
青柳礫層	52
赤塚溜池	171
昭島(市)	10, 52
秋田・六郷湧水群	187, 195
秋田・六郷(町)扇状地	195
秋留台地	81
朝日橋	62
あしがら文化広場	208
足柄・桧山水源林	207
荒川	52, 142
いがわこみち	215
井荻・天沼地下水推	54
石川・古和秀水	187
磯山公園	188
板橋赤塚地区	169
板橋粘土層	54
五日市街道	75
稲荷山湧水	151
井の頭池	11, 162
茨城・八溝川湧水群	188
入間川	45

上野駅	175
宇田川	88
江戸川層	109
荏原台	48
愛媛・うちぬき	183
愛媛・杖の淵	189
恵比寿駅	178
大分・男池湧水群	183
大井町駅	175
大阪(市・平野)	8, 102
青梅街道	55
小川分水	75
遅乃井	11
お鷹の道・真姿の池湧水群	77, 162
小河内ダム	90
小河内貯水池流域	32
落合川	76, 134
お茶の水	11
おとめ山公園	76
大野市	183, 201
大野盆地	201
雄物川	195

か行

カジカ	90
カラス	173
カルガモ	173
カワウ	175
カワゲラ	90, 226
カワセミ	173, 189
カワニナ	190
ギバチ	90

252

クリハラン	188		柴崎分水	75
クレソン	90		島谷用水	215
クロサンショウウオ	188		島原湧水(群)	183, 187
ゲンジボタル	189		下末吉面	45
上総層群	240		下総台地	45
金沢清水	183		下総層群	242
金子台	48		清水山憩いの森	76
狩野川台風	13		白川水源	182
上宿地下水堆	54		白子川	11, 76
空堀川	72		白滝神社湧水	81
神田川	11, 59		白山地域	159
関東ローム層	40, 118		石神井川	11
岐阜・養老の滝菊水泉	187		城北砂礫層	48
木本扇状地	201, 203		新小平駅	116, 173
清瀬市	40, 103		姿見の池	172
清正の井	76, 88		杉沢	188
きよみず	183		砂川分水	76
霧島山麓	183		隅田川	52
九十九里平野	102		せいすい	183
郡上おどり	212		銭瓶立坑	175
郡上八幡・宗祇水	187, 214		千ガ瀬	48
九頭竜川	201		仙川	51
熊本市	224		仙川地下水堆	54
熊本平野	102, 224		仙川・丸池	165
黒部川扇状地	34, 209		善福寺川	11, 54
黒部川扇状地湧水群	182, 188		**た 行**	
黒目川	34, 51		ツバメ	173
群馬・箱島湧水	183		テイレギ	189
珪藻	90		トゲウオ	187
恋ヶ窪用水	172		トチノキ	188
国分寺崖線	54, 59, 91, 165		トビゲラ	90
国分寺村用水	75		トワダカワゲラ	188
小金井市	4, 77		トンボ	173
小金井村用水	75		台風21号	116
小平監視所	75		竹田湧水群	187
小平用水	75		立会川	175
古多摩川	72		立川段丘	45
狛江	52		立川面	45
根釧原野	45		立川ローム層	51
さ 行			立川礫層	4, 52, 64
サギ	173		玉川上水	10, 16, 62, 75, 172
サワオリギリ	188		多摩川	10, 45, 90
沢ガニ	92, 226		多摩川低地	54
沢スギ	188, 211		多摩丘陵	142
シダ類	188		多摩面	45
スズメ	73		調布市	4
佐賀・竜門の清水	183		東京層群	48, 151
狭山丘陵	55		東京地下駅	113
狭山市	4, 48, 73		東京礫層	233
三宝寺池	11, 162		十勝平野	45
残堀川	10, 72		所沢台	48
塩釜の冷泉	183		不老川	73
JR東日本	113, 173		栃木・井流原弁天池	188
JR武蔵野線	116		等々力渓谷不動の滝	76
重信川	189		利根川	142
静岡・柿田川湧水群	183, 189		富山・生地	187
しっこ	183		富山の瓜裂	183
不忍池	175		豊田用水	91

名称索引

どんこ水 187

な行
ナガエミクリ 91
長野・安曇野わさび田湧水群 183, 187
長野・猿庫の泉 187
長良川 212
七曲りの井 4, 73
鍋島松涛公園の池 88
成増台北縁 76
成増露頭 51
西宮の宮水 187
二宮神社 77
貫井神社湧水 81, 191
濃尾平野 102
野川 4, 76
野川のハケ 168, 191
野火止用水 16, 75, 172
野川流域 165

は行
ヒガシカワトンボ 189
ヒルテンブリチアリプラス 189
ブナ 188
ホトケドジョウ 90
ボラ 175
拝島段丘 48
馬喰町駅 175
羽村取水堰 75
磐梯西山麓 183
東久留米観測井 134
日野台 48
日野用水 91
日立製作所中央研究所湧水 191
百清水 198
福井・瓜割の滝 189
福岡・不老水 187
福島・小野川湧水 183
富士見池 11
伏見の御香水 187
府中崖線 59
府中用水 91
北海道・羊蹄のふきだし湧水 183
堀兼の井 4, 73
本願清水 187, 201
本郷台 76, 159

ま行
マメヅタ 188

ミシマバイカモ 189
ミズナラ 188
ミズニラ 90
ムカシトンボ 188
メダカ 90
モリアオガエル 188
ママ下湧水 238
まいまいず井戸 4, 73
真姿の池・湧水 76, 191
真名川扇状地 201
三浦層群 242
瑞穂町 10, 122
水喰らい土 76
乱川扇状地 187
南足柄水マップ 207
南沢緑地 76
源頼朝 11
宮城・桂葉清水 187
妙正寺川 11, 54
武蔵野市 45
武蔵野台地 40, 48, 52, 64, 103
武蔵野段丘 45
武蔵野面 45
武蔵野礫層 52, 64, 151, 233
武蔵野ローム層 151

や行
ヤマセミ 189
ユスリカ 92
八ヶ岳山麓 183
やなか水のこみち 215
屋久杉 189
柳町用水 216
山形・小見川湧水 187
山口・桜井戸 187
山梨・忍野八海 183
山梨・白州 187
山の手台地 11
有楽町層 103
四谷大木戸 75
淀橋浄水場 75
淀橋台 48, 76
米沢盆地 102

ら行
利尻島の甘露泉水 183
龍ヶ窪の水 188
レジオネラ属菌 244
六郷町 195

················· 監修者プロフィール ·················

<u>国分 邦紀</u>　1949年 福島県生まれ
（こくぶん　くにき）
1971年 埼玉大学理工学部建設基礎工学科卒
東京都土木技術研究所地象部地盤環境グループ（地盤情報研究室）　主任研究員
専門分野…地下水・河川等の水文、水収支に関する調査・研究
技術士（応用理学部門）
著書（共著）
「地下水資源・環境論」、水収支研究グループ編、1993、共立出版
「地下水盆の環境管理」、柴崎達雄・水収支研究グループ編、1995、東海大学出版会

<u>中山 俊雄</u>　1945年 大阪府生まれ
（なかやま　としお）
1967年 北海道大学理学部地質鉱物学科卒
東京都土木技術研究所地象部地盤環境グループ（地質研究室）　主任研究員
専門分野…応用地質。地形・地質・地下水等に関する調査・研究
著書（共著）
「日本の平野」、市原実ほか編著、日本の自然6、1987、平凡社
「造り変えられた自然」、麻生優・高橋一編著、日本の自然8、1988、平凡社

<u>飯田 輝男</u>　1944年 東京都生まれ
（いいだ　てるお）
1967年 東京理科大学工学部工業化学科卒
東京都環境局多摩環境事務所環境改善課　課長補佐・水質規制係長
専門分野…水環境、水循環、湧水と地下水等に係る水環境行政

<u>今井 隆志</u>　1943年 長野県生まれ
（いまい　たかし）
1967年 横浜国立大学工学部電気化学科卒
東京都環境局自然環境部水環境課　揚水規制担当係長
専門分野…水質・地下水・土壌に係る環境行政

<u>川島 眞一</u>　1947年 千葉県生まれ
（かわしま　しんいち）
1970年 早稲田大学教育学部理学科卒
東京都土木技術研究所地象部地盤環境グループ（地盤環境研究室）　主任研究員
専門分野…地盤沈下・地下水等、地盤環境に関する調査・研究

水循環における地下水・湧水の保全

2003年（平成15年）11月30日　　　　第1版1刷発行

編　　集　東京地下水研究会
著　　者　国分邦紀・中山俊雄・飯田輝男・今井隆志・川島眞一
発 行 者　今井　貴・四戸孝治
発 行 所　㈱信山社サイテック
　　　　　〒113-0033　東京都文京区本郷6－2－10
　　　　　TEL 03（3818）1084　FAX 03（3818）8730
　　　　　http://www.sci-tech.co.jp
発　　売　㈱大学図書（東京・神田駿河台）
印刷・製本／㈱エーヴィスシステムズ

Ⓒ 2003　東京地下水研究会　Printed in Japan　ISBN4-7972-2573-4 C3050
乱丁・落丁はお取り替えします。